鼓楼史学丛书·区域与社会研究系列

水之政治

清代黄河治理的制度史考察

The Yellow River and the Qing State:
A Study on Its Institutional Arrangements

贾国静 著

中国社会科学出版社

图书在版编目（CIP）数据

水之政治：清代黄河治理的制度史考察／贾国静著．—北京：中国社会科学出版社，2019．8（2020．10 重印）
ISBN 978－7－5203－3924－7

Ⅰ．①水… Ⅱ．①贾… Ⅲ．①黄河—河道整治—水利史—清代 Ⅳ．①TV882．1

中国版本图书馆 CIP 数据核字(2019)第 000255 号

出 版 人 赵剑英
责任编辑 宋燕鹏
责任校对 王佳玉
责任印制 李寡寡

出　　版 中国社会科学出版社
社　　址 北京鼓楼西大街甲 158 号
邮　　编 100720
网　　址 http://www.csspw.cn
发 行 部 010－84083685
门 市 部 010－84029450
经　　销 新华书店及其他书店

印刷装订 北京市十月印刷有限公司
版　　次 2019 年 8 月第 1 版
印　　次 2020 年10月第 2 次印刷

开　　本 710×1000 1/16
印　　张 18．25
插　　页 9
字　　数 295 千字
定　　价 98．00 元

《黄河防险图》（河南段）

该图西起武陟县，东到祥符县，比较详细标示了嘉道年间（1796—1850）河南段黄河两岸防御工事的设置情况与险工地点，并附有此间发生的决口事件概况。

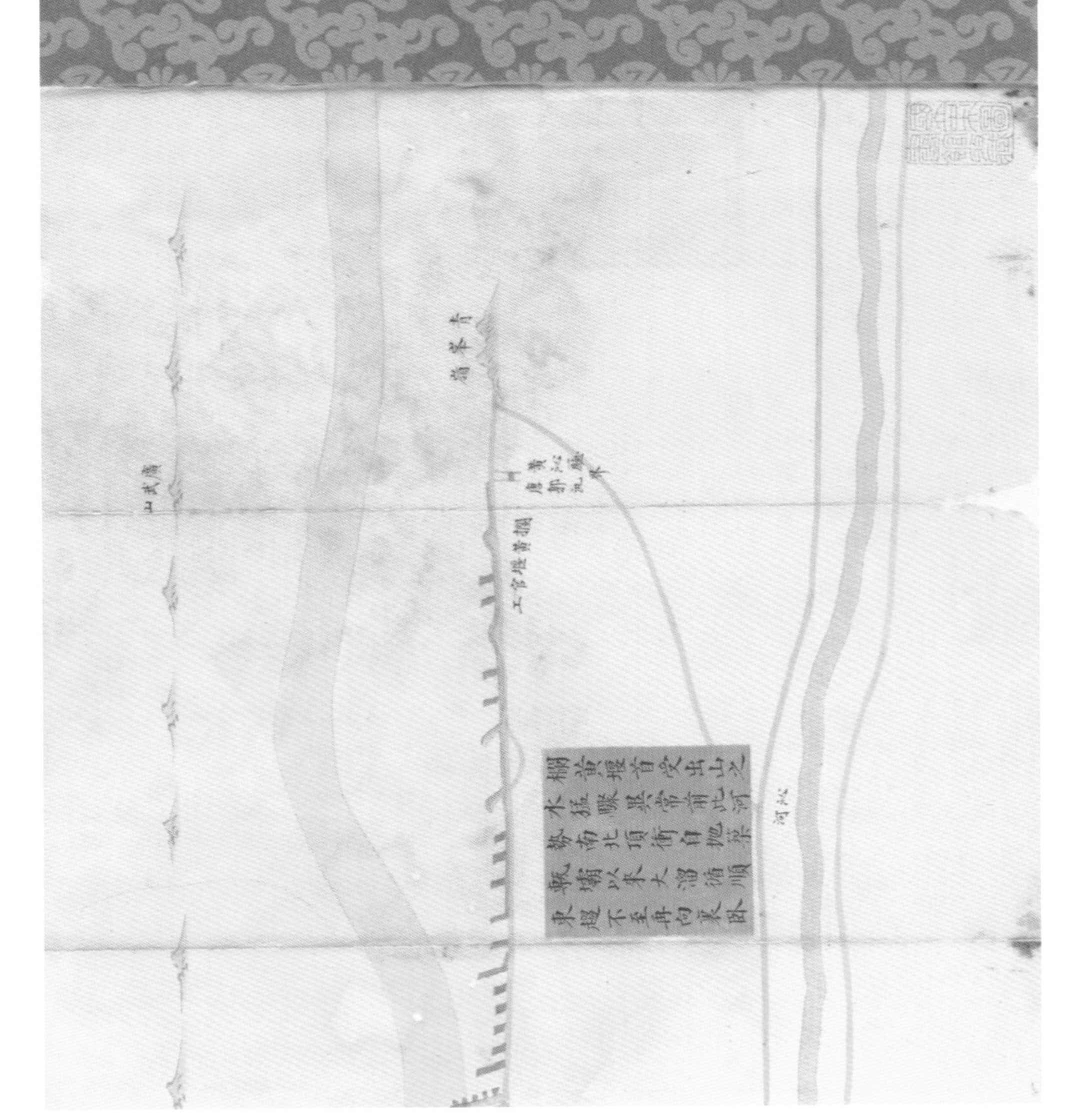

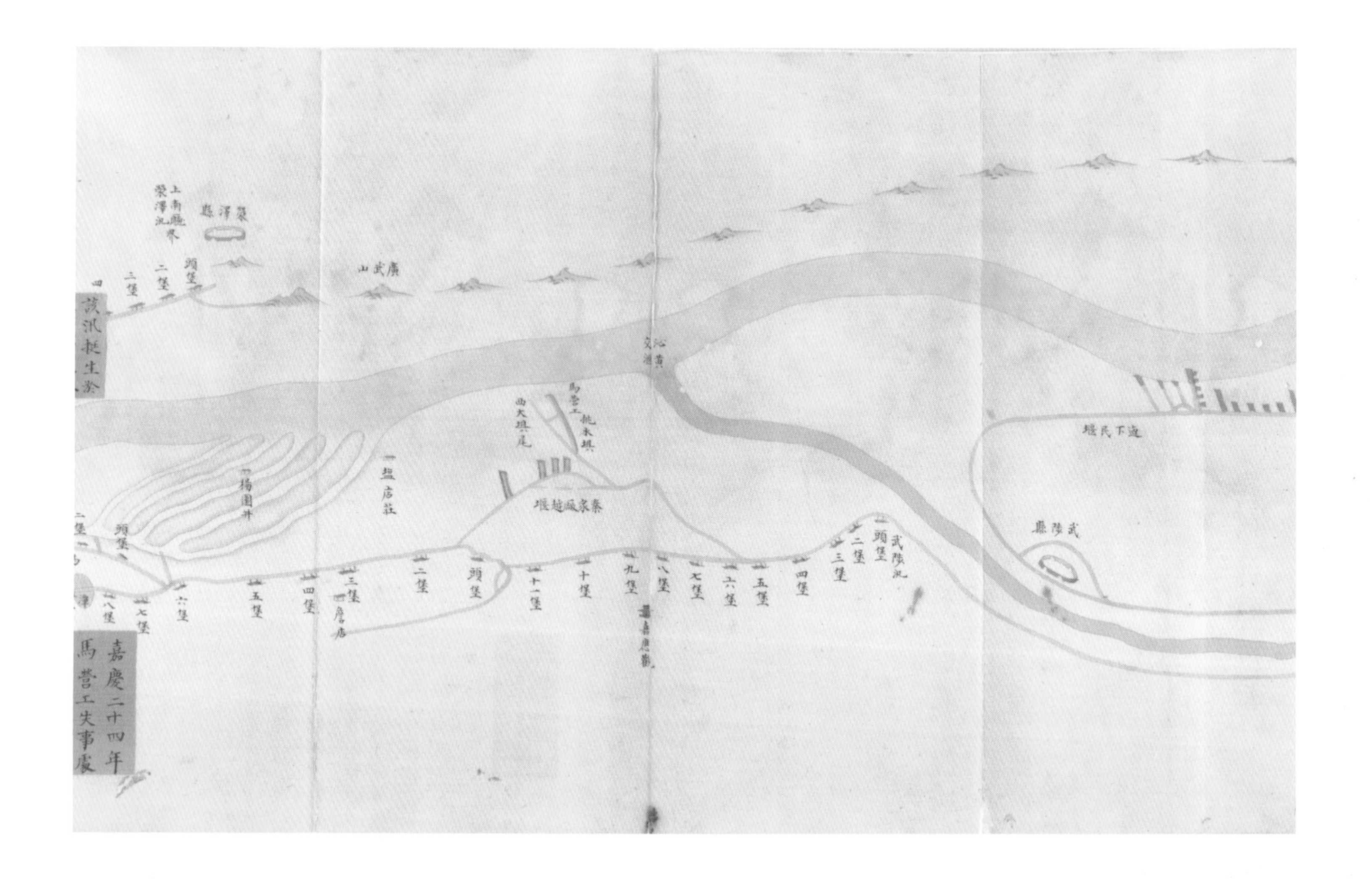

嘉慶二十四年
馬營工失事處
該汛抵生於
上南廳滎澤汛界
滎澤縣
廣武山
沁黃交匯
馬營工挑水壩
西大壩尾
秦家廠越堤
楊園井
盐店莊
武陟縣
武陟汛
遊下民堰

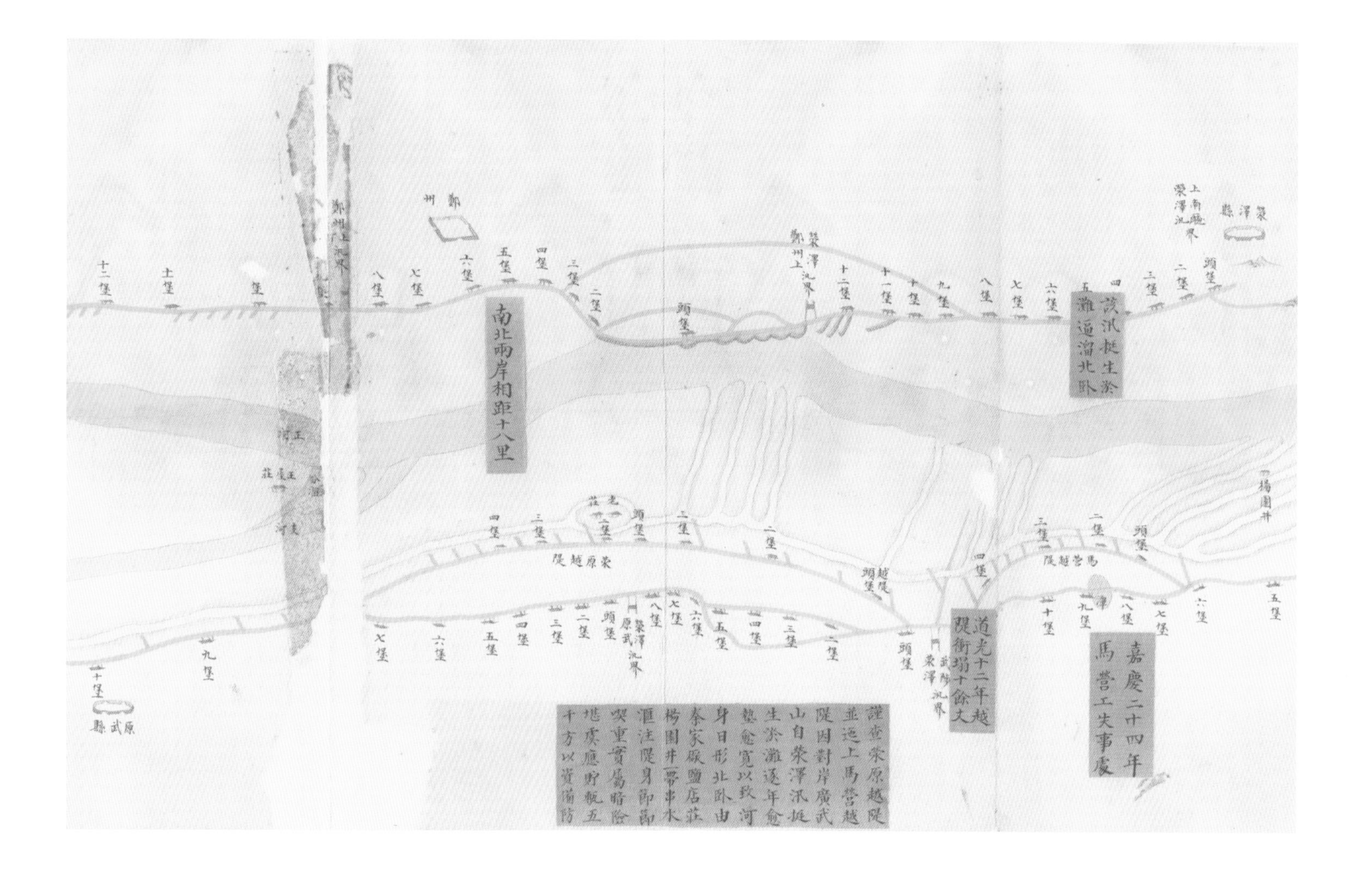

南北兩岸相距十八里
該汛挺生淤灘逼溜北卧
嘉慶二十四年馬營工失事處
道光十二年越隄衝塌十餘丈
謹查滎原越隄並迤上馬營越隄因對岸廣武山自滎澤汛挺生淤灘逐年愈墊愈寬以致河身日形北卧由秦家厰鹽店莊楊園井一帶串水滙注隄身節節吸重實屬暗險堪虞應盼瓶五千方以資備防
滎澤縣
上南廳滎澤汛界
鄭州
鄭州上汛界
滎澤鄭州上汛界
滎原越隄
馬營越隄
原武滎澤汛界
武陟滎澤汛界
原武縣
楊園井
越隄頭堡

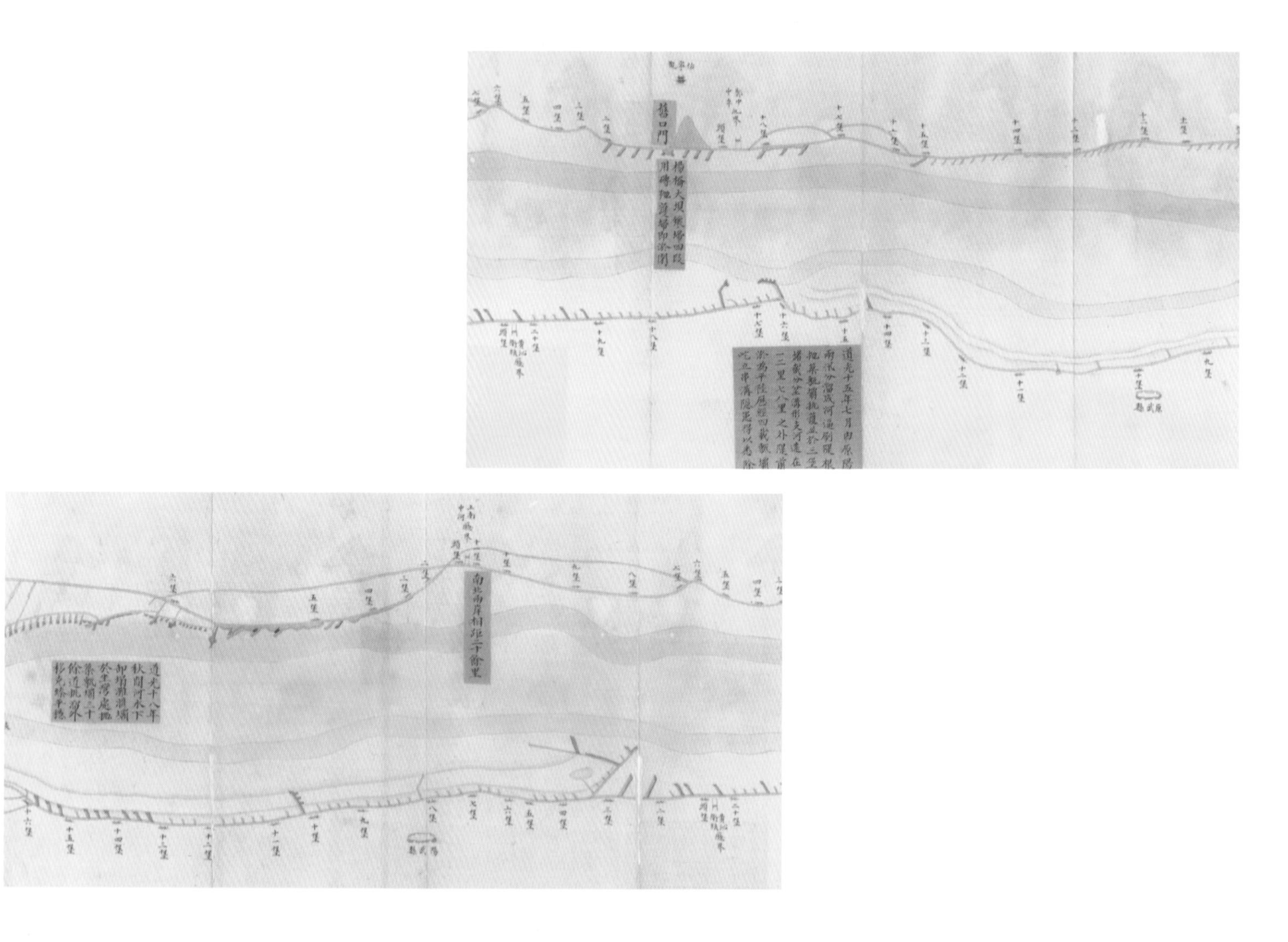
舊口門
南北兩岸相距二十餘里
道光十五年七月由原陽
道光十八年

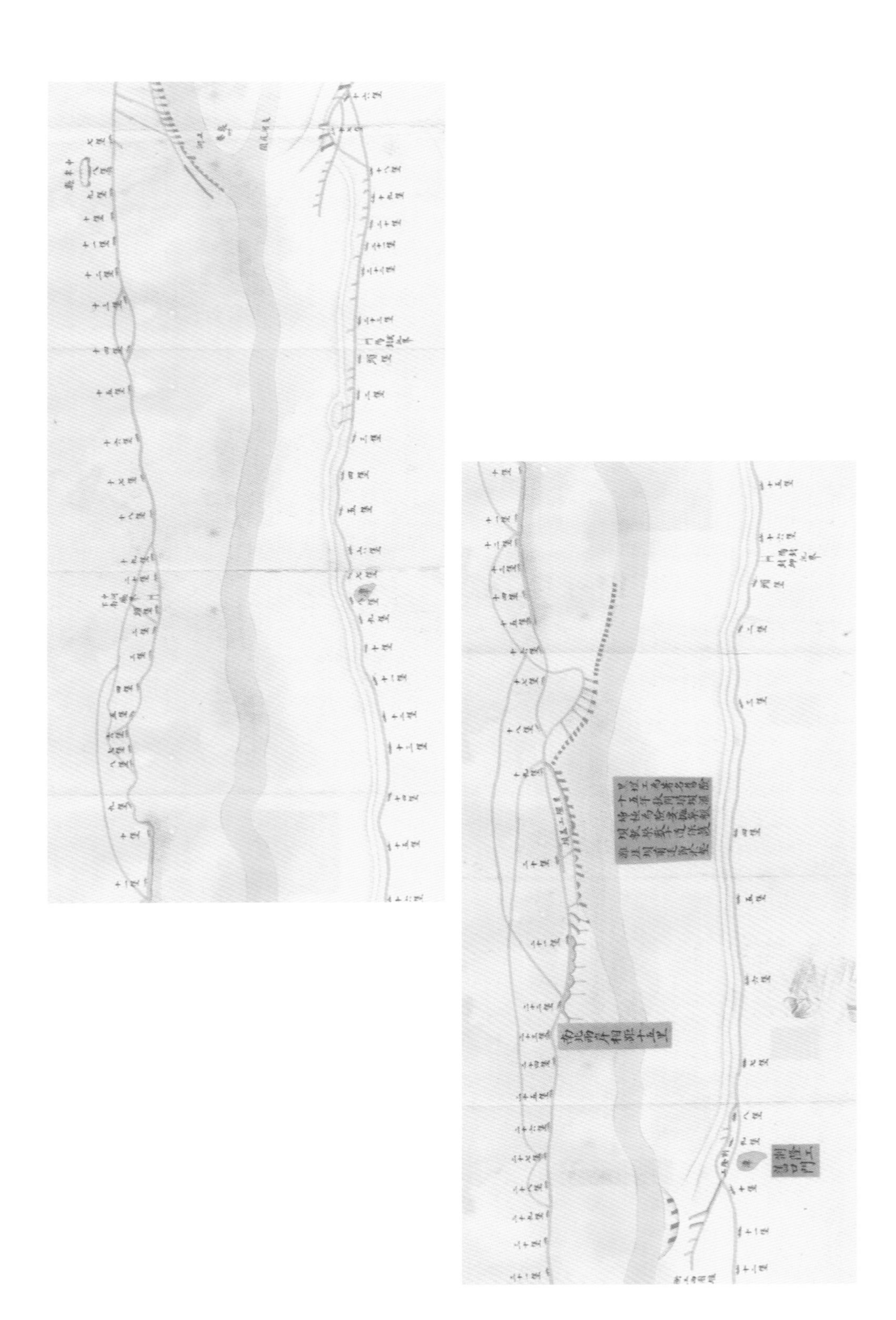

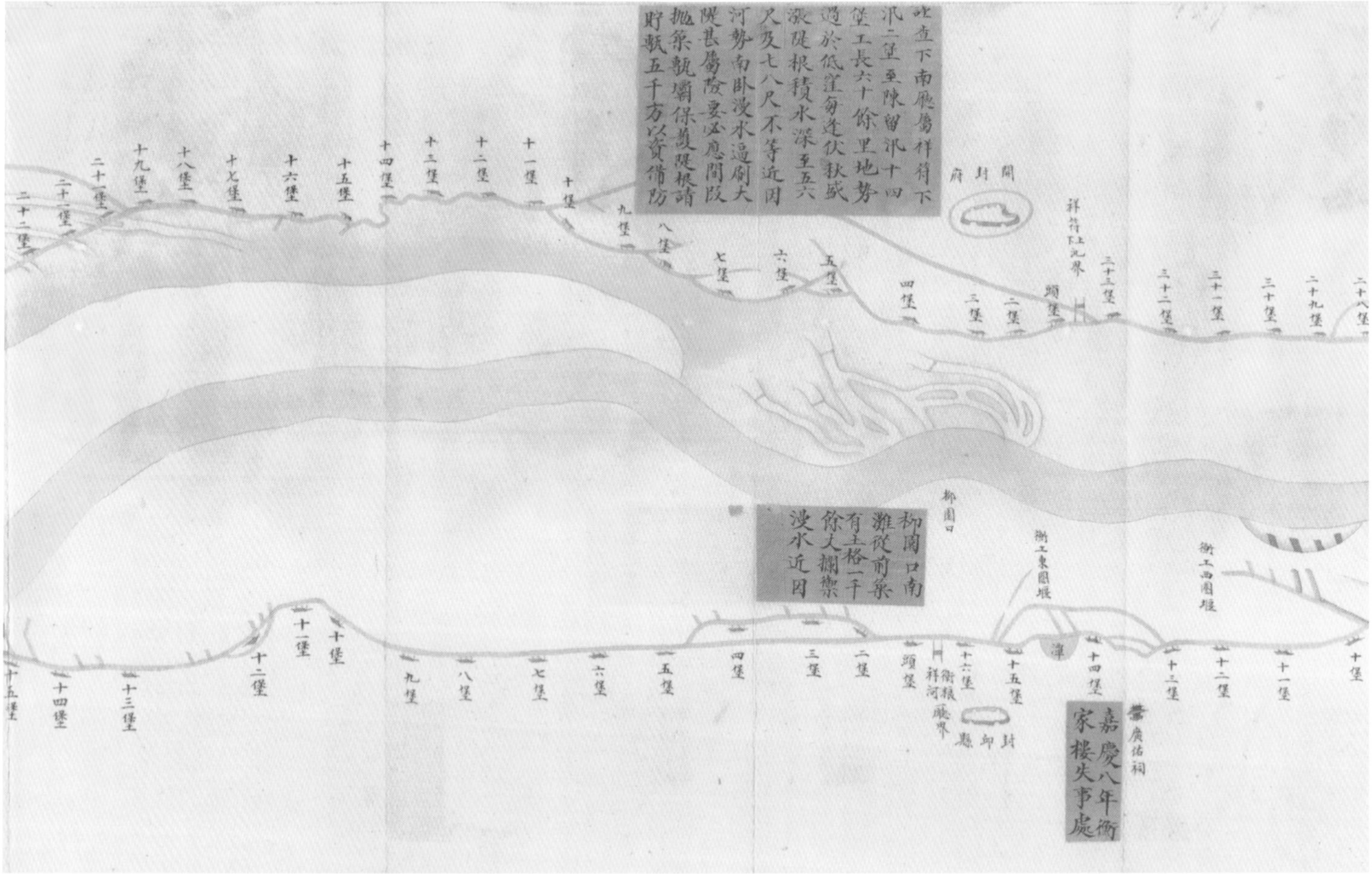

訪查下南廳屬祥符下汛二堡至陳留汛十四堡工長六十餘里地勢過於低窪旬迄伏秋盛漲堤根積水深至五六尺及七八尺不等近因河勢南趨漫水逼刷大隄甚屬險要必應閒段抛築戧壩保護隄根請貯甎五千方以資備防

柳園口南灘從前系有土格一千餘丈攔禦漫水近因

嘉慶八年衡家樓失事處

開封府

祥符下汛界

柳園口

衡工東圍堤

衡工西圍堤

封邱縣

祥河廳界

廣佑祠

二十二堡 二十一堡 二十堡 十九堡 十八堡 十七堡 十六堡 十五堡 十四堡 十三堡 十二堡 十一堡 十堡 九堡 八堡 七堡 六堡 五堡 四堡 三堡 二堡 頭堡 三十三堡 三十二堡 三十一堡 三十堡 二十九堡 二十八堡

十五堡 十四堡 十三堡 十二堡 十一堡 十堡 九堡 八堡 七堡 六堡 五堡 四堡 三堡 二堡 頭堡 十六堡 十五堡 十四堡 十三堡 十二堡 十一堡 十堡

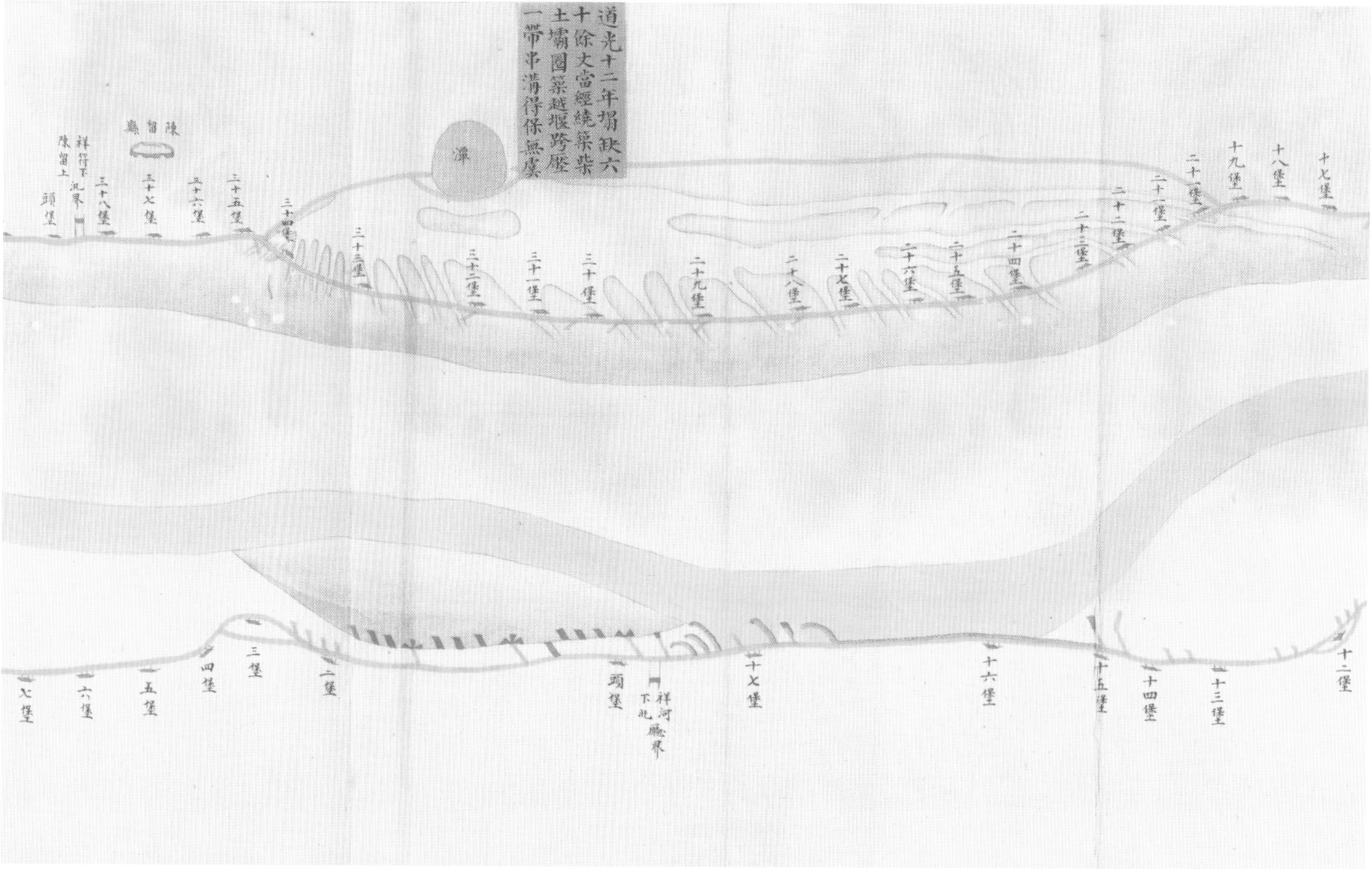

道光十二年塌缺六十餘丈當經繞築柴土壩圈築越堰跨壓一帶串溝得保無虞

十七堡
十八堡
十九堡
二十堡
二十一堡
二十二堡
二十三堡
二十四堡
二十五堡
二十六堡
二十七堡
二十八堡
二十九堡
三十堡
三十一堡
三十二堡
三十三堡
三十四堡
三十五堡
三十六堡
三十七堡
三十八堡
祥符下汛界
陳留上頭堡
陳留縣
潭

十二堡
十三堡
十四堡
十五堡
十六堡
十七堡
祥河廳界
下北頭堡
二堡
三堡
四堡
五堡
六堡
七堡

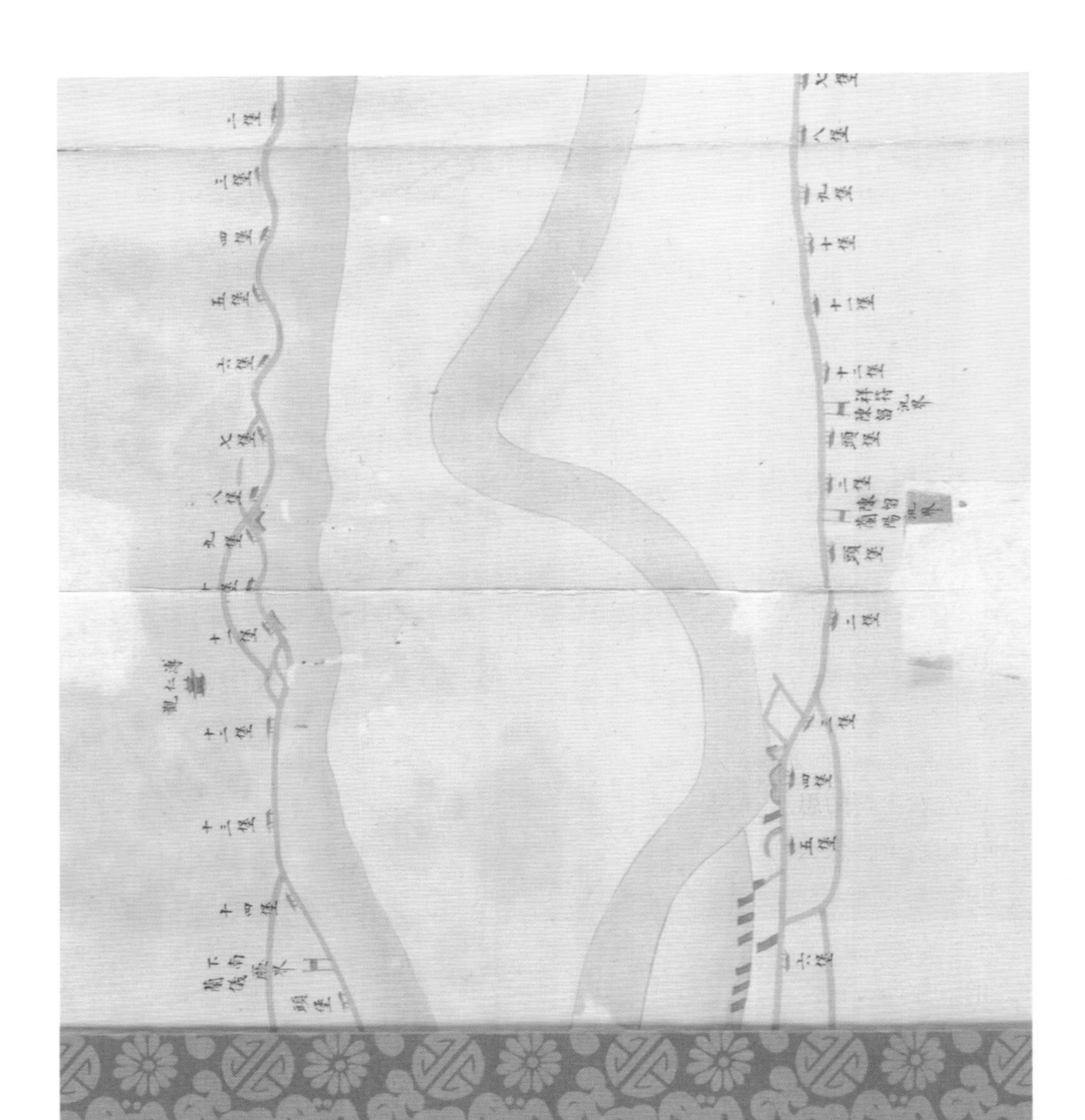

序

——从“自然之河”走向“政治之河”

这几年因缘际会，可以有更多的时间专心于自己的学术志业，也就是灾害史和生态史，故此一方面如饥似渴地狂读各类先贤、同仁的著作，一方面如鱼得水般地在大数据时代日趋膨胀的文献之海中肆意冲浪，只是由于生性懒散，以致在长时间的阅读和文献搜集过程中固然不乏创获，且不时迸发出新的思想火花，可一旦拿起笔来，准确地说，是动起手来，顿觉千钧之重，怎么也敲不出像样的文字来。万千思绪，成就的不过是“茶壶里的风暴”。就如这篇序言，著者早在数年前就已将她的书稿电邮给我，希望我这个师兄给几句“美言”，我居然也一拖再拖，屡屡失约。好在她的大作即将付梓，我再找不到像样的借口，只好硬着头皮，谈几点感想，也算了了一笔宿债。当然，以我个人的秉性，这里都是实话实说，算不上什么“美言”，希望著者不至于太失望。

如果没有记错的话，贾国静是在2005年秋季进入中国人民大学清史研究所，师从我的导师李文海先生，攻读博士学位。其时先生正主持一项教育部人文社科重大项目“清代灾荒研究”，后又受托担任国家清史纂修工程《清史·灾赈志》的首席专家，当然希望自己的学生也能参与这一事业，从而壮大灾害史研究的力量。尽管贾国静在读硕士时做的是近代教育方面的研究，对灾荒史原本十分陌生，但考虑到她的老家距离山东黄河不远，对黄河灾害多少也有直接间接的体验，而黄河灾害又是近代中国灾害史研究，乃至整个中国历史研究都无法回避的重大话题，所以建议她以此作为博士学位论文的选题。没想到一晃十三四年过去了，先生离开我们也有将近六年的时间，而贾国静却依然耕耘在这片学术园地之上，始终不辍，此种执着，不能不令人钦佩；特别是她不辱师命，不仅对自己的博士学位论文进行反复修改，还在取得博士学位之后不久，就将研究时段从1855年黄河铜瓦厢改道之后晚清河政转向对整个清代河政体制的探讨，足见其勇气和魄力。迄至今日，这两项研究终将同时付梓，对于著者而言，这当然是其学术生涯中最重要的突破性瞬间，而对于曾经开创中国近代灾荒史研究的李先生来说，这应该是此时此刻同门之中奉献出来的最好的纪念。先生泉下有知，亦当释然。

实际上，作为她的师兄，贾国静的清代黄河灾害系列研究也算是弥补了我对先生的一份缺憾。当我早于她入学前十多年，追随先生攻读博士学位之时，先生就希望我从事这方面的研究。记得当时他给我出了两个题目，其中一为民国救荒问题，另一个就是近代黄患及其救治。他还就后一个选题给我开出详细的提纲来，建议从近代黄河灾害的总体状况，黄河灾害的演变规律及其自然、社会成因，黄河灾害对当时社会的影响，以及国家和社会如何救治和防范黄河灾害等诸多方面，对以黄河为中心的灾害与社会的相互作用进行较为全面、系统和深入的探讨。由于我在读硕士的时候曾以铜瓦厢改道后的黄河治理为题写过学年论文，所以先生明显倾向于我应以后者为题。但那一时期的我，虽然与同年龄的其他学者相比，不过是个“半路出家”的“老童生”，却也算年轻，“胆肥”，不甘于先生圈定的“套路”，最终选择了当时学人研究较少的民国救荒问题（实际上连这一任务也没有完成，而只是对民国灾害及其影响与成因做了一些初步的探讨），尽管后来有一些学者对我那篇讨论晚清黄河治理的论文有一些我自认为不甚妥当的批评，但我还是弃黄河于不顾而言其他了。

谁曾想，我所弃者，正是大陆社会史学界一个新兴领域的成长繁荣之处，这就是从这个世纪初迅速崛起而今已成果累累的“水利社会史”。如若当年依循先生的指示，把精力放在近代黄河水患之上，或许我也可以在今日颇负盛名的水利社会史领域有一番作为。人们常说，历史不能假设。我要说的是，如果没有假设，我们的历史研究又将从何谈起？况且说什么“历史不能假设”，在我看来，本质上也是一种假设，它所假设的就是“历史不能假设”，只是这种假设总是把多元复杂的历史过程封闭住了，也因此总是把后来的历史结局当成不以人的意志为转移的单向度的“铁律”了。幸运的是，我之辜负先生之处，正是贾国静以其持之以恒、孜孜以求的努力报谢先师之所，而且也正由于她对先生倡导的灾害史研究“套路”的坚守，才使她的新著在很大程度上区别于今日水利社会史研究的主流导向，从而以清代黄河治理为突破口，在探索历史时期中国水与政治的互动关系方面进行了颇具启发意义的尝试。

我之作出如许判断，主要是基于中国水利史研究之学术流变的脉络而言的。大体说来，我国现代意义上的水利史研究，当然包括黄河史在内，本质上属于一种以工程技术为主导的水利科学技术史，自民国迄今，名家辈出，成就非凡。与此形成对话的地理学者，主要是历史地理学者，从20世纪二三十年代的竺可桢对直隶水利与环境之关系的探讨，到五六十年代的谭其骧、史念海等对东汉王景治河以后黄河八百年安澜之成因的争论，基本上都是立足于人地关系的层面挖掘人类影响下的流域环境变迁对河流水文的影响，每多惊人之论。改革开放以后，尤其是1990年代以降，这一流派影响日著，成为中国水利史研究最重要的学术生长点之一。

另一种水利史，也是这里要重点探讨的，则既关心水利工程，也看到河流与环境变迁的关联性，但更注重围绕着水利工程而展开的人与人之间非平等权力关系的构建及其演化，这就是美籍德裔学者魏特夫受西方学术传统，尤其是马克思的相关论述的影响而构建的“治水社会”和“东方专制主义”理论①。但是这一理论以其意识形态上过于强烈的反共冷战色彩、过于明显的他本人声称要予以超越实则根深蒂固的地理决定论甚至种族主义特质，而在中国学术界遭到强烈的批评。这种批评，在魏特夫著作的中文译本出版不久亦即1990年代初期达至高潮，最集中的体现就是李祖德、陈启能主编的《评魏特夫的〈东方专制主义〉》②。不过这些批评，虽然表明要采取实事求是的态度，要从学术而非政治的层面展开，但总体上运用的还是一种论战式的二元对立逻辑，以至于在去除魏特夫理论中极端意识

---

① 参见［美］卡尔·A·魏特夫《东方专制主义：对于极权力量的比较研究》，徐式谷等译，中国社会科学出版社1989年版。

② 参见李祖德、陈启能主编《评魏特夫的〈东方专制主义〉》，中国社会科学出版社1997年版。

形态色彩的同时（按美国环境史家沃斯特的说法是“魏特夫Ⅰ号”），也使有关水与国家政治之间相互关系的研究（“魏特夫Ⅱ号”）似乎成了某种学术上的禁区，很难纳入到当时中国学者的研究视野之中。就连上一世纪三十年代中国学者冀朝鼎在魏特夫影响下完成的博士学位论文《中国历史上的基本经济区与水利事业的发展》①，也被大多数学者从经济史、水利史、历史地理学或地方史、区域史的角度去理解，去阐释，而在很大程度上忽视了冀氏所关注的区域水利建设和经济演化过程中的国家角色及其政治向度。

到了21世纪，学界对魏特夫的治水理论逐渐有了新的认识，更多是从学术上提出各自的质疑。然而有意思的是，不管是1990年代旨在整体否定的理论批判，还是新世纪以来从实证的角度对其进行的批判性借鉴和由此提出的对“水利社会”概念的阐释，两者实际上都是建立在对魏特夫理论充满误读的基础之上。在前一场批评中，绝大部分学者仅仅把灌溉类的水利工程与专制国家的兴起和维系挂起钩来，指责魏特夫所谈论的中国治水工程，在中国国家早期起源之时，主要目的是防洪或排涝以除害，而非灌溉以取利；而且即便存在少量的灌溉工程，也基本上是地方所为，与国家无涉。后一场批评，承认了治水与权力运行之间密不可分的关系，承认了水利对理解中国社会至关重要的意义，却又质疑魏特夫这位忽视“暴君制度”剩余空间的学者“企图在理论上驾驭一个难以控制的地大物博的‘天下’”，把“洪水时代”的古老神话与古代中国的政治现实“完全对等，抹杀了其间的广阔空间”，并从区域史的角度批评魏特夫只谈所谓“丰水区”避灾除害的防洪工程，却忽略了“缺水区”资以取利的农田灌溉，特别是华北西北干旱半干旱地区的水利灌溉，因此建议放弃或搁置魏氏所提出的“治水社会”，转而采用“水利社会”的概念，更多地发掘普天之下中国各地区“水利社会”类型的多样性。② 但是前一场批评，更多是从先秦时期的上古立论，而对秦汉以后，尤其是明清时期的中国治水事业或者

① 参见冀朝鼎《中国历史上的基本经济区与水利事业的发展》，朱诗鳌译，中国社会科学出版社1981年版。

② 参见王铭铭《“水利社会”的类型》，《读书》2004年第11期；行龙《从“治水社会”到“水利社会”》，《读书》2005年第8期。

不提或论之甚少。这样做，固然有其学理上的逻辑，也就是从国家起源的角度否定治水社会和专制主义的存在，由此掐断魏特夫所谓“东方社会”之专制主义传统似乎先天而生、后天持久的逻辑链条。姑且不论这种对先秦历史的论述是否妥洽，其中对秦汉以降中国历史留下的空白，恐怕并不像秦晖所说的那样有效地颠覆了魏特夫的“治水社会”论①，相反在很大程度上倒是默认了中国封建社会或传统中国后期治水与国家体制的关系，至少承认了专制集权体制作为一种历史现象在中国的存在，以及这种存在对治水活动的影响。后一场批评以及以此为基础而展开的实证研究，以其对魏特夫理论的误读，一方面将“治水社会”的国家逻辑悬而置之，一方面又延续了魏特夫理论中不可或缺且着意强调的存在于干旱半干旱地区的灌溉逻辑，其不同之处在于魏特夫是从大一统的自上而下的宏观视角立论，关注的是大规模的灌溉工程，而新时期的水利社会史则落脚于区域基层社会，聚焦于中小型灌溉事业，从地方史的微观角度自下而上地进行探索。这样的探索，涉及宗族、村落、会社、产权、市场、民俗、文化、信仰、道德等地方社会的诸多面相，勾勒了国家与社会复杂多样的关系，涌现出诸如“库域社会”、“泉域社会”，以及与“河灌”、“井灌”甚至“不灌而治”等有关的地方水利共同体的新表述，自有其学术上不可否认的重大贡献②。

对于这样一种走向民间、深入田野、自下而上的研究路径，学界在追溯其源流关系时，要么归之于上一世纪五六十年代美国人类学家弗里德曼的宗族研究，要么是更早的四十年代日本学者提出的“水利共同体”理论，然而即便如此，这样的讨论也未见得完全超越了魏特夫的论证逻辑。这一点连“水利社会”概念的鼓吹者如王铭铭也无从回避，毕竟魏特夫眼中的治水体系也有不同的类型，如“紧密类型”、“松散类型”，有“核心区”、“边缘区”和“次边缘地区”，而对于像中国这样“庞大的农业管理帝国”，则属于包括治水程度不一的地区单位和全国性单位的“松散的治水社会”，其治水秩序“存在着许多强度模式和超地区性的重大安排”，而

① 秦晖：《“治水社会论”批判》，《经济观察报》2007年2月19日。

② 参见张俊峰《水利社会的类型：明清以来洪洞水利与乡村社会变迁》，北京大学出版社2012年版。

且看起来不受限制的“治水专制主义”的权力也不是在所有地方都起作用，大部分个人的生活和许多村庄及其他团体单位并未受到国家的全面控制，只不过这种不受控制的个人、亲属集团、村社、宗教和行会团体等等，并不是在享受真正的民主自治，而至多仅是一种在极权力量的笼罩下有一定民主气氛的“乞丐式民主”。相比之下，单纯地聚焦于日本学者发明的地方性“水利共同体”或弗里德曼的“宗族共同体”，也就是秦晖所说的“小共同体”，反而有可能忽略了国家这一“大共同体”的角色，也不利于更深刻地探讨大小两种共同体之间在水资源控制与利用这一场域的复杂互动关系。从这一意义上来说，不管是“治水社会”，还是“水利社会”，这两个概念看起来内涵不一，其实大体相同，都可以用一个表达来概括之，即“hydraulic society”。而且，相较于“水利社会”，“治水社会”概念反而更具包容性，防洪、灌溉及其他一切与水的控制、开发、管理、配置、维护等有关的技术、工程、制度、文化等均可囊括其中，只是对于治水的主体，不能仅仅局限于国家这一“大共同体”或地方社会这种“小共同体”，而应该兼举而包容之，如此方能真正呈现出一个上下博弈、多元互动的治水共同体的面貌来。

国际学界对魏特夫的理论反响不一，赞同者视之为超越马克思和韦伯的伟大作品，质疑者如汤因比、李约瑟则直指其对所谓“东方社会”的意识形态偏见，可是无论如何，由魏特夫大力张扬的治水与权力之间的关系仍是后续研究者绕不开的话题。其中一个引起中国学者较多关注的趋向，是由法国著名中国史家魏丕信倡导的，从国家与地方力量动态博弈的角度出发对“魏特夫模式”所做的反思与挑战。这一批评，首先是从地方环境的多样性、差异性入手，从空间层面质疑“水利国家”在权力结构上的一体化、普遍化和均质性，认为不同的地区治水与灌溉问题千差万别，国家机器在各地承担的职责及其干预程度各不相同。其次是从长时段的时间维度挑战“魏特夫模式”在权力结构上的长期延续性，在他看来，由于水利灌溉建设本身引发的诸多内在矛盾所导致的非预期效应，包括各种不同利益群体之间日趋激烈的冲突以及水利工程建设与水环境之间日趋紧张的关系，使得明清以来“中华帝国晚期”的“水利国家”实际上经历了一种发展—衰落（魏丕信名之为阶段A和阶段B，两者之间有时还夹着一个“危机”阶段）的王朝周期。在发展阶段，国家在水利工程建设中担当直接干预者的角色，其后随着各种矛盾的展开，国家更多的是运用权术，在水利利益冲突的不同地区、不同力量之间维持最低限度的平衡和安全，国家与水利的关系类型也从大规模的“国家干预功能”转为“国家的仲裁功能”。何况即便是在发展阶段，水利政策的目的也不是要建立一个“仅由国家”负责的制度，即完全由官僚管理运作，由官帑提供资金支持，而是试图寻找一条置身事外的“最小干预”原则，尽可能地限制直接干预的领域及官僚机器的范围，努力提倡和组织地方社团对其各自的福利和安全负起责任。及至后期，除了发生特大水灾等紧急状态之外，国家干预从日常维护方面逐步退缩，一个或多或少具有某种自治意味的中间群体所起的作用日益显著。魏丕信据此认为，应该将“东方专制主义”反过来加以解释，亦即“水利社会”比“水利国家”看起来更为强大①。

显而易见，魏丕信在1980年代中期对“水利社会”所给的定义，以及他所采取的研究取向，与后来在中国兴起的“水利社会史”的追求大为契合。由于魏丕信赖以立论的基础主要还是长江中游的两湖地区，他在行文中有时又特别提及该处与黄河下游平原的差异与不同，以致很多学者把他的研究和纯粹的地方史取向完全等同起来，并认为这样的研究忽视了国家曾经扮演的角色，因而呼吁在水利史研究中“把国家找回来”。这就是任职美国的华裔学者张玲在其新近出版的大作中努力为之的学术工程②。不过，张玲的目标不只是要与当前盛行的水利史的地方化取向展开对话，她更大的抱负是在“把国家找回来”的同时，对魏特夫的国家取向和魏丕信及其前驱日本学者的地方取向进行双重的反思。在她看来，这两种取向都是从治水的生产模式（“hydraulic mode of production”）出发的，都忽略了治水的另一种模式，即消耗模式（“hydraulic mode of consumption”）。而从后一种模式出发，魏特夫模式的局限，尽显无遗。黄河北决，不仅危及

① 参见魏丕信《水利基础设施管理中的国家干预——以中华帝国晚期的湖北省为例》，原载Stuart Schram主编《中国政府权力的边界》，东方和非洲研究院、中文大学出版社1985年版；《中华帝国晚期国家对水利的管理》，1986年9月，澳大利亚国立大学远东历史系。译文分别见陈锋主编《明清以来长江流域社会发展史论》，武汉大学出版社2006年版，第614—647、796—810页。

② 参见Ling Zhang, *The River, the Plain, and the State: An Environmental Drama in Northern Song China, 1048—1128*. Cambridge University Press. 2016.

民生，更是事关国防，因之治黄灌溉，是北宋王朝几代君主的梦幻工程，但就总体而言却非国家事务的全部；而且这样的工程，极大地消耗了当地及邻近区域，乃至其他地区的大量人力、物力和财力，也给当地的环境、社会带来了巨大的破坏，结果不仅无助于国家集权力量的凝聚和巩固，反而犹如一个巨大的人造黑洞，造成了国家权力的急剧削弱和地方生态的衰败。张玲由此得出结论，治水不仅无关于国家专制，反而削弱了已然集权的国家力量。

平心而论，不管是魏丕信对“水利国家”的反转，还是张玲对水利与国家之间相互关联的剥离，从各自的论证逻辑来说，似乎都未能从根本上颠覆“魏特夫模式”，反而在一定程度上为后者添加了新的注脚，我们完全可以把两者的研究看作是“魏特夫模式”的变形。就魏丕信而言，他的确从时、空两方面把魏特夫、冀朝鼎确立的国家与水利之间的关系复杂化了，但这种复杂化破掉的更多是一种僵化的国家想象，相反倒是树立了一个更具弹性和生命力的中央集权体制。他从地方入手，却并未拘囿于地方，而是把国家干预置于地方权力网络之中，着力探讨国家职能和不同区域地方势力相互博弈的动态演化机制，而且也没有完全排除在发生特大灾害等紧急情况下国家大规模干预的事实，更不用说在论证过程中反复声明要避免对中国的政府管理和水利之间的关系做出草率的概括性结论，认为在“环境更不稳定且危险，水利则直接影响漕运”的黄河下游平原，“大规模的国家监督和组织是非常必要的”。同样，他所提出的有关水利兴废的“王朝周期”论，也没有局限于某一特定时段国家或地方的治水实况，而是从一个更长的时段探索国家治水职能的周期性变化，但是这种变化似乎也没有为某种新的水利管理模式打开缺口，而只是一种循环往复的周期性振荡，一种难以逾越的“治水陷阱”（hydraulic trap），尤其是他所关注的在治水周期的衰败阶段崛起的地方自治势力，最终往往还是失去控制而陷于无序状态。故从这种王朝周期中，我们所看到的并非中国历史的断裂，而是中华帝国晚期与现代中国之间值得关注的延续性。这与魏特夫的相关判断似乎也没有太大的不同。更重要的是，魏丕信的治水周期论和他在对治水周期的论证中发掘出来的追求成本最小化的“国家理性”，也可以从魏特夫对治水政权在管理方面采行的“行政效果变化法则”所做的论述中找到理论上的源头。据魏特夫的阐释，此种变化法则，包括行政收益大于行政开支的“递增法则”、行政开支接近行政收益的“平衡法则”以及收不抵支的“递减法则”三个方面，三者又各自对应治水过程的三个阶段，即扩张性的上升阶段，趋于减缓的饱和阶段以及得不偿失的下降阶段，虽则这种理想的变化曲线与实际的曲线并不能完全吻合，而是因地质、气象、河流和历史环境等诸种因素导致无数的变形，但大体上还是“表明了治水事业中一切可能的重大创造阶段和受挫阶段”。在这样一种“治水曲线”中，魏特夫一方面揭示了治水社会维持政治秩序之和平与长久的“理性因素”或治水政权“最低限度的理性统治”，另一方面也注意到了治水扩张有可能带来的结果，即“水源、土地和地区的主要潜力耗竭用尽”之时，从而在一定意义上提示着魏丕信着意强调的国家治水行为的“非线性逻辑”。

如果这种对于“魏特夫模式”的理论考古能够成立的话，张玲的研究也完全可以从反面进行同样的解读。也就是说，正是由于黄河治理的重要性，事关王朝的安危存亡，才使北宋政府几乎倾国力而为之，在北徙黄河流经的区域（即张玲所说的“黄河—河北环境复合体”）内外乃至全国范围进行国家总动员，所谓动一发而牵全身，虽然其结果不尽如人意，甚至适得其反，但这一过程本身正好极其生动地展示了北宋王朝水与政治之间的深刻关联。何况北宋王朝在黄河流域的所作所为，至少在王安石变革时期，也只是正在自上而下推行的全国范围的农田水利运动的一部分。此时的中原国家，对地方水利的干预程度远超后世。进一步来说，把生产和消耗截然分开，无论就学理，还是实践，似乎都不大行得通，我们大可以把所谓的消耗看成是生产的成本，只是北宋时期这种大规模的生产性水利付出的成本看起来过于高昂，且得不偿失，最后以失败而告终。实际上，魏特夫的研究并未将“灌溉工程”与“防洪工程”混而视之，而是作为“生产性工程”和“防护性工程”区别对待，并对两者与国家权力构建关系的异同做了比较清晰的界定。

把眼光再拉回到魏丕信关注的明清时期，尤其是被其视为清朝水利周期衰败阶段的嘉道时期，继之展开的相关研究，如 Jane Kate Leonard 的《遥制》，Randall A Dodgen 的《御龙》等，就清廷在黄河、大运河等河流治理的方略、投入和技术创新等问题提出了不同的解释，力图修正魏丕信有关“水利国家”的“王朝周期”论①。即便是1855年黄河铜瓦厢改道之后，清王朝及国民政府对曾经的国家治理重心黄运地区逐渐疏而远之，甚至弃之不顾，也就是从传统的国家建设的重大任务中退出，使其成为为国家新的战略重心服务而牺牲的边缘性腹地，这样的情况，在美国著名历史学者彭慕兰看来，亦非国家治理能力的衰败和下降，而毋宁是新的历史时期国家构建战略的转移。因为此次河患发生之时，正值中国面临着一个竞争性的民族国家的世界体系的威胁和冲击，国家治理的方略不再是旧的儒家秩序的重建，而是趋于新的“自强”逻辑②。如果说张玲对北宋时期“黄河—河北环境复合体”的研究提供的是国家失败的案例，在彭慕兰的笔下，晚清民国时期生态上同样衰败的黄运地区，则是国家建设有意为之的产物。我前面提及的于人民大学攻读硕士学位时完成的学年论文，也注意到了晚清朝廷以洋务运动为起点的富强战略对黄河治理的重大影响，可惜并未引起太多学者的注意。这里需要强调的是，晚清、民国基于“自强”逻辑的区域重构战略，看起来使治水与国家建设暂时脱离了关系，但也正是这一被国家重构的衰败之区，正如彭慕兰的研究所揭示的，最终成为动摇乃至颠覆此种践行自强逻辑的国家政权之一系列“叛乱”或革命的重要策源地。这无意中印证了与水之利害密不可分的“民生”，自始至终都是中国最大的“政治”之一。

很显然，国外的中国水利史研究似乎并没有因为地方史、社会史的兴起而把国家抛诸脑后，而是对国家权力与水利的关系进行了延绵不绝的多元化、多层次的思考；而且随着研究的不断深入，这种对国家的关注，其焦点逐渐地从国家能力或国家建设（即英文“state building”）延伸到意识形态和文化象征建设的层面，也就是从政治合法性的角度展开讨论。彭慕兰在研究中已经留意到这个问题，并对涉及国家能力或行政效率的国家构

① 参见 Jane Kate Leonard, *Controlling from Afar*: *The Daoguang Emperor′s Management of the Grand Canal Crisis*, 1824—1826. University of Hawaiʻi Press, 1996. Randall A Dodgen. *Controlling the Dragon——Confucian Engineers and the Yellow River in Late Imperial China.* University of Hawai’I Press Honolulu, 2001.

② 参见［美］彭慕兰《腹地的构建：华北内地的国家、社会和经济（1853—1937）》，马俊亚译，社会科学文献出版社2005年版。

建与关乎政治合法性问题的“民族构建”（“national construction”）做了区分，只是由于彭的重点是从社会、经济的角度进行分析，故此只好把后一视角舍弃掉了。这在一定程度上削弱了他的“区域建构”论的解释力度。好在这一遗憾很快就由另一位美国学者弥补了，这就是戴维·佩兹关于二十世纪上半叶的淮河和下半叶的黄河这两大河流的治理①。可见在这些海外学者的笔下，政治或者权力，犹如挥之不去的幽灵，始终游荡在历史中国源远流长的大江大河之中。

当然，张玲所批评的“去国家化”，在国内的水利史研究，包括后来兴起的区域水利社会史研究中，或多或少是一个长期存在的事实。但同样令人欣慰的是，进入新世纪以来，这一局面已经在一批中青年学者的努力之下逐步得以改观。就我比较了解的清史研究领域而言，较早在这一方面进行探索的，是曾在中国人民大学清史研究所攻读博士学位而后供职于中国水利水电科学研究院水利史研究室的王英华女士，从最初讨论康熙朝靳辅治黄到后来对明清时期以淮安清口为中心的黄淮运治理的研究，都尽可能地将国家治河的战略决策，治河工程的规划及其实施，以及治河技术的选择，放到中央与地方、地方与地方的权力网络之中，从帝王与河臣、帝王与朝臣、帝王与督抚，以及河臣与朝臣、河臣与漕臣、河臣与督抚、河臣与河臣等诸多相关利益主体间的关系和冲突中展开论述，从而使“自然科学领域的黄淮关系研究，充实了‘人’这一关键环节”②。（谭徐明语）确切地说，这里的“人”应为“政治人”。同样是清史研究所毕业的和卫国博士，选取江浙海塘这一为区域社会史研究排斥在外的关乎大江、大河或大海等重大公共工程作为研究对象，更自觉地对“水利社会史”的地方化和脱政治化取向进行反思，重新提出水利或治水的“政治化”问题，同时又不满于传统政治史研究局限于制度沿革、权力斗争的习惯做法，改从政治过程、政治行为的角度，力图为读者勾勒出一幅十八世纪中国政府职

① 参见戴维·佩兹《工程国家：民国时期（1927—1937）的淮河治理及国家建设》，姜智芹译，江苏人民出版社2011年版；《黄河之水：蜿蜒中的现代中国》，姜智芹译，中国政法大学出版社2017年版。

② 参见王英华《洪泽湖—清口水利枢纽的形成与演变》，中国书籍出版社2008年版。

能或国家干预全方位、超大规模加强的鲜活画面①。这一研究秉承的是一面倒的“正面看历史”的立场，希望读者看到的是十八世纪大清王朝之为民谋利的“现代政府”特质。与此相反，南京大学的马俊亚教授受彭慕兰黄运研究的启发而撰写的《被牺牲的局部》，从一条被比其更大的河流蹂躏了近千年的河流——淮河，一个被最高决策者看作“局部利益”而为国家“大局”牺牲了数百年的地区——淮北出发，对 1680 年以来清朝频繁兴建的巨型治水工程作出了截然不同的判断，认为这些工程“与农业灌溉无关，与减少生态灾害无关，主要服从于政治需要”，服从于远在这一区域之外的中央政府维持漕运的大局，因而完全是“政治工程”，而非“民生工程”②。此处无意对这些不同的声音做是非论定，但从这样一种客观上展开的学术争鸣中，不难发现国内学者对水与政治之关系日趋增强的研究兴趣，也表明在当今中国的水利社会史研究趋于饱和状态之际相关学者对寻找新方向的渴望。

走过如此这般冗长乏味且多有遗缺的学术之旅，我们终于可以对贾国静的新著说三道四了。

从研究旨趣、研究方法和研究内容来看，贾国静推出的成果无疑属于上述新的水利政治史研究的一部分。不过如前所述，她对这一问题的探讨已非一日之寒，有关认识在其博士学位论文、博士后出站报告以及此前的相关发表中有着较为系统的阐述。她对水与政治之间的关系，也没有局限于权力博弈、政府职能或国家能力建设等方面，也就是仅仅关注国家权力在治水领域的单向度扩展，而是在尽可能地吸纳此类视角之外，同时关注治水过程对国家政治的影响，并将其上升到王朝国家政治合法性的高度，从更深的层次探讨治水与国家的互动关系（其对于“治河保漕”论这一国内外学界几成确定不移之共识提出的质疑，就超越了一般意义上的“国家建设”逻辑），进而以此为基础与美国“新清史”中有关治河问题的论述进行对话，此为贾国静新著之最大特色。另一方面，她对清代治水过程的

① 参见和卫国《治水政治：清代国家与钱塘江海塘工程研究》，中国社会科学出版社 2015 年版。

② 参见马俊亚《被牺牲的“局部”：淮北社会生态变迁研究（1680—1949）》，北京大学出版社 2011 年版。

探讨，固然是以国家最高政权为核心，但同时也兼顾到了中央与地方、地方与地方，在黄河或南或北的大尺度迁流过程中，围绕着黄水之害（即“烫手的山芋”）在地域分布上的不均衡而展开的竞争性政治规避行为，以及这种政治竞争对治河体制的影响，在很大程度上也丰富了人们对清代政治及其变迁的认识。她之所以能够做到这一点，当然是其自觉地追踪国内外学术前沿的求新精神的结果，也与她始终坚守的李文海先生的灾荒史研究“套路”有莫大的关联。这就是从自然现象与社会现象相互作用的角度，重新思考和解释近代中国历史上发生的一系列重大政治事件。当然先生和他的团队先前主要讨论的还是晚清的灾荒与政治，包括黄河灾害与鸦片战争进程等相互之间的关联，作为弟子的贾国静则将其延伸到鸦片战争之前的前清史，使读者对整个清代以黄河灾害及其防治为中心的治水事业及其演变过程，以及在从传统向近代转换这一波澜壮阔的历史大变动中这种治水事业与国家政治错综复杂、不断变化的互动图景，有了相对清晰的认识。就此而论，她在结语中得出这样的判断，即黄河不再是单纯的“自然之河”，而是被赋予了很强的政治性的“政治之河”，大体而言，还是言之成理，言之有据的。

毋庸讳言，贾国静的研究，尽管取得了不小的成就，提出了不少值得深入探讨的话题，但仍有诸多未尽成熟之处，有待于以后进一步的思考和拓展。这里不妨再来做一种假设——

如果作者在集中探讨清代治河体制之时，能够兼顾这一体制及其兴废与地方基层政治和民间社会的深刻关联；如果在着重分析黄河下游干流治理的同时，留意一下它与流域内支流水系治理之间的矛盾与冲突，并对黄河上、中、下游（包括黄河源、入海尾闾和黄河三角洲在内）不同河段在治理过程中的不同地位及其内在联系有一定的关照；如果在强调黄河之区别于长江、永定河等其他河流的特殊性之外，也对这些河流在水文特性、河道治理和权力介入等方面存在的共性有所认识，并进行相应的对比；还有就是，如果在更大的程度上正视黄河自身的真正特殊性对河道变迁和黄河治理的影响，进一步地突出河流的自然特性对人间社会与政治的作用力度……那么，在其笔下呈现的黄河，可能就不是目前给我的一种感觉：这样的黄河，就如同其在现实的区域生态系统中显现的那样，依然是一条

“悬河”，一条悬浮在该流域水文生态系统和基层社会之上、交织于以省为单位的地方行政权力网络之中的“政治之河”。可能的原因，或在于作者相对忽视了水利社会史学界在区域研究方面已然取得的成就，亦未能更加充分地借鉴新世纪以来方兴未艾的水利环境史研究可能提供的方法论优势。如何把这一条横贯东西的“悬河”，真正地植入千百年来被其深刻地型塑反过来又型塑其本身，且在空间辐射范围极为辽阔的由自然、人文纠结而成的网络状生命体系之中，进而对杂糅其间的人与自然的关系、人与人的关系以及自然与自然的关系，进行更加详尽和深刻的描绘，让黄河变得“悬而不悬”，从而有可能真正超越魏特夫的理论构造，这将是一项值得为之持续奋斗的志业。事实上，纵览神州，恐怕也没有哪一条河流能像黄河这样可以为我们从事此项志业提供如此难得的实践平台。借用贾国静的话，黄河就是黄河，但需要补充的是，黄河的这一特殊性，正是源自黄河之型塑中国的广泛性、深刻性和持久性，从而也凝练了中国历史的关键特质。

我知道，我在这里提出的种种批评，对于这部即将面世的新著来说的的确确是过于苛求了；但令人高兴的是，就我目前的了解，这部新著的作者已经对自己过去的探讨进行了自觉的反思，并开启了新的黄河研究的征程。作为她的师兄和同行，我期待着作者在不久的将来写出更加精彩的黄河故事。

搁“笔”至此，已为凌晨。悄然之间，距离业师李文海先生逝世六周年祭日又近了一天。作为一众后辈，我们所能做的，就是以加倍的努力，继续耕耘于他所重新开辟的这一片灾荒史园地，耕耘于他一生为之奉献的中国历史世界。是为序。

夏明方

2019 年 5 月 19 日于北京世纪城

目　录

绪　论

第一节　研究对象

本书是一项关于清代黄河管理制度的研究，目的在于厘清这套制度的渊源流变，探析其组织结构的演进逻辑，蕴含的权利体系及彰显的政治文化传统，并试图借此管窥清代各个阶段的政治生态，反思封建官僚体制下制度存在的价值及意义。

作为一个古老的农业大国，中国历朝历代均极为重视治水问题。早在先秦时期，管子即指出："善为国者，必先除其五害"，"水，一害也；旱，一害也；风雾雹霜，一害也；厉（疾病），一害也；虫，一害也；此谓五害。五害之属，水最为大"。[①] 在管子看来，治理水患为统治者安邦治国之要政。对于封建国家的治水问题，当代研究者冀朝鼎做过具体而深入的阐释。他指出："发展水利事业或者说建设水利工程，在中国，实质上是国家的一种职能，其目的在于增加农业产量以及为运输，特别是为漕运创造便利条件。诸如灌溉渠道、陂塘、排水与防洪工程以及人工水道等，多半都是作为公共工程而建造的，它们同政治都有着密切的联系。各个朝代都把它们当作社会与政治斗争中的重要政治手段和有力的武器。兴建以及发展这类土木工程的目的，最初都不是出自人道主义的考虑，而是决定于自然和历史的条件以及统治阶级的政治需要"，进而认为，水利事业的兴衰与王朝国家的兴衰之间存在着某种对应关系[②]。与之相类，法国学者魏丕信在对湖北地区的水利事业进行研究时，亦讨论了中国的"水利周期"问

① （唐）房玄龄注：《管子》卷18，"度地"，上海古籍出版社1989年版，第169页。

② 冀朝鼎：《中国历史上的基本经济区与水利事业的发展》，朱诗鳌译，中国社会科学出版社1981年版，第7—8页。

题，并提出了“发展—（危机）—衰退”这一循环模式①。二人似乎均对中国古代的水利工程进行了较为准确的阐述与把握，但仔细考察不难发现，他们在研究中无不“有意识”地回避了元、明、清，尤其是清代的黄河治理。诚然，冀朝鼎一书重在考察历史时期基本经济区与水利事业发展之间的内在联系，而唐宋以降，中国的基本经济区逐渐由黄河流域转移到长江流域，故他在探讨唐宋以前的黄河治理情况时较为详细，至于唐宋之后则一笔带过，仅指出“明、清两代治理黄河大堤的工程，都是由官僚阶层中特别指定的高级官吏主持的”，元、明、清“这三代的当局所面临的主要问题，是由运河与黄河交叉所引起的问题”。② 言外之意，这一时期的黄河治理主要基于保障漕粮运输这一考虑。魏丕信的研究尽管集中于明清时期，但也避开了这一时期受到国家高度重视的黄河治理问题。对此，他略作解释：“如果把黄河的研究包括进来，我的结论就可能不同，至少会是不同的表达。”③ 在另一篇论文中，他又提到：治黄问题是个“例外”，它是国家对水利管理普遍原则的偏离，这或者出于环境的强制，或者是由于有些事情，传统观念认为没有帝国政府参与不行④。不难看出，二人言辞之间透露出明清两代的治黄问题具有复杂性与特殊性，遗憾的是，由于研究旨趣所在，均点到为止，没有进行更为具体的探讨。这一遗憾或者说有意回避对本研究有所启发，同时也留下了深入拓展的空间。

为了从历史发展的时空脉络中把握自元以降黄河治理问题的特殊性，这里首先对历史时期的黄河治理进行一纵向的考察与比较。

远古时期，黄河中下游地区气候温暖，森林茂密，土地肥沃……中华

---

① ［法］魏丕信：《水利基础设施管理中的国家干预——以中华帝国晚期的湖北省为例》，载陈锋主编《明清以来长江流域社会发展史论》，武汉大学出版社 2006 年版，第 615—647 页。

② 冀朝鼎：《中国历史上的基本经济区与水利事业的发展》，朱诗鳌译，第 63、113 页。

③ 魏丕信在研究中还提道：“事实上，我将把自己的探索限定在我曾经作过深入研究的长江中下游地区的某些方面，以及我长期关注的明清时期。换言之，我省略了有关黄河、大运河系统的所有讨论，”（［法］魏丕信：《中华帝国晚期国家对水利的管理》，载陈锋主编《明清以来长江流域社会发展史论》，第 801 页），因为“与黄河流域相比，这里没有一个单独的‘长江衙门’直接对皇上负责。同样地，除了少数例子外，也没有一项固定、独立的经费，专门用于水利工程的维修。”（［法］魏丕信：《水利基础设施管理中的国家干预——以中华帝国晚期的湖北省为例》，载陈锋主编《明清以来长江流域社会发展史论》，第 615—647 页）

④ ［法］魏丕信：《中华帝国晚期国家对水利的管理》，载陈锋主编《明清以来长江流域社会发展史论》，第 803 页。

民族的祖先在这里倚水而居繁衍生息，创造了辉煌灿烂的早期农业文明。随着农业文明的逐步推进，人们向大自然的索取不断增加，同时也破坏了这里的生态环境：大面积的森林被砍伐，草原、植被遭破坏，水土流失日渐严重，河水愈黄，含沙量增大。据《左传·襄公八年》中引《周诗》云："俟河之清，人寿几何?"① 由此可以推知，早在上古时期，黄河就已经不甚清澈。然而，在农业文明发展的早期阶段，这一趋势不可能有所缓停。由于在进入封建社会后的很长一段时期之内，黄河流域为国家的政治、经济与文化中心，各政权为兴建都城发展农业，无不大兴土木，肆意破坏森林植被，至汉朝时，"河"之前即添加了一个表示颜色的"黄"字，"黄河"之称由此而始②。隋唐以后，由于用材、开垦和放牧等原因，草原与森林遭受了更为严重的破坏，以致流经于此的黄河及其支流含沙量迅速增长。据研究，明清时期黄河含沙量竟在十分之六，有时甚至达十分之八③。这一比例在令人震惊之余，也让世人对黄河及其"善淤、善决、善

① （晋）杜预注，（唐）孔颖达疏：《春秋左传注疏》卷30，第22页，文渊阁《四库全书》第144册。

② 参见陈可畏的《论黄河的名称、河源与变迁》（《历史教学》1982年第10期）、夏平的《黄河名称溯源》（《江南大学学报》（自然科学版）1991年第1期）。

③ 此处主要参考了史念海、曹尔琴、朱士光主编的《黄土高原森林与草原的变迁》一书的观点。对于黄土高原地区到底曾经有无森林，学界观点不尽一致。冀朝鼎认为："现代的地理知识告诉我们，位于黄土草原之内的那一部分古代中国的地域，既不会有茂密的森林和苍郁的植物，也不会有危险的沼泽之地，就是在中国北部的冲积平原上，也不会有像孟子大肆加以渲染的繁茂森林与植物。"（冀朝鼎：《中国历史上的基本经济区与水利事业的发展》，朱诗鳌译，第46页）而史念海等人则认为，"根据文献记载和目前得到的考古资料，可以设想，远在原始社会，黄土高原上的一些地方，森林郁郁葱葱"。（史念海、曹尔琴、朱士光主编：《黄土高原森林与草原的变迁》，陕西人民出版社1985年版，第66页）对此不同观点，笔者倾向于后者。因为前者或许受研究旨趣所限，仅点到为止，而后者则展开了较为详细地论证，且令人信服。此外，对于黄河的含沙量问题，二人的观点也相去甚远。冀朝鼎吸取了张继骏（张继骏：《中国地理》第1卷，中山教科丛书，南京，1932年，第7页）的观点，认为"黄河含沙量平均为11%"，并据此指出"传统的中国著作家们，都遵循着前汉（公元前206—公元25年）张戎的估计，认为黄河的水与沙之比为10比6。明朝官员潘季驯，因治水卓有成效而驰名，并且是一部水利经典著作的作者。他认为，黄河在秋季的含沙量将由60%增至80%。这些说法，很明显地只能把它看成是文学上的夸张，而绝不能认为是一种科学上的估计"（冀朝鼎：《中国历史上的基本经济区与水利事业的发展》，朱诗鳌译，第18页）。对此，笔者仍倾向于史念海的观点（正文中已经引用）。因为即便如冀朝鼎所言，黄河含沙量为10∶6更像是文学上的夸张，也不会像其所深信的11%那么少，否则黄河"善淤、善决、善徙"的特性当难以解释。此外，明清以至近代，无论是江苏云梯关入海口还是改道后的山东利津入海口，新增陆地的淤出速度无不令人震惊，这也在一定程度上能够证明黄河含沙量之大。

徙”这一特性多了几分了解：这条母亲河在孕育古老农业文明的同时还被真实可触碰地记录为“自古为中国患”。① 有古谚谓：“华夏水患，黄河为大”，“三年两决口，百年一改道”，都是非常真实的描述。据粗略统计：“在 1946 年以前的三、四千年中，黄河决口泛滥达一千五百九十三次”②，其中大规模的改道有 6 次③。为了趋利避害，历朝历代无不殚精竭虑高度重视黄河治理。

两汉时期，设有“河堤都尉”“河堤谒者”等职官负责河务，其下专事河务的人员数量可观，常在千人以上，有时甚至达万人，这一时期还涌现出贾让、王璟等治河专家，在治河技术方面亦有探索。隋唐时期，由于力行漕运，治河工程在国家事务中的地位明显提升，皇帝甚至亲临现场进行指挥，即便如此，该时期并未设置职位较高的官员专司其事。延及北宋，由于黄河决口为患甚巨，朝廷采取了“通过府、州、军、县的地方官

---

①《续文献通考》，（清）傅泽洪辑：《行水金鉴》卷 39，上海商务印书馆 1936 年版，第 584 页。

② 水利电力部黄河水利委员会编：《人民黄河》，水利电力出版社 1959 年版，第 32 页。

③ 黄河 6 次改道的情况大致如下：

周定王五年，河徙宿胥口，东行漯川，至长寿津与漯别，东北至成平，复合禹河故道，至漳武入海，自禹治后，至此凡阅一千六百七十有六年，是为河道大徙之第一次。

新莽始建国四年，河决魏郡，泛清河平原，至千乘入海，自周定王五年至此，凡阅六百十有二年，是为河道大徙之第二次。

宋庆历八年，河决商胡，分为二派，北流合永济渠，注乾宁军入海，东流合马颊河，至无棣县入海，自新莽始建国四年，至此凡阅一千三十有七年，是为河道大徙之第三次。

金章宗明昌五年，河决杨武故堤，灌封丘，而东注梁山泺，分为二派，北派由北清河入海，南派由南清河入淮，自宋庆历八年至此，凡阅一百四十六年，是为河道大徙之第四次。

明孝宗弘治六年，河决张新东堤，夺汶水入海，明年刘大夏筑太行堤，北流遂绝，全河悉趋于淮，自金明昌五年至此，凡阅三百年，是为河道大徙之第五次。

清咸丰五年，河决铜瓦厢，由直隶注山东之张秋，夺大清河入海，自明弘治至此，凡阅三百年有一年，是为河道大徙之第六次。

参见申丙《黄河通考》，台湾中华丛书编审委员会 1960 年版，第 14 页。

此外，还有历史时期黄河改道 26 次的说法。比如《人民黄河》（水利电力出版社 1959 年版）一书即持这一观点，水利史学家张含英在《历代治河方略探讨》（水利电力出版社 1982 年版）一书中也曾提到这一问题。对此说法不一的情况，水利史学界已有所关注。比如：水利部黄河水利委员会《黄河水利史述要》编写组在编写《黄河水利史述要》（水利出版社 1982 年版）一书时曾作过如下注释：“前人多认为自春秋战国以来，黄河下游有六次大的改道，解放后，《人民黄河》一书（水利电力出版社 1959 年版）提出了较大改道二十六次的看法。究竟什么样的改道才算大改道和较大改道，难以下一个准确的定义。”（见该书第 17 页）既然水利史学界尚未就这一问题达成一致意见，那么本书即采纳了为多数人所接受的 6 次改道的观点。

员和中央派遣的使臣来共同管理”的办法①，大体为：沿河各州府长吏兼本州河堤使，并设置治河主管官员，治河不力者给予处分，甚至对任期已满调任他职的官吏，也作了水落后方能交卸去职的规定。此外，还制定了河情上报制、河官选任制及河堤岁修制、巡护制，等等，这说明“当时的治河管理已达到一个新的高度”②。随着时间的推移，河防责任制度进一步加强。据《金史·河渠志》记载：金初，“设官置属以主其事，沿河上下凡二十五埽”，“埽设散巡河官一员”；每四埽或五埽设都巡河官一员，分别管理所属各埽；全河共配备“埽兵万二千人，岁用薪百一十一万三千余束，草百八十三万七百余束，桩杙之木不与，此备河之恒制也”，与此同时，还制定了赏罚制度③。综而观之，两汉至宋金时期，国家在黄河治理问题上的参与力度呈现不断加大的态势，不过这种参与主要限于宏观调控，即便有时皇帝也表现出很高的兴趣④。另由于治河实践中设置的专司河务的官员，一般品级较低，或归地方疆吏统辖，或与地方政府各负其责共同完成治河事务，所以尚无系统完善的制度建设可言，考其治河之目的亦大体如冀朝鼎所言，为发展国家基本经济区的需要。

元、明、清三朝，由于国都定于北京，国家的政治经济格局为之一变，如何便捷有效地沟通南北，将已南移至长江流域的经济中心与京畿政治中心联系起来，成为亟须解决又颇为棘手的问题。据冀朝鼎研究：“在对皇帝的各个奏折中，曾反复被提到过的关于基本经济区与政治基地相距过远的现象，导致了统治者当局很明显的担忧。”⑤众所周知，最终的解决办法为开凿疏通了沟通南北的大运河，通过内陆水运将南方的物资调往北方京畿重地，保障大运河漕运畅通由此成为关系国家稳定与发展的政治问题。相较之下，明清两朝因推行海禁政策，“对于这条运河的重视和倚赖，

① ［日］吉冈义信：《宋代黄河史研究》，薛华译，黄河水利出版社2013年版，第148页。

② 此处主要参考了岑仲勉的《黄河变迁史》（中华书局2004年版）以及郭志安的《论北宋治河的体制》（《安徽师范大学学报》2009年第5期）。

③（元）托克托等：《金史》卷27，第1—2页；文渊阁《四库全书》第290册。

④ 除隋唐外，宋金时期，由于多个政权更迭对峙，基于地缘政治的考虑，最高统治者亦极为重视治河。参见Ling Zhang，*The River*，*the Plain*，*and the State*：*An Environmental Drama in Northern Song China*，1048-1128. Cambridge University Press，2016.

⑤ 冀朝鼎：《中国历史上的基本经济区与水利事业的发展》，朱诗鳌译，第41页。

远超过元代”，“整个的南北运输都倚赖这条运河了”。[①] 对于这一局面，明代一位大臣曾言：“国家奠鼎幽燕，京都百亿万口抱空腹以待饱于江淮灌输之粟。一日不得则饥，三日不得则不知其所为命。是东南者，天下之廒仓，而东南之灌输，西北所寄命焉者。主人拥堂奥而居，而仓囷乃越江逾湖，以希口食于间关千里外，则国之紧关命脉，全在转运。”[②] 漕运已然成为国家的政治生命线。在影响漕运的诸多因素中，黄河问题最为突出。因为元明清三代，“运河是南北方向，中间又须叉过黄河，所以和黄河的关系更大”[③]。对于因黄河夺淮与黄运交汇而形成的黄淮运水系的复杂性，清初学者顾祖禹总结如下：“河自北而来，河之身比淮为高，故易以遏淮；淮自西而来，淮之势比清江浦又高（《河渠考》泗州淮身视清江浦高一丈有余，自高趋下，势常陡激，是也），故易以啮运。然而，河不外饱，则淮不中溃，惟并流而北，其势盛，力且足以刷河；淮却流而南，其势杀，河且乘之以溃运矣。病淮并至于病运者，莫如河；利河即所以利运者，莫如淮。”[④] 至于这一复杂状况究竟会给大运河造成多大程度的危害，晚清一位西人曾作如下论断：“大运河的危险地段就在黄河流域。它很快就要在这里消失。它的河床很容易被泥沙填满。沟渠会被折断，航路会被阻断，整个大运河会因此而被彻底抛弃。”[⑤] 此论并非危言耸听。事实上，自南北向的大运河与东西向的黄河交汇后，黄河水患即成为影响漕运的关键性因素。由此不难推知，元以后的治河实践不仅要趋利避害维持流域内的农田水利灌溉，更要治理泥沙减轻水患以保障漕运畅通。换言之，中国传统之治水政治被赋予了新的内涵，保障漕运成为黄河治理的重要使命。但是面对同样的形势，元明清三朝对黄河治理的重视程度以及具体举措的力度却存有明显差异。

---

① 史念海：《明人对于运河的重视》，《史念海全集》第1卷，人民出版社2013年版，第471、472页。

② （明）王在晋：《通漕类编》，万历甲寅刻本，“序”第1—2页。

③ 史念海：《元代运河和黄河的关系》，《史念海全集》第1卷，第444页。

④ （清）顾祖禹：《读史方舆纪要稿本》卷127《川渎四·淮水》，上海古籍出版社1993年影印版。为形容黄淮运三者之密切关系，他还引用淮人的说法，即“谓黄河为北河，淮河为南河，亦曰外河，而漕河为里河”（顾祖禹：《读史方舆纪要稿本》卷126《川渎三·大河下》）。

⑤ D. 盖达：《运河帝国》，上海：《汉学研究》，No. 4，1894；转引自黄仁宇《明代的漕运》，张皓、张升译，新星出版社2005年版，第7页。

元朝，曾“命贾鲁以工部尚书为总治河防使”①，专责河务，这是我国历史上由朝廷设置的最高河官②，足以体现这一时期对黄河问题的重视程度。不过，由于元朝力行海运，又国祚短促，并未开展多少行之有效的治河实践活动。延及明代，国都迁至北京后面临着与元代相类的问题：“河之为国家利害大矣。夫安流顺轨，则漕挽驶裕，奔溃壅溢，则数省緤骚，国家上都燕蓟，全籍东南之赋。故常资河以济运，又防其冲阻。”③为切实加强治河实践，明代不断提升对黄河治理的监管力度。《大明会典》有记载如下：“永乐九年，遣尚书治河，自后，间遣侍郎，或都御史，成化、弘治间，始称总督河道。正德四年，始定设都御史提督，驻济宁，凡漕、河事，悉听区处。嘉靖二十年，以都御史加工部职衔，提督河南、山东、直隶三省河患。隆庆四年，加提督军务。万历五年，改总理河漕，兼提督军务。”④《明会要》中的记载多少可以弥补其过于简略的遗憾：“嘉靖四十四年，朱衡以右副都御史总理河漕，议开新河，与河道都御史潘季驯议不合。未几，季驯以忧去，诏衡兼理其事。万历五年，命吴桂芳为工部尚书兼理河漕，而裁总河都御史官。十六年，复起季驯右副都御史，总督河道。自桂芳后，河漕皆总理，至是复设专官。”⑤从这两条材料来看，明代的管控力度明显加大，委任的官员责任明确，品级较高且提督军务。但亦可见此时河漕事务纠葛混杂，在很长一段时间之内，河务由负责漕务的官员兼办，尽管自正德年间设有专官，但是“河、漕二臣因治河议相左，导致二度合并”，后又因“一人无法总理二务，遂复分设各理本职”。进一步讲，明代治河之目的在于保障漕运畅通，为此设置的堪称“庞大的治河组织，规模属初具，尚未臻制度化”。⑥

---

①（清）纪昀等撰：《历代职官表》，上海古籍出版社1989年版，第1120页。

② 此需一点说明：清代所设河道总督如加兵部尚书、太子太保等衔，则与元代河官品级相当，但是给河督加这些职衔仅限于个别出色的河督，且时间主要集中在清前期。

③（明）刘隅：《治河通考》，明嘉靖十二年（1533）顾氏刻本，“后序”；《续修四库全书》第847册。

④（明）申时行等修，赵用贤等纂：《大明会典》卷209，明万历内府刻本；《续修四库全书》第792册。

⑤（清）龙文彬撰：《明会要》卷34，光绪十三年（1887）永怀堂刻本；《续修四库全书》第793册。

⑥ 蔡泰彬：《明代漕河之整治与管理》，台湾商务印书馆1992年版，第313、465页。

清代，在黄河治理问题上走得更远，不仅吸收以往经验教训，投入了大量的人力、物力，还积极在制度层面进行探索，最终创制出一套系统完善的管理体制。正所谓“河工，国之大政”①。清入关之初，设置总河，其下建置亦多仿明制，但有所革新，最为明显之处在于：总河成为常设职官，专事河务，负责黄运两河的日常修守以及抢险堵口等重要工程，不再“总理河漕”，亦不再像明前期那样属临时差遣，只负责处理诸如重大险情、兴举工程等重要事务，需“事竟还朝”②，并且品级较高，为二品大员，若加兵部尚书、授太子太保等衔，则为从一品。康熙帝即位之后，转变治河理念，多管齐下。首先，他亲笔将“三藩及河务、漕运”三件大事书写于宫中柱上以夙夜轸念③，并重拳出击推出了一系列改革举措：调整河督及其下河官的选拔标准，甚至亲自考选河督；将河督驻地由山东济宁迁至江苏北部的黄运交汇处清江浦；裁撤原有管河分司，设置道、厅、汛等基层管理机构；完善河兵、河夫、物料储购、考成保固等相关规定，制定报水制度，等等，黄河治理在制度层面呈现出一定的系统性。不仅如此，康熙帝还于南巡途中多次亲历河干指授方略，两次派人探寻河源，可谓殚精竭虑。雍正帝承此态势，一方面着力整顿自康熙后期日渐显露的河工弊政，另一方面推行改革加强制度建设。在上层机构建置方面，将江苏段与河南、山东段分隶，分置河道总督进行管理，是为南河与东河。与此同时，还拓展道、厅、汛等基层管理机构，将赔修、苇柳种植、钱粮管理、河兵河夫等项管理“拟定成规”刊行④。黄河管理制度在这一时期大体定型。至乾隆年间，管河机构中的上层建置延续前朝未有调整或变更，

---

①《河南管河道治河档案》，《行水金鉴》卷172，第2515页。另据研究者统计：明代的黄河、运河河工次数基本相当，而自清初至咸丰五年的212年间黄运地区的河工136次，其中黄河河工95次，运河河工41次，二者相差两倍多，与明代有很大不同。参见李德楠《工程、环境、社会：明清黄运地区的河工及其影响研究》，博士学位论文，复旦大学，2008年。

②《南河全考》，《行水金鉴》卷165，第2398页。这在《明会要》中亦有所反映，如：“永乐八年八月，河溢开封”，“帝遣工部侍郎张信往视”；“景泰三年，河决沙湾”，“廷臣共举徐有贞，乃擢佥都御史往治之”；“（嘉靖）四十四年七月，河决沛县飞云桥”，“乃命朱衡为工部尚书，督理河漕”［（清）龙文彬撰：《明会要》卷76，光绪十三年（1887）永怀堂刻本；《续修四库全书》第793册］。

③《清圣祖实录》卷154，中华书局1985年影印版，第2册，第701页。

④ 凌江：《河工则例》，盛康辑：《清经世文续编》卷105，工政2，光绪二十三年（1897）刊本。

但是河以下的厅、汛、堡等基层机构建置不断拓展，相关规章制度亦不断修订调整。比如：额定河员人数，严格赔修制度，加强河工钱粮管理，等等。一套系统完善的黄河管理制度确立起来。

对于历代黄河之治理，清末山东巡抚周馥略作考察：

> 自古治河烦费，莫如宋与明，而国朝尤甚。宋因防边而治河，议挽议分，众哓不决，然所治者，多在澶滑以下，工短费省，塞决之工亦稀。明因漕而治河，屡决屡塞，然官多暂授，或有时兼摄。未有千里设防，员弁兵夫鳞次栉比，如国朝经营之密者也。康熙以后，列圣南巡，漕运民田屡烦睿算，各官秉受机宜，勤功图治，宣防之策较往古为独精。①

其中言及清代黄河治理“较往古为独精”，纵观前述元、明、清三朝治河史亦明显可知，尽管同样面临黄运交汇河运易受阻遏这一难题，但是清朝的重视程度与举措力度远在元、明两朝之上。如果把元、明以前的黄河治理纳入公共水利工程这一范畴，那么元、明两朝则具有几分国家政治工程的意味，至清代则由于清帝的高度重视与深入把控而完全进入了国家的视野，成为政治性工程。换句话说，清代治河的政治意义远在其经济意义与社会意义之上。至此，以下几个问题引人深思，清代何以要创设一套制度来保障黄河治理？清代治河之目的在“保漕”之外有无更深层次的考量？黄河管理体制背后蕴含着统治者怎样的战略构思？韩昭庆在研究黄淮关系时曾提道：“迫于黄河泥沙，运河与黄河实行分离管理”②，即从黄河自然特性的角度对明清时期加强黄河管理的必要性给予了附带说明。从明清两朝黄河自身生态系统的状况来看，这一说法颇有道理，但是如果将其置于特定的历史背景之下，考察清前期几位皇帝在治河问题上所做的不懈努力，尤其是创制相关制度的复杂历程则不难发现，这一解释仅触及了问题的一个方面。

比较元明清三朝大势，元与清均为少数民族政权，定鼎中原实现统治

① 周馥：《河防杂著四种·黄河工段文武兵夫记略序》，《周悫慎公全集》第34册，民国十一年（1922）孟春秋浦周氏校刻。

② 韩昭庆：《黄淮关系及其演变过程研究》，复旦大学出版社1999年版，第228页。

所面临的问题远比以往改朝换代复杂，元朝短祚即与此有关，而清初统治者多方考量多管齐下，对自身所面临的政治局面有着深刻认识：欲定鼎中原稳固政权，不但要通过武力解决边疆底定问题，更需要面对自身统治合法性这一严肃问题。面对国家初定百废待兴的局面，清帝认为“三藩、河务、漕运”三件大事至关重要，应作为国家战略性事务来抓，而河务又为解决其他两个问题的关键所在。换句话说，黄河治理的好坏直接关系漕粮运输能否顺利进行，以及江苏、安徽、山东、河南等易遭黄患侵袭的有漕省区能否维持正常的生产与生活秩序，以保障漕粮供应，进而关涉“削三藩”这一重大政治问题。因为一旦战火开起，军粮及其他战略物资的供应即至关重要，内陆运输不容稍事疏忽。从灾害应对所产生的社会心理考察，清帝煞费苦心治理黄河不仅可以缓解水患解黎民于倒悬，更可借此向天下百姓昭示其执政能力，以打造良好的政权形象树立权威获得百姓的认可，进而为稳固政权奠定基础。更何况历经几千年的润泽，黄河承载着深厚的华夏文化传统，“海晏河清”成为政治稳定天下太平的象征，将其驯服并加以控御更像是一场文化心理上的战争。可以说，黄河治理是清帝实现其治国理想的重要环节，为保障黄河治理而创制的管理体制蕴含着统治者极为宏阔的战略构思。事实上，康熙帝对于本朝治河之特殊性在《河臣箴》中表述得较为清楚：“今河昔河，议不可一。昔止河防，今兼漕法，即弥其患，复资其力，矧此一方，耕凿失职，泽国波臣，恫瘝已极，肩兹巨任，曷容怠佚。”① 其中述及治河之目的在于“弥其患”“资其力”“兼漕法”。

黄河管理制度创制背后的动力机制在很大程度上决定了其运转将与国家的政治生存状态息息相关，即一旦国家政治格局发生变化，它将迅速做出反应，而这又在一定程度上意味着其具有先天脆弱的一面②。清中期，

①《河臣箴》，清圣祖御制，张玉书等奉敕编：《圣祖仁皇帝御制文集》第2集，卷35，第6—7页，文渊阁《四库全书》1298册。

② 鲁西奇在《“水利周期”与“王朝周期”：农田水利的兴废与王朝兴衰之间的关系》（《江汉论坛》2011年第8期）一文中指出，冀朝鼎与魏丕信的论述“有失于简单化，更忽视了各地区水利发展的特点及其内在的规律性，夸大了王朝国家（官府）在农田水利乃至农业经济发展中所发挥的作用”，因为“如果我们将观察的尺度从一个朝代的局限中跳出来，跨越数个朝代，观察一个区域范围内水利事业的发展，就会发现”，“水利之兴废与王朝兴衰间并无对应关系”。笔者认为，历史时期尤其封建社会后期黄河治理与其他水利工程之间存有较大差异，这些论断均不适用黄河治理工程。

受黄河自身生态系统恶化以及国势日衰、政治环境已显污浊等因素影响，河难治，官难当，河务这一场域问题重重。即便如此，清廷仍极为重视，不仅延续制度之惯性继续拓展机构建置，还屡屡追加治河经费，只是结果不仅未能取得明显成效，反而因机构膨胀人为地增加了制度的运转成本，巨资投入还促使河务这一场域成为“金穴”。并且随着人浮于事等现象的急剧扩散，这套制度的官僚化程度越来越深，结构性缺陷逐渐暴露，各种形式的贪冒舞弊层出不穷。尽管统治者试图通过调整相关规定加强制度规范的方式进行矫治，但是新规条往往淹没于贪冒舞弊的汪洋大海，成为一纸空文，频繁的补充修订在很大程度上仅于制度层面促成了极为严重的繁密化现象。换言之，这套制度在制度层面越发“完善”，而于治河实践却愈行愈远，制度成本与实践效能之间的距离越拉越大。既然如此，清廷何以要竭力事河？也就是说，维持这套制度存在的意义究竟何在？以往研究多将问题聚焦于保障漕运畅通，而事实却远不止此。在推崇以“孝”治天下的清代，延续传统与保障漕运同样重要，这也是清代政治文化传统的一个重要特征。

道咸以降，内乱外患频仍，军费支出剧增，清廷在河务问题上的投入受到极大牵制。咸丰五年（1855），黄河在河南兰仪铜瓦厢处决口并夺山东大清河入海，由于清廷正集中精力镇压对其统治构成严重威胁的太平天国起义，放弃了决口堵筑工程，这次普通的决口最终酿成了历史时期第六次大规模改道。改道后，这套制度的生存受到了挑战。因为改道造成了南河机构与东河部分机构闲置，在巨额军费支出令清廷财政捉襟见肘的形势下，是否还需要花费大笔帑金来维持这些闲置机构成为众人关注的问题。清廷内部议论纷纷，最终决定裁撤，仅保存东河二百余里有工河段的相关机构。此后，又屡屡有人建议将仅存的机构也予以裁撤，尽管清廷顾虑重重未予采纳，但是这或多或少昭示着其随时都存有解体的可能。庚子事变后，为举国筹措赔款的形势所迫，清廷将仅存的东河部分机构裁撤，延续了二百多年的黄河管理体制最终退出了历史舞台，其脆弱性充分暴露。综而观之，清中晚期这套制度的衰落与解体既符合封建官僚体制下制度内在机理演变的必然规律，更是朝政大局影响的结果，尤其是晚清时期的解体过程表明，与缓慢的社会变迁相比，急剧动荡的政治局势更能影响它的存在。

这里涉及一个非常重要的问题，即如何进行定性。有研究者基于“治河即所以保漕”这一认识将其视为“漕运副产品”。① 另有研究者在赞同此观点之余略作补充：不能将黄河管理机构视为流域性的，因为除了漕运之外，统治者仅关心水患的控御问题，而于流域内其他方面的发展没有兴趣；并且该机构没有中上游的管辖权，这显然为流域性的管理所必需②。综观这一体制的创制历程，漕运仅为重要促生因素之一，就清中期而言，重视河务的目的在维持漕运之外还有一层延续祖宗“成法”的考虑。因此，将黄河管理制度视为“漕运副产品”的观点有失偏颇。更何况从制度层面来看，其运转主要围绕黄河事务进行，与漕运的瓜葛颇为有限。从流域性河流及综合发展的角度探讨管河机构的性质，则多少表现出一种基于近现代知识体系的后见之明。再者，清廷亦非全然不顾中上游情况，中游报水制度的制定，凌汛期间派军队驻扎中游沿线，以及多次派人探寻河源等举措即是明证。这套制度的创制缘于清初复杂的政治环境，中期得以维持还在很大程度上因为统治者延续传统之实际需要。这在某种程度上意味着，其在走向完善的过程中独立性越来越强，并成为清代封建官僚体制的重要组成部分，实际运转亦进入了庞大的封建政治系统之中。上至皇帝、内政大臣、河督、封疆大吏，下至普通河官、地方州县官甚至黎民百姓，无不在这一舞台扮演着或多或少、或轻或重的角色，他们共同演绎的政治戏剧精彩纷呈，映射着某个时期跌宕起伏的政治生态环境，其态势往往不亚于人事、财政等其他场域。甚至在某些情况下，水利决策还成为国家枢纽机关和中央政府中政治斗争的一个筹码。③

总而言之，黄河治理虽为历朝历代所重视，然至清代始进入国家事务的中心，在很大程度上可以说，黄河管理制度为清代所独有，对其进行研究具有重要价值与意义。透过研究，不仅能够呈现清代黄河治理工程的特

---

① Chang-Tu Hu, “The Yellow River Administration in the Ch'ing Dynasty,” *The Far Eastern Quarterly*, Vol. 14, No. 4, Special Number on Chinese History and Society (Aug., 1955).

② Charles Greer, *Water Management in the Yellow River Basin of China*, The University of Texas Press, 1979, p. 35.

③［法］魏丕信：《水利基础设施管理中的国家干预——以中华帝国晚期的湖北省为例》，载陈锋主编《明清以来长江流域社会发展史论》，第615—647页。

殊性，进而管窥清代定鼎中原稳定统治的复杂性，而且由于这套制度在清代经历了一个比较完整的生命过程，从创制、发展、完善到衰落直至最终解体均与政治生态环境密切相关，所以还可以通过考察其运转过程透视清代封建官僚体制的运作以及政治文化特征。就现实意义而言，水利工程建设问题对于一个农业大国的发展与繁荣意义重大，而清代作为中国最后一个封建王朝，制度建设多集历代之大成，在黄河治理问题上，则不仅承袭前代治理之经验，还在管理层面具有开创性，这多少可以为今天资鉴。

第二节 研究现状

自民国时期起，清代黄河问题即受到学界重视。总体而言，以20世纪90年代为界，此前研究主要集中于水利史领域，之后历史学领域的研究明显增多，主要从政治史、社会史以及灾害史等视角探讨清代的黄河治理以及黄河水灾的影响等问题①，其中与本书相关的成果在数量上颇为可观。为了尽可能清晰全面地进行梳理，下面根据现有研究侧重之不同将其大致分为通史性研究、综合性研究、专题性研究三类，分别予以评介。

（一）通史性研究

或许由于黄河在中华文明史上具有独特地位的缘故，学术界关于黄河问题的通史性研究较多。在这类研究成果中，多把清代作为一个重要时段，从水利史的角度对黄河水患、黄河治理以及统治者的管理措施等问题进行梳理与分析，并且前后联系在比较中给予历史定位。比如民国时期，水利史学家张含英对清代的黄河治理作了如下评价，“有清一代皆遵潘季驯遗教”，罕有突破，清代治河的特点是防而不是治，“故‘河防’之名辞，尤盛于清朝也”。② 与之相类，岑仲勉也认为清代的治河方略，仍然墨守明人的成规，没有什么进步，尽管在治河技术上较为周密考究，但这“是不能维持很久的”③。与二人的观点相左，水利部黄河水利委员会《黄

① 详见贾国静《二十世纪以来清代黄河史研究述评》，《清史研究》2008年第3期。

② 张含英：《治河论丛》，国立编译馆1936年版，第29页。

③ 岑仲勉：《黄河变迁史》，中华书局2004年版，第554页。

河水利史述要》编写组对清代的治河实践评价较高，认为清代的“防洪技术取得了新的成就”，尤其晚清外国治水方法的引进，“为加速我国治河技术的发展作出了一定的贡献”。[①] 这些研究中所谈的治河技术与治河实践尽管在严格意义上并不属于制度的范畴，但亦密切相关，对本书具有一定的参考价值。

（二）综合性研究

随着研究的日益推进，若干博士、硕士学位论文对清代治河问题给予了关注，对相关管理制度有所涉及。王英华的博士学位论文《清前中期（1644—1855 年）治河活动研究：清口一带黄淮运的治理》结合清前中期的时代背景，对中央政府在清口一带开展的治河活动进行了分析探讨，并指出政府的治河实践颇具成效，但由于黄河本身所具有“善淤、善决、善徙”的特性，“清朝政府的努力终没能扭转黄河因淤垫而改道的趋势”。在该文最后部分，她还对治河活动的相关因素如河臣、河工经费、物料、考成等进行了简要梳理与分析，涉及了制度的一些方面[②]。李德楠的博士学位论文《工程、环境、社会：明清黄运地区的河工及其影响研究》，专章讨论了明清时期黄河工程建设中的关键性因素——料物、夫役等问题，除着力探讨这些问题对黄运地区造成的深刻影响之外，还从制度层面进行了一定的分析[③]。此外，郑林华的《雍正朝河政研究》[④] 与芮锐的《晚清河政研究（公元 1840 年—1911 年）》[⑤] 为为数不多的围绕清代治河问题选题的硕士学位论文，亦均对黄河管理制度有所涉及。

---

① 水利部黄河水利委员会《黄河水利史述要》编写组：《黄河水利史述要》，第 298、348 页。

② 王英华：《清前中期（1644—1855 年）治河活动研究：清口一带黄淮运的治理》，博士学位论文，中国人民大学，2003 年。她的系列文章如：《康乾时期关于治理下河地区的两次争论》（《清史研究》2002 年第 4 期）、《清口东西坝与康乾时期的河务问题》（《中州学刊》2003 年第 3 期）、《清代河工经费及其管理》（中国水利水电科学研究院水利史研究室编：《历史的探索与研究——水利史研究文集》，黄河水利出版社 2006 年版）等，主要以其博士论文为基础修改而成，故不赘述。

③ 李德楠：《工程、环境、社会：明清黄运地区的河工及其影响研究》，博士学位论文，复旦大学，2008 年。

④ 郑林华：《雍正朝河政研究》，硕士学位论文，湖南师范大学，2007 年。

⑤ 芮锐：《晚清河政研究（公元 1840 年—1911 年）》，硕士学位论文，安徽师范大学，2006 年。

（三）专题性研究

1. 河督问题研究

在河务这一场域，河督由清廷直接任命，在某些情况下甚至由皇帝亲自简拔，因此，对其进行选拔与任命的标准能够在一定程度上体现清廷的执政原则，治河实践还能够映衬清廷的施政能力。也正是因为这个原因，学术界对河督问题给予了较多关注。关文发对河督沿革、河督选任、设置河督的初衷等问题进行了较为详细的考述①。丁建军撰文对顺康时期河道总督以及治河组织的演变过程给予了探讨，并指出这一演变过程与河工制度的演进密切相关：以康熙朝靳辅治河为分水岭，河道总督的职能重心发生了较大变化，即由总理全河到偏重于江南河工，这最终导致了顺康以后设置副总河，乃至若干个河道总督同时并设、分段治理河工的局面②。金诗灿的专著《清代河官与河政研究》以河督为核心，对河官这一群体进行了总体考察，包括河官的选拔、任命、考成、河官与相关官员的关系，并以河官为主线梳理了清代河政的兴衰轨迹，与黄河管理制度有所关涉③。此外，则是一些个案研究。比如：靳辅与栗毓美④在前中期诸多河督中任期较长且取得了令人瞩目的治河成效，学术界对二人的治河思想与治河实践关注相对较多。就笔者目力所及，仅关于靳辅治河的文章就有十余篇⑤，其中，侯仁之的《靳辅治河始末》一文颇具代表性。该文洋洋四万余字，对靳辅治河的曲折经历及其治河思想与实践进行了较为细致的梳理与分析⑥。其他相关成果则无论写作思路还是使用材料均大同小异，故这些研究除了“在数量上值得一提”⑦ 外，鲜有学术评论的价值，在此不一一

---

① 关文发：《清代前期河督考述》，《华南师范大学学报》（社会科学版）1998 年第 4 期。

② 丁建军：《顺康时期的河道总督探讨》，《琼州大学学报》2002 年第 5 期。

③ 金诗灿：《清代河官与河政研究》，武汉大学出版社 2016 年版。

④《山西水利志》编办：《清代治河专家栗毓美》，《黄河史志资料》1985 年第 2 期。

⑤ 主要有：侯仁之的《靳辅治河始末》（《史学年报》第 2 卷第 3 期，1936 年 11 月），王永谦的《靳辅治河述论》（《清史论丛》第六辑，1985 年 6 月），苏凤格的《功在前代 泽被后世——论康熙年间的靳辅治河》（《广西师范大学学报》1998 年第 A2 期），钱光华的《靳辅治河方略及其实践》（《江苏水利》1999 年第 9 期），李云峰的《试论靳辅、陈潢治河思想的历史地位》（《人民黄河》1992 年第 12 期），李鸿彬的《试论靳辅治河》（《人民黄河》1983 年第 2 期）。

⑥ 侯仁之：《靳辅治河始末》，《史学年报》第 2 卷第 3 期，1936 年 11 月。

⑦ 朱浒：《二十世纪清代灾荒史研究述评》，《清史研究》2003 年第 2 期。

列举。

2. 治河实践研究

治河实践是黄河管理制度以及统治者施政能力的现实表达，有学者通过研究某一时段的治河活动来透视当时的河政状况。

对于康、雍、乾时期的治河实践，研究者多持肯定态度。张家驹认为：康熙为了保护漕运、减轻关内人民的抗清斗争而决定治河，且颇有成效①。李鸿彬从康熙时期的河患说起，以具体的治河工程为例论证了康熙帝的治河功绩②。刘德仁则从治河缘起、治河规划与治河实践几个方面对康熙的治河成绩给予了较高评价③。商鸿逵④与徐凯等人⑤分别对康熙、乾隆南巡时的治河活动进行了研究，并指出这对清前期的社会发展影响颇大。孙琰认为，康熙初年对河防问题的高度重视，标志着以军事为重心向以经济为重心的治国方略的转变，且这直接促成了靳辅治河的出现⑥。

嘉、道年间，河务这一场域问题重重，学者多借此管窥这一时期清朝统治的整体衰落。比如，王振忠指出，这一时期河政弊端日益暴露且积重难返，从一个侧面反映了清朝日薄西山的历史进程⑦；郑师渠通过对道光朝河政的分析认为，该时期河政的颓坏，既是清朝统治衰朽的必然结果，同时又反过来加速了这种衰朽⑧。

至于晚清时期，已有研究主要集中在铜瓦厢改道后的黄河治理问题上，且有争论。夏明方结合这一时期的社会背景对清政府的治河活动进行了研究，并指出晚清虽然引进了西方先进科技，但由于陈旧落伍的腐败气息、封建社会内部传统惰性势力的顽固抵制，河工方面仅仅是枝枝节节的局部改良，因此，晚清“治黄只是一种臆语”，没有多少

① 张家驹：《论康熙之治河》，《光明日报》1962 年 8 月 1 日。
② 李鸿彬：《康熙治河》，《人民黄河》1980 年第 6 期。
③ 刘德仁：《论康熙的治河功绩》，《西南民族大学学报》（人文社会科学版）1981 年第 2 期。
④ 商鸿逵：《康熙南巡与治理黄河》，《北京大学学报》（哲学社会科学版）1981 年第 4 期。
⑤ 徐凯、商全：《乾隆南巡与治河》，《北京大学学报》（哲学社会科学版）1990 年第 6 期。
⑥ 孙琰：《清朝治国重心的转移与靳辅治河》，《社会科学辑刊》1996 年第 6 期。
⑦ 王振忠：《河政与清代社会》，《湖北大学学报》（哲学社会科学版）1994 年第 2 期。
⑧ 郑师渠：《论道光朝河政》，《历史档案》1996 年第 2 期。

实效①。刘仰东也曾提及这一问题，但因文章的旨趣所在，仅是点到为止②。唐博撰文探讨了改道后一个较短时间内清政府的治河活动，认为清政府在改道之初采取“暂行缓堵”决口的措施是迫于形势作出的，不是一个“不负责任的决定”，更不是“将政府御灾捍患的责任完全推卸到普通民众身上”。③ 在铜瓦厢改道后的数次决口中，郑州决口规模较大，又因发生于新旧河道之争的关键时期，事关重大，一时牵动朝野，两篇相关论文分别就堵口工程、灾后义赈问题进行了探讨。申学锋指出，郑工是历史上“相对成功的个案”，政府的财政投资是重要的物质保障，政府的运作效能与西方技术的引进亦是重要因素④。朱浒则从灾害史的角度出发，对灾后以江南绅商为主体的民间力量所自发组织动员的义赈活动进行了研究，并认为，这“是整个晚清义赈机制发展到一个新阶段的标志，其实践逻辑甚至还可以帮助我们推进此前关于地方史研究取向中国家与社会的关系的反思”⑤。

3. 新旧河道之争研究

咸丰五年，黄河在河南兰仪铜瓦厢决口，并自此放弃江苏河道而夺山东大清河入海。改道后，清廷内部围绕新旧河道问题展开了长达三十多年的争论。对于这一争论，学界关注较多。韩仲文结合晚清时期的时代背景，以叙为主，对这场争论的基本史实作了较为详细的梳理与分析⑥。水利史学者颜元亮亦撰文，对争论中的两派意见进行了概略性的分析介绍⑦。至于争论长期悬而未决的原因，王林从王朝命运的高度进行探讨，认为国运决定河运，河运是国运的反映⑧。

此外，值得一提的还有赵世暹、宋秀元、刘凤云以及庄宏忠、潘威等

---

① 夏明方：《铜瓦厢改道后清政府对黄河的治理》，《清史研究》1995 年第 4 期。

② 刘仰东：《灾荒：考察近代中国社会的另一个视角》，《清史研究》1995 年第 2 期。

③ 唐博：《铜瓦厢改道后清廷的施政及其得失》，《历史教学》（高校版）2008 年第 4 期。

④ 申学锋：《光绪十三至十四年黄河郑州决口堵筑工程述略》，《历史档案》2003 年第 1 期。

⑤ 朱浒：《地方社会与国家的跨地方互补——光绪十三年黄河郑州决口与晚清义赈的新发展》，《史学月刊》2007 年第 2 期。

⑥ 韩仲文：《清末黄河改道之议》，《中和》1942 年 10 月。

⑦ 颜元亮：《黄河铜瓦厢决口后改新道与复故道的争论》，《黄河史志资料》1988 年第 3 期。

⑧ 王林：《黄河铜瓦厢决口与清政府内部的复道与改道之争》，《山东师范大学学报》（人文社会科学版）2003 年第 4 期。

人的成果。赵世暹利用国家图书馆所藏的《特藏清内阁大库舆图目录》中《黄河图》的说明文字，证实了顺治初年黄河归复故道并非天工而是人力所为①。宋秀元则使用顺治初年堵筑黄河决口的档案有力地论证了黄河归复故道是政府治理黄河、修复决口的结果②。二人的研究不仅对顺治初年的河政给予了肯定，而且匡正了《河南通志》《清史稿》及岑仲勉的《黄河变迁史》中"顺治元年夏，黄河自复故道"的说法。刘凤云的相关研究主要探讨了18世纪两江总督在河务问题上的角色变化，"进入18世纪，随着人口压力所形成的社会整体对经济发展的要求不断提高，政府对关乎国计民生的事务更加重视。两江总督由临时性的介入河务，到通过官僚制度的规定将责权确定下来，在这一过程中，他们实现了自身价值的提高，即向技术官僚的转变"③。庄宏忠、潘威二人考察了清代志桩的设立情况，并通过梳理陕州万锦滩志桩的设立过程、制度规定，以及相关河印官员在"水报"中的配置与作用，对清代志桩"水报"制度的运作过程进行了探讨④。

就笔者目力所及，国外学界就这一问题的专门研究成果仅有胡昌度的论文《清代的黄河管理》⑤。该文主要对清前中期黄河管理制度的创制与发展情况进行了简要梳理，对晚清这套制度随着政治局势的急剧变动而发生的解体过程鲜少涉及，并且该文并非基于制度史视角的研究，亦带有明显的阶级立场，或许由于时代的缘故，使用的资料颇为有限，对一些问题的分析与认识有待深入。此外，兰道尔·道金的《降服巨龙：中华帝国晚期的儒学专家与黄河》⑥ 与安东尼·芬纳尼的《官僚政治与责任：对清代河

① 赵世暹：《清顺治初年黄河并未自复故道》，《中华文史论丛》1962年第2辑。

② 宋秀元：《顺治初年黄河并未自复故道》，《历史档案》1983年第4期。

③ 刘凤云：《两江总督与江南河务——兼论18世纪行政官僚向技术官僚的转变》，《清史研究》2010年第4期。

④ 庄宏忠、潘威：《清代志桩及黄河"水报"制度运作初探——以陕州万锦滩为例》，《清史研究》2012年第1期。

⑤ Chang-Tu Hu, "The Yellow River Administration in the Ch'ing Dynasty", *The Far Eastern Quarterly*, Vol. 14, No. 4, Special Number on Chinese History and Society (Aug., 1955).

⑥ Randall A Dodgen, *Controlling the Dragon: Confucian Engineers and the Yellow River in Late Imperial China*, University of Hawaii Press, 2001.

工的再评价》① 等成果也与本书密切相关。

整体而言，上述成果多为相关研究，涉及了这套制度的一些方面，具有重要参考价值，同时也为本书进一步深入拓展留下了广阔的空间。这主要体现在：第一，尚需对该制度进行点、线、面相结合的立体学术考察，以呈现这套制度的概貌；第二，宜在广泛挖掘史料梳理史实的基础上，反思与推进相关探讨。比如，按照传统观点，清代治河的目的在于保障漕运，事实上，无论清前期还是清中期，漕运仅为其中的重要因素之一，而欲与以往观点进行有力度的对话，不仅需要丰富的史料支撑，还需多方探讨进行合理的推论。就河督问题而言，尽管已经有相关专题研究，但主要进行史实构建，未将这一群体置于当时鲜活的政治场景中考察其人际关系与官际关系。此外，河工律例与实践表达之间的关系，以及这套制度在晚清急剧动荡的政治局势中所经历的复杂曲折的生命历程等问题亦需进一步深入研究。

基于现有成果状况，本书将在尽可能地占有史料的基础上进行实证研究，呈现清代黄河管理制度之概貌，考察其形成与演变机理，探析这一制度本身所蕴含的权利关系，并着力探究制度形成与演进背后的动力机制。

第三节　研究进路

作为一项制度史研究，如何不落俗套，撰写一部活的制度史是本书努力的方向。关于如何进行制度史研究，钱穆先生曾经做过非常精辟的阐述，兹摘要如下：

> 首先，要讲一代的制度，必先精熟一代的人事。若离开人事单来看制度，则制度只是一条条的条文，似乎干燥乏味，无可讲。而且已是明日黄花，也不必讲。
>
> 第二，任何一项制度，决不是孤立存在的。各项制度间，必然是相互配合，形成一整套。

① Antonia Finnane, “Bureaucracy and Responsibility: A Reassessment of the River Administration under the Qing,” *Papers on Far Eastern History*, September 30, 1984.

第三，制度虽像勒定为成文，其实还是跟着人事随时有变动。某一制度之创立，决不是凭空忽然地创立，它必有渊源，早在此项制度创立之先，已有此项制度之前身，渐渐地在创立。某一制度之消失，也决不是无端忽然地消失了，它必有流变，早在此项制度消失之前，已有此项制度之后影，渐渐地在变质。

第四，某一项制度之逐渐创始而臻于成熟，在当时必有种种人事需要，逐渐在酝酿，又必有种种用意，来创设此制度。

第五，任何一项制度，决不会绝对有利而无弊，也不会绝对有弊而无利。所谓得失，即根据其实际利弊而判定。而所谓利弊，则指其在当时所发生的实际影响而觉出。因此要讲某一代的制度得失，必需知道在此制度实施时期之有关各方意见之反映。

第六，我们讨论一项制度，固然应该重视其时代性，同时又该重视其地域性。

第七，说到历史的特殊性，则必牵连深入到全部文化史。①

这七条论述说明，要做好制度史研究绝非易事，不仅需要梳理制度条文本身，更需要将制度放在一定的人文环境中进行横向与纵向的立体考察。在作此分析之后，钱穆先生还谈及了制度研究的范围，尽管其中没有涵盖黄河管理制度，并且按照他的观点，清代“可说全没有制度，它所有的制度，都是根据着明代，而在明代的制度里，再加上他们许多的私心。这种私心，可说是一种‘部族政权’的私心。一切由满洲部族的私心出发，所以全只有法术，更不见制度”②，但是上述七条尤其是前五条对本书仍具有重要指导意义，即：制度产生的深层原因以及制度本身的利弊得失，制度与人事的密切关系，一项制度与其他制度的关联，等等。因为如果抛开钱穆先生所谈的清代制度背后所蕴藏的统治者的“私心”与“法

① 钱穆：《中国历代政治得失》，生活·读书·新知三联书店2001年版，前言。

② 钱穆先生根据制度对政权稳固的重要性将其大致分为四个层次，“一国的政权，究竟该交付与哪些人，这是第一义。至于政府内部各项职权之究应如何分配，这已属第二义”，“第三个范围则讲政府的赋税制度，这是政府关于财政经济如何处理的制度”，“第四个范围我想讲国防与兵役制度。养育此政府的是经济，保卫此政府的是武力”（钱穆：《中国历代政治得失》，前言，第141页）。

术”，那么这套制度就是一项客观存在的为清统治者成功实现统治服务的制度。再者，也正是因为这些“私心”与“法术”，黄河管理制度才得以成功创制，并对清代稳固政权实现统治发挥了重要作用。

本书所面临的另一个挑战为，传统观点认为“治河即所以保漕”，即清代治河的目的在于保障漕运畅通，而本书通过系统梳理与深入挖掘认为，事实远不止此，另有更为深厚的政治意涵。即清前期治河关系国家统一政权稳固，为清帝实现“帝王之治”的重要环节，清中期在保障漕运之外，更有延续祖宗“成法”这一考虑，或者说对清代治河尚需从更为宏阔的时代背景中进行解读，并挖掘其蕴含的政治文化特征。如何论证这一观点并与现有研究进行对话颇具难度。

毫无疑问，清代河政是一个极为宽泛的课题，相关史料亦堪称浩繁，但其中的重头戏为黄河治理及相关问题。即便仅就黄河问题而言，这个命题亦堪称庞大，涉及政治、经济、文化、环境等多个层面，上及国家，下涉百姓。有鉴于此，本书力图从黄河管理制度着眼，本着宏观研究与微观研究相结合的原则，在内容设计上，不求面面俱到，重在呈现这套制度之概貌，探讨其变化轨迹及变动背后的动力机制，挖掘体制中蕴含的权利关系，同时关照其在实践层面的表达。大体而言，本研究主要围绕如下几个问题展开：清代何以要创设一套制度来保障黄河治理？这套制度是如何一步步建立起来的？清中期竭力事河，原因究竟何在？作为清代封建官僚体制的重要组成部分，这套制度经历了怎样的生命历程？其中隐含着怎样的权力体系？与其他制度相较，有哪些异同之处？这些异同之处又是如何具体而微地呈现出来的？作为一种前所未有的强力干预，清政府是否达到了预期目的？

具体内容设计如下：

首先是绪论部分。从中国作为古老的农业大国，历朝历代均非常重视水利工程建设谈起，简要梳理历代与黄河治理有关的建制，并前后比较，以突出元、明、清三朝的黄河治理不仅是公共水利工程，更为关系甚重的政治问题，进而再将元明清三代进行比较，凸显清代的独特性，即创设了一套系统完善的管理制度，从而为本书立论奠定基础。

其次是正文部分，共分为四章。第一章厘清清前中期这套制度的创制及沿革过程，并从宏观上探讨清前期进行制度创制的政治诉求，呈现清中期制度的官僚化过程，揭示制度演变背后的动力机制。第二章主要探讨晚清急剧动荡的政治局势如何影响了河工事务，以及相关管理规制又发生了怎样的变革。尤其咸丰五年铜瓦厢改道发生后，受政治局势影响，河工事务一分为二，治河主体呈现二元并存的格局。如此，原有治河规制走向了解体，并于庚子事变后彻底退出了历史舞台，地方督抚则在治河实践中确立了地方性规制，对原有治河规制多有模仿或者说继承。制度变革的内在机理以及外部影响因素的复杂性在此得以彰显。第三章梳理分析这套制度的组织体系与结构功能，不仅排比各组成部分，比如黄河管理机构、考成保固、物料等方面的条文规定，更注重这些条文规定在日常行政实践中的具体表现、变动背后的现实基础以及“例”的累积与典章的形成，所谓形神融为一体，方能反映制度之本质。第四章通过个案研究呈现这套制度所蕴含的权利关系，主要以河务这一场域的核心人物河道总督为中心，围绕一些典型事件探讨其与内政大臣、封疆大吏甚至皇帝之间复杂的人事纠葛与权利斗争，从而将制度置于鲜活的政治场景之中，呈现其中的人际关系与官际关系，揭示人、事件与制度之间的复杂互动，把死的政策条文具体化、形象化。

最后是结语部分。先从制度产生与演进的内在动力、演变机理与脉络、制度蕴含的权利关系三个方面总结黄河管理制度的特点，再通过考察制度条文与实践表达、制度成本与实践效能之间的关系，考量这套制度的内在困境及其价值与意义，以深化认识。

通过上述研究得出了以下几点认识。

（1）清代通过制度建构加强黄河治理的做法，在很大程度上令黄河不再是自然之河，而变成政治之河，黄河治理也不仅为关系农田水利事业发展的公共水利工程，更成为关涉甚重的国家政治工程。

（2）清初统治者紧紧围绕黄河治理做文章可谓“聪明”与“愚昧”并存。其“聪明”在于将黄河治理纳入了关系政局稳定的政治性工程，即其深刻地认识到，通过黄河治理不仅能够扭转因明清易代所造成的漕运几近崩溃的局面，而且可以借此获得统治的合法性，向天下百姓昭示其治国能力，以赢取民心，有效地实现统治。其“愚昧”在于，仅限于创设一套制度而缺乏先进的治河理念，清初治河虽然取得了一定成效，但终究不能扭转黄河泥沙淤积及黄河水患越发严重之趋势。再者，这种将河务纳入国家战略性事务的做法为中后期奉为祖宗“成法”，不可逾越，清中期以降黄河治理日益艰难，河工弊政积重难返甚至成为清代封建官僚制度中的坏疽与此不无关系。这反过来又进一步印证了清初高度重视治河这一“聪明”之举具有深厚的政治意蕴。

（3）这套制度在清代经历了比较完整的生命历程，在这一过程中，政治生态环境是促其发生变动的主要因素。即清初进行创制主要基于实现统一稳定统治这一战略考虑，清中期为延续传统保障漕运仍极为重视相关建设，但受国势日衰之影响，这套制度在官僚化过程中弊病迭现，清晚期，其命运则为急剧动荡的政治局势所左右，咸同战乱时期管河机构被大量裁撤，庚子事变后则彻底退出历史舞台。

（4）这套制度中蕴含着以河督为中心的极为复杂的人事权利关系。其中，皇帝的参与程度经历了由宏观调控到微观操控后又逐渐失控的变化过程，河督与内政大臣、封疆大吏则基于共同利益进行着不同程度的合作，同时更有利益纠葛与权力角逐，这从一个侧面映衬着清代皇权政治文化传统。

（5）作为封建官僚体制的重要组成部分，这套制度与其他制度既存有共同之处，即其演变颇为合乎钱穆先生的“制度陷阱”这一洞见，一步步走向繁密化，同时亦存有特殊之处，即其对政治局势的敏感程度远在其他制度之上。

第四节　资料范围

由于清代黄河治理关涉甚重，受到了朝野上下的普遍关注，相关史料堪称浩繁，涉及内容亦较为广阔庞杂。这既为本书提供了有利条件，同时也提出了挑战。首先是资料取舍问题，即面对数量可观内容宽泛的史料，如何围绕管理制度这个主题进行研究。仔细甄别史料可以发现，其中相当部分与治河相关，而与管理制度关系稍远，如果将其全部纳入本项研究，难免出现内容庞杂、篇幅冗长以致淹没主题等问题。因此，本书予以大胆取舍，围绕清代黄河管理制度的主要方面设计问题，以呈现其概貌。其次，绝大多数史料为治河工程与治河技术方面的，与本书相关的内容多淹没其中，从中撷取不仅需要耐心，更需要对问题高度把握，否则此项工作须反复进行。

鉴于上述研究进路以及史料情况，本书使用的文献资料主要包括以下几类。

（一）典制书

作为一项制度史研究，会典和工部则例当是最为基础的资料。有清一代，各项制度集历代之大成，多较为完善，并且仿照《大明会典》编纂了《大清会典》。“清朝会典自康熙时候起，历雍正、乾隆、嘉庆、光绪，先后凡五经。这五部会典，虽然体例和基本内容都大体于相同，但是由于年代不一，典章制度更替，其中或因或革，亦颇有变化。”① 鉴于后世在修订典章时多参照前朝之典章以及初次编纂本朝典章往往不尽完善，本书主要参考了光绪《会典》和康熙《会典》。除会典和则例之外，《清文献通考》《清通典》《清通志》《皇朝续文献通考》亦为记载清代典章制度的重要史籍，对本书也具有重要价值。

（二）奏折与谕旨

作为河务这一场域的最高负责人，河督需要经常向清廷甚至皇帝本人面奏治河思想与治河实践，皇帝也常常以诏谕的形式或者下达治河方略命河督执行，或者命内政大臣与封疆大吏等筹议河工事宜，尤其在重大工程进行期间，由于各方需围绕河务问题反复磋商讨论，所以形成了大量奏折和谕旨。这些奏折和谕旨是展示这套制度内部人、事件与制度之间互动关系以及制度条文于实践表达的重要资料。它们或以原始档案的形式保存于中国第一历史档案馆，或在《清实录》、各朝《起居注》等官书中有所记载，或保存在个人文集之中，比如康熙年间治河名臣靳辅的奏陈在其《治河奏绩书》中多有记录。近年来，随着清代档案整理工作的深入推进，有些则经过整理编纂散见于资料汇编之中，比如：《雍正朝汉文朱批奏折汇编》《乾隆朝上谕档》《嘉庆道光两朝上谕档》《咸丰同治两朝上谕档》《光绪宣统两朝上谕档》《光绪朝朱批奏折》以及《清代黄河流域洪涝档

① 郭松义：《清朝的会典和则例》，《清史研究通讯》1985 年第 4 期。

案史料》《清代淮河流域洪涝档案史料》等。

（三）著作与文集

清代涌现了一批治河专家，他们往往将自身的治河思想及实践辑录成册，其中涉及的问题一般较为宽泛，既有治河方略的探讨，也有治河技术的分析，还有在治河实践中亲身经历或者耳闻目睹的诸如人事权利纠葛、河工弊政等内容。因此，在研究中需要进行细心甄别选取。比如：靳辅的《治河方略》与《治河汇览》，张鹏翮的《治河全书》，康基田的《河渠纪闻》，刘鹗的《治河七说》、《河防刍议》、《历代黄河变迁图考》等均极具价值。

除河督、内政大臣及沿河地方疆吏经常对河务问题发表意见外，他们自行聘请的幕僚也时常发表个人见解。比如靳辅的幕僚陈潢有文集《天一遗书》，李鸿章的幕僚冯桂芬著有《校邠庐抗议》与《显志堂文集》等，或探讨治河方略，或揭露河务场域的弊病，或从宏观上评价治河得失，不一而足，对本项研究亦有相当的史料价值。

（四）文献汇编

清代是非常注重总结的时代。在黄河治理方面，不但较为及时地将治河思想、治河实践、体制建设等记录下来，而且还按照一定的逻辑将各种材料进行了重新编排。形成的文献汇编不仅能够为当时的治河活动提供参考，亦为后人查阅资料提供了便捷。其中最值一提的是《行水金鉴》（清傅泽洪主编、郑元庆编辑）、《续行水金鉴》（清黎世序等人纂修）、《再续行水金鉴》（民国武同举等人编辑），均为官方治河档案与有关治河文献的资料汇编。从所及时段来看，三者大体前后相沿，《行水金鉴》所收资料上起《禹贡》，下至康熙末年，《续行水金鉴》自雍正初到嘉庆时，《再续行水金鉴》则自道光中期至清末。从体例来看，三者也大体一致，即先区分河流，每一河流之下再按时间顺序编排。还需指出的是，中国水利水电科学研究院已将《再续行水金鉴》点校出版，本书主要使用的点校本。该书前言中曾对三编资料做过如下评介："三编合为我国最系统和最权威的治水历史文献汇编，共约1200万字。"①

① 中国水利水电科学研究院水利史研究室编校：《再续行水金鉴·黄河卷》，湖北人民出版社2004年版，前言。

第一章　清前中期制度建置及其政治意蕴

“河工，国之大政；修防，民之命脉。”① 作为满族建立的政权，清朝高度重视黄河治理，并为此创制了一套较为系统完善的管理制度，从而将黄河问题引向了深入。本书开头部分首先梳理这套制度的创置及发展过程，并着力呈现其演变嬗替背后的动力机制。

第一节　清前期制度创置与政权合法性构建

清前期是大清王朝的建立稳固期，历经顺、康、雍、乾四朝。这一时期，清廷以前所未有的高度重视黄河治理，不仅投入了大量的人力与物力，还设置金字塔式的管理机构，调整制定考成保固、物料贮购等相关规条，一步步创制起一套系统完善的管理体制。随着这项工作的层层推进，黄河治理已然超越了公共水利工程这一范畴，在很大程度上成为关涉甚重的国家政治工程。

一　初创期

由于“前明经营遗迹，数十年来废弛已甚”②，黄、淮、运水系近于崩溃，加以“天道多雨，河水泛涨异常，有水面与堤顶平者，有从堤上漫过

① 《河南管河道治河档案》，《行水金鉴》卷172，第2515页。

② 《河防疏略》，《行水金鉴》卷46，第666页。

者，一望滔天，茫无涯际”①，“庐舍田园化为泽国”，“无食无栖，较之他方，罹灾尤甚”②。顺治六年（1649）还发生了“数十年未有之灾，而江南、河南又当河流卑下之地，是以冲城决堤，灌注村舍，泛滥动数百里，漂没动以千家”③。天灾与人祸交织下，黄河如洪水猛兽肆意决溢泛滥，与之交叉的大运河深受影响，有的河段被漫灌，有的则严重浅涸。据报：“大浅不止十五、六处，若老米店水止一尺五寸，兼以河西务泓船共止三百八十八只，河浅剥少，以致冻阻。”④ 康熙初年，受特大洪水的影响⑤，形势更为严峻。据治河名臣靳辅⑥调查：“淮溃于东，黄决于北，运涸于中，而半壁淮南与云梯海口，且沧桑互易”⑦，“黄河两岸二千数百里，自十六年以前，非一望汪洋，即沮洳苇渚，此身所目睹者也”⑧。缘此，他大声疾呼：“若不将两河上下之全势统行规划，源流并治，疏塞俱施，而但为补苴旦夕之谋，势必溃败决裂而不可收拾。”⑨

据同治《徐州府志》记载，自顺治元年（1644）至康熙十五年（1676）的三十余年里，徐州府辖区黄河泛滥决溢极为频繁：

顺治元年，夏，黄河自复故道。

二年，河决考城刘道口。

三年，决，水北徙，午沟至徐州水涸。

四年九月，河溢，余流自单入丰，注大行堤，深丈余。

---

① 题本，河南监察御史金元祯，档号：02－01－02－1958－008。

② 户科题本，户部右给事中赵弘恩等，档号：03－00130。另，户部尚书车克亦有类似题本上奏，档号：03－00138。

③ 题本，户部尚书巴哈纳，档号：02－01－02－1960－002。

④ 题本，总督仓场户部左侍郎王永吉，档号：02－01－02－1950－013。

⑤ 根据水利史家考察，1662 年黄河出现了特大洪水。详见王涌泉《康熙元年（1662 年）黄河特大洪水的气候与水情分析》，《历史地理》第二辑，1982 年。

⑥ “靳辅，汉军镶黄旗人。父应选，官通政使司参议。辅由官学生，于顺治九年考授国史馆编修。十五年，改内阁中书。寻迁兵部员外郎。圣祖仁皇帝康熙元年，迁郎中。七年，迁通政使司右通政。明年，擢国史院学士，充纂修世祖章皇帝实录副总裁官。九年十月，改内阁学士。十年六月，授安徽巡抚。” 王钟翰点校：《清史列传》卷 8，靳辅，中华书局 1987 年版，第 559 页。

⑦（清）靳辅：《治河奏绩书》卷 4，浙江鲍士恭家藏本，第 2 页。

⑧ 同上书，第 47 页。

⑨ 同上书，第 2 页。

是年，又决宿迁罗家口。

五年，又决罗家口。

九年，河决邳州，城垣倾圮，三日水退。

是年，河决睢宁，自鲤鱼山南下，逼武官营口，迁塌民田。

是年，河决封丘大王庙口，趋东昌，壤安平（即张秋）堤北入海，浚支河，以杀水势。

河自前明崇祯末决徙南流，逾年自复归徐，至是北破张秋堤岸入海，河经徐州凡九年。

顺治十二年，大王庙决口，塞。

十五年，决睢宁峰山口，小河沙淤成陆。

十六年，决归仁堤。

康熙元年，河决睢宁孟家湾，是年，决宿迁下古城，决开封黄练口，南至尉氏扶沟，本年堵塞。

二年，决睢宁武官营。

三年，决睢宁朱官营。

六年，决萧县石将军庙。

七年，决邳州；又决宿迁蔡家楼。

十一年秋，邳城陷于水，河溢萧县，两河口堤决，邳州决，塘池旧城。

是年，蔡家楼又决。

十四年，决徐州之潘家堂及宿迁之蔡家楼；是年，又决睢宁花山、坝口、辛安、黄山、白山、刘家庄、董家庄、青羊、木社等处。

十五年，决宿迁之白洋河及于家冈。①

对于清初之灾患，吴君勉在研究中还绘图予以说明：

① 同治《徐州府志》卷13上，第16—17页，同治十三年（1874）刻本。

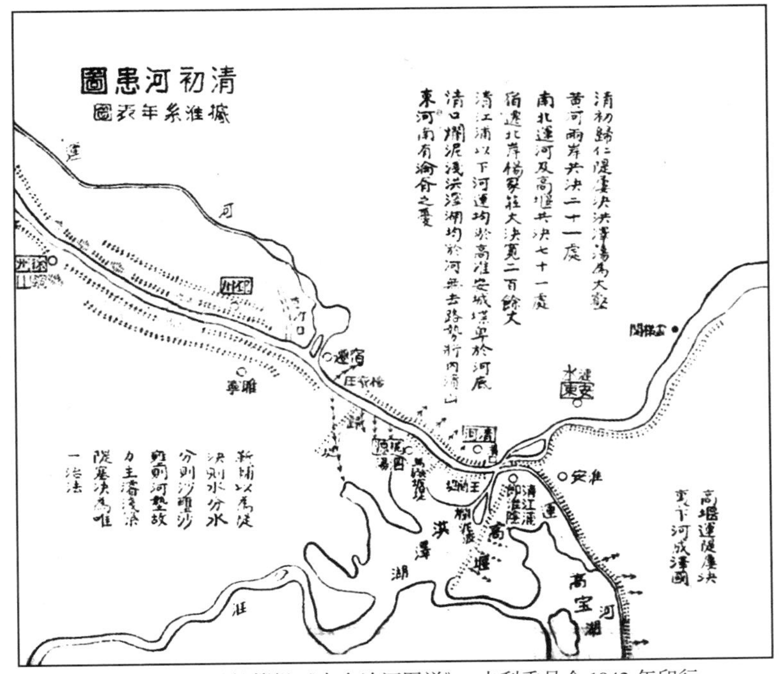

图片来源：吴君勉纂辑《古今治河图说》，水利委员会 1942 年印行。

从图中明显可见，清口以上黄河河段、南北运河以及高堰大坝溃决极为严重，肆意泛滥的河水漫淹范围广阔，山东、河南两省甚至“有沦胥之忧”，受此影响，淮河之水无出，遂在内溃之余“逼而南趋，直走四百余里，出瓜州、仪镇”，汇入长江出海。① 不难想见，清入关之初面临着“国患阻漕，民苦垫溺”的危局与考验。②

顺治元年袭明制，任命杨方兴为总河③，“驻扎济宁州，综理黄运两河事务”，其下设置“通惠河分司一人，驻扎通州，北河分司一人，驻扎张秋，南旺分司一人，驻扎济宁州，夏镇分司一人，驻扎夏镇，中河分司一人，驻扎吕梁洪，南河分司一人，驻扎高邮州，卫河分司一人，驻扎辉县，分管岁修、抢修等事”④。不仅如此，为保证堤岸修筑质量，还制定了

①《清世祖实录》卷 66，中华书局 1985 年影印版，第 520 页。

②（清）张霭生：《河防述言》，第 12 页，文渊阁《四库全书》第 579 册。

③ 汪胡桢、吴慰祖编：《清代河臣传》卷 1，第 11 页；沈云龙主编：《中国水利要籍丛编》，台湾文海出版社 1969 年版，第 2 集，第 19 册。

④《清会典事例》卷 901，工部 40，中华书局 1991 年影印版，第 403 页。

考成保固、苇柳种植等相关规定。从总河（后改称河督）设置以及管河机构的建置来看，这一时期治河之目的仍如前朝，即为漕运提供保障，但是也因应时势进行了调整，其中最为明显的变化为：总河成为常设职官，驻扎黄运沿线地方，专事河务，不再“总理河漕”，亦不再像明前期那样需“事竟还朝”。明显可见，清廷的治河力度大幅提升，因此可将之视为清代黄河管理制度之肇始。然而，即便清廷高度重视，治河实践并未取得明显成效。对于其中之缘由，首任河督杨方兴认为，首先，跟治河的目的为保障漕运有关，“黄河古今同患，而治河古今异宜。宋以前治河，但令入海有路，可南亦可北，元明以迄我朝，东南漕运由清口至董口二百余里，必藉黄为转输，是治河即所以治漕”①。其次，在于入关之初，战争未息，军务当头，河务受到极大地牵制，即其在奏报中所言：“奉命总河督军，向时河工在前，军务次之，今土寇猖獗，患在切肤，职不得不以军务为急中之急，而河工为急中之缓矣。”② 顺治二年（1645），备尝艰辛之际，杨方兴“以防护无功自劾，上谕以殚力河防，不必引咎”。虽然勉强应承下来，但是一年多来的治河实践令其深有体会，仅凭一已之力着实难以为继，尤其河南段因距离河督驻地较远鞭长莫及。鉴于此，他借机推荐直隶密云道“方大猷为河南管河道”③，在河督统辖之下负责河南段治河事宜。就当时的水患形势而言，增置河官、加派人手不失为加大治河力度加强黄河治理的可行之法。

综合而言，顺治年间，尽管重视程度以及管控力度较明代明显提升，但国家初定，百废待兴，清廷于河务往往心有余而力不逮，不仅人力与物力投入受制于现实环境，而且亦未形成良好的治河路径。第二任河督朱之锡曾感叹：“为今之计，亦惟是内约盈虚，外权缓急，随时补苴，期不失为治标之策而已。”④ 言辞之间流露出诸多无奈，亦从一个侧面说明了该时期的治河成效及治河思路。另据靳辅调查：“康熙十六年以前，黄河两岸

① 赵尔巽等纂：《清史河渠志》，第 2 页；沈云龙主编：《中国水利要籍丛编》，台湾文海出版社 1969 年版，第 2 集，第 18 册。

②《河道总督杨方兴揭帖》，顺治元年十月初八日，台湾中央研究院历史语言研究所编：《明清史料》甲编，北京图书馆出版社 2008 年版，第 219—220 页。

③《清世祖实录》卷 20，第 181 页。

④《河防疏略》，《行水金鉴》卷 46，第 666 页。

决口二十一处，南北运河及高堰等处决口七十一处，前此率旋堵旋决，或堵东决西为患。”① 今人的研究显示，尽管第二任河督朱之锡勤勉治河，一度促成了“九年无大害”的小康局面，但“朱之所作所为仅属补苴修守，无益于大局”。②

康熙即位之后，黄淮并涨，为患更甚，以致江苏北部之清口“经过十几年的淤积，由原来的‘汪洋巨浸’逐渐淤成平陆，只存留一条宽十余丈，深五六尺至一二尺的小河，淤沙万顷，难施挑浚之工，犹如万历初的情形”，此为“清口首次淤垫成陆”③。清口为黄、淮、运交汇之所，此地“淤垫成陆”对整个水系影响极大，由此不难想见，水患之严重状况以及治理之艰难。面对亟待治理的黄河，康熙帝曾屡屡对众大臣言及“河道关系运道、民生”，“漕粮、河道关系国家根本，甚为重大”④，治河可使“国收其利，民不受其害”⑤，并于亲政以后“即为河道忧虑”⑥，亲笔将“三藩、河务、漕运”六个大字书写于宫中柱上，夙夜轸念。康熙帝此举意涵深刻：将河务与三藩、漕运并列，在很大程度上意味着河务已被提升至国家战略高度，成为关系政权稳定与发展的首要问题之一。这是自清初以降治河思路抑或治河理念的重大调整，亦奠定了清前中期治河方略的基调。受此影响，清廷内部诸大臣围绕治河及其相关问题展开了讨论，进一步强化了康熙帝所强调的河防意识。比如：大学士伊桑阿认为，“黄河运道，非独有济漕粮，即商贾百货，皆赖此通行，实国家急务，在所必治”⑦。然而，尽管清廷内部普遍认识到了黄河治理的重要性，但是如何稳步推进治河实践仍是摆在面前的难题，治河的具体思路并未在短期内发生根本转变，河工仍“夙弊相沿，废弛日甚。司道委之府佐，府佐委之州县佐杂，而府州县之正印，则袖手旁观，办物料则累月经年，计夫役则有名

---

①《淮安府志》，《行水金鉴》卷 50，第 752 页。

② 王英华：《清前中期（1644—1855 年）治河活动研究：清口一带黄淮运的治理》，博士学位论文，第 27 页。

③ 韩昭庆：《黄淮关系及其演变过程研究》，第 140 页。

④ 中国第一历史档案馆整理：《康熙起居注》，中华书局 1984 年版，第 795 页。

⑤《清圣祖实录》卷 32，第 1 册，第 436 页。

⑥《清圣祖实录》卷 165，第 2 册，第 799 页。

⑦《清圣祖实录》卷 106，第 2 册，第 74 页。

无实，核工程则苟且支吾。惩不胜惩，虽河臣亦无如之何”①。至康熙十五年，黄河治理仍“迄无成效，沿河民生，皆受其困”②。

面对黄患依旧的严峻形势，康熙帝五内俱焚，不得不调整思路，从微观入手干预河务。通过大量阅读治河书籍以及深入调查治河实践，他越发认为，治河与其他事务相比有一明显不同之处，即在河官员的操守固然重要，而更为关键的是其治河能力与实践经验。基于这一认识，他首先调整了河督乃至普通河官的选拔标准，由看重操守改为注重治水技能与实践经验，并且为选拔真正合格的人才，还决定亲自考选河督。经过多方考量，康熙帝认为安徽巡抚靳辅可以担此重任，遂于康熙十六年（1677）三月，将其提拔为河道总督③，特授他全权负责黄运两河修守以及维持黄运地区的社会秩序，并给以便宜行事之权④。此举拉开了清代大规模治河与体制建设的序幕，在清代黄河史上具有坐标意义。

受任之后，靳辅对黄、淮、运水系进行了一番勘察，并提出了诸多切实可行的建议。首先，通过实地调查，他似乎找到了问题的症结所在，即其得力幕僚陈潢⑤所言：“近来河防致患之由，大率以黄水倒灌入淮也。淮既不能出清口，势必东溢，尽淹高、宝诸州县，黄水分泄入南运河，则出海之势自弱。于是，沙停水滞，而上流傍决之患，遂作矣。此患之不息，而费以不赀也。”⑥ 基于此，靳辅建议将河督驻地由山东济宁迁往江苏北部的黄运交汇处——清江浦，以便更好地“综理黄运两河事务”⑦。这是自明代设置总河以来的重大变化。以往河督驻地设在运河重镇——山东济宁，与黄河尚有相当距离，治河之目的明显为保障漕粮运输，治河本身则在其次，而将驻地迁往黄运交汇处清江浦，则更多基于治理黄河水患的考虑。

---

①《靳文襄公治河书》，《行水金鉴》卷51，第733—734页。

② 中国第一历史档案馆整理：《康熙起居注》，第277页。

③ 汪胡桢、吴慰祖编：《清代河臣传》卷1，第22页。

④《靳文襄治河全书》，《行水金鉴》卷47，第683—684页。

⑤“陈潢，字天一，号省斋，钱塘人。为辅之幕客。辅治河，多资其经画。康熙甲子，圣驾南巡，辅以潢功上闻，特赐参赞河务按察司佥事衔。”（《治河奏绩书》四卷附《河防述言》一卷）清人陈康祺有云：“文襄治河之功，多用先生言，兹河尤一手所办也。”［（清）陈康祺：《郎潜纪闻四笔》，中华书局1990年版，第23页］

⑥（清）张霭生：《河防述言》，第53页。

⑦《清会典事例》卷901，工部40，第403页。

因此，这一建言对黄河问题的重要性作了更为宏阔与深刻的阐释。从当时的大环境来看，此言既合乎治理河患之实际需要，亦与康熙帝的治河理念相契合，具有很强的适用性。其次，靳辅博采众论，在总结前人治河方略的基础上奏呈了经理河工事宜八疏，对如何因应黄、淮、运形势进行综合治理作了精辟分析，其中不乏加强体制建设以为治河提供制度保障的建言。兹大致摘录如下：

第一疏略云，臣窃见今日治河之最宜先者，无过于挑清江浦以下，历云梯关至海口一带河身之土，以筑两岸之堤也。

第二疏云，窃照臣请挑清江浦而下，至海口一带河身之土，以筑两岸之堤，乃先治下流，以导黄淮归海之计也。然下流虽治，而上流有淤垫之处，不急早疏通，则高家堰等一带决口尽堵，淮水直下之时，难免阻滞散漫之虞。

第三疏、第四疏、第五疏，俱淮运两河事宜，分见淮水运河水下。

第六疏，设处钱粮。

第七疏，裁并官员及议叙处分。

第八疏略云，保全河道之策，全在能尽人力，而不可诿之天数。至于堤岸冲决之由，则官民夫役均有罪焉。①

此外，靳辅还博采前人的治河技术与经验，并运用到治河实践当中，得出了更具指导价值与实际意义的治河认识。由于此为靳辅治河之重要环节，一般篇幅较大，这里仅摘录各部分之标题，以展其概要：

大工兴理、首严处分、改增官守、设立河营、黄淮全势、黄淮交济、开辟海口、南岸遥堤、北岸水利、坚筑河堤、挑浚引河、塞决先后、量水减泻、就水筑堤、堵塞决口、防守险工、黄河三砂、岁修永记、帮丁二难、黄河各险工、土方则例、运载土方、酌用芦苇、栽植

① 《靳文襄公经理八疏摘抄》，《行水金鉴》卷48，第689—703页。

柳株、采办料物。①

靳辅提出的一系列治河方案具有针对性，富于建设性与指导性，其中最大的亮点在于挑战了自明以来一直贯彻的“治河即为保漕”这一思路，将“治河”“保漕”二者并重，实践中则视“治河”为重。这些方案多为康熙帝所采纳，成为日后治河实践与体制建设的重要参考。

在对河务这一场域进行人事制度改革的同时，康熙帝还针对以往治河实践中暴露的问题诸措并施，加强管河机构及相关制度建设。综合而言，主要集中在以下几个方面。

首先，矫治河工宿弊，裁撤南北河道各分司改归道管理。比如：“十五年，裁南旺分司，归济宁道管理，又裁夏镇分司，所有滕、峄二县各闸归东兖道管理，沛县各闸归淮徐道管理。”② 对此举措，康熙帝认为很有必要，多年之后，他在与大臣谈话时还曾提及此事：“将南北河道各分司部官裁去极好，他们知得什么河道，不过每日打围罢了。”③

其次，划分河段，设置道、汛等专门负责河务的基层管河机构。比如：“十七年，山东、河南二省特设管河道员，一应督修挑筑办料诸务。”汛为道下之机构，数量较多，如丰汛、铜汛、郭汛等，各汛设武职一人负责河务，名为把总或千总，有的还设外委效用一人至四人。除此之外，还在部分沿河州县行政区划内设置县丞、主簿等文职官员专司河务，以加强沿河地方政府的责任意识。比如二十二年（1683），“设江南省睢宁县、安东县管河县丞各一人”。④

再次，添设河兵驻扎河堤，改河夫佥派为雇募，以缓解矛盾，稳固力量，加强日常修守。比如：“康熙十七年议准，江南省凤、淮、徐、扬四府，裁去浅留等夫，设兵五千八百六十名”，“三十八年，江南省裁徐属州县额设岁夫六千九百五十名，改设河兵三千三十名”⑤。

---

①（清）靳辅：《治河奏绩书》卷4，第1—61页。

②《清会典事例》卷901，工部40，第403页。

③《靳文襄公治河书》，《行水金鉴》卷49，第715页。

④《清会典事例》卷901，工部40，第405页。

⑤《清会典事例》卷903，工部42，第423页。

最后，补充完善相关规定，加强制度建设。比如：调整细化岁修抢修经费管理、考成保固、物料贮购、苇柳种植等相关规定。再如：制定报水制度，鉴于“河源出于昆仑”，“上流水长，则陕西、河南、江南之水俱长”，“令川陕总督、甘肃巡抚，倘遇大水之年，黄河水涨，即着星速报知总河，预为修防，始得保全也”①。据《续行水金鉴》记载：“宁夏报水自此始。”② 中游报水制度的制定对于下游防患起到了重要作用，为清代治河实践的重要调整。

通过上述一系列改革举措，康熙帝不仅转换理念极大地提升了黄河治理的重要性，还将之付诸实践切实加强相关规制建设，初步创制起一套制度。制度创制基于实践需求，亦可为实践提供指导与保障。康熙年间的体制建设与治河实践实现了良性互动，靳辅在清口一带开展的大规模颇具成效的治河工程即为例证③。另据岑仲勉研究：自康熙十六年任命靳辅为河督始至康熙四十七年调任张鹏翮为刑部尚书止，前后共三十二年的时间，“算是清代河务办理最善而黄河又比较安静的时候”④，而此亦为康熙执政六十一年中力行黄河管理体制建设的关键时期。

康熙帝开创的治河局面以及奠定的治河基调为雍乾二帝所继承与发扬。雍乾时期，黄河治理仍然备受重视，相关制度建设不断推进，一套系统完善的黄河管理体制最终确立，并成为封建官僚制度的重要组成部分。

---

①《圣祖仁皇帝圣训》卷34，雍正九年（1731）奉敕编，第16页，文渊阁《四库全书》第411册。

②（清）黎世序等纂修：《续行水金鉴》卷4，上海商务印书馆1940年版，第91页。关于报水的具体办法，清人徐珂做过如下记载：“黄河报汛之水卒，有所谓羊报者。河在皋兰城西，有铁索船桥亘两岸，立铁柱，刻痕尺寸以测水，河水高铁痕一寸，则中州水高一丈，例用羊报先传警讯。其法以大羊空其腹，密缝之，浸以苘油，令水不透，选卒勇壮者缚羊背，如乘马然，食不饥丸，腰系水签数十。至河南境，缘溜掷之，流如飞，瞬息千里。河卒操急舟于大溜候之，拾签，知水尺寸，得预备抢护。至江南，营弁以舟邀报卒登岸，解其缚，人无恙，赏白金五十两，酒食无算，令乘车从容归，三月始达，盖即元世祖革囊之遗法也。”［（清）徐珂：《清稗类钞·胥役类》，中华书局2010年版，第5262页］

③ 参见王英华的博士学位论文《清前中期（1644—1855年）治河活动研究：清口一带黄淮运的治理》。

④ 岑仲勉：《黄河变迁史》，第559页。

二　定型期

雍正帝秉承先帝治河之精神，继续高度重视黄河治理问题。继位之前，他曾多次随同康熙帝考察无定河（即后来的永定河），还曾陪同康熙帝南巡亲临河干，得以耳闻目睹备受重视的黄河治理工程。这些经历对其感悟先帝的治河理念大有帮助。雍正帝登基之后即雷厉风行，推出了一系列改革举措，以在河务问题上有所作为。

首先，针对自康熙后期出现的河务松弛、弊政凸显等情况，雍正帝命河督齐苏勒严格厘剔，并许诺“你只管秉公无私作去，保你无事”，以消除其后顾之忧①。随后又上谕工部：“近闻管夫河官，侵蚀河工夫食，每处仅存夫头数名，遇有工役，临时雇募乡民充数塞责，以致修筑不能坚固，损坏不能提防，冒销误工，莫此为甚。嗣后，著总河及近河各省巡抚，严饬河道，不时稽查，按册核实，禁绝虚冒，倘有仍前侵蚀，贻误河防者，即行指名题参。”② 据史家萧一山研究，雍正“出之以严厉之威，执法绳人，乾纲独揽，一时吏治整饬，财政充裕，时弊尽革”③，在被视为国家大政的河务这一场域，亦应有改观，而事实也的确如此。对此举措之成效，雍正帝本人非常关注。雍正五年，上谕中讲道：“今总河齐苏勒悉心厘剔，一应工程，整顿料理，俱有成效”，并继而强调“凡属河员，亟宜洗心涤虑，痛改前非，各自奋勉。盖河工关系运道民生，河官之责任较之他员，实为重大，务须悉知利害，殚心竭力。若涂饰耳目，苟且塞责，经该督题参，定加重处，断不能宽也”。④ 在雍正帝看来，厘剔河工弊政为当朝重视河工事务的必要措施。

其次，将河南、山东段黄河真正纳入了中央统辖范围之内，单独设立河督管辖，此为雍正帝改革的重要手笔，亦为黄河管理制度建设中的重大

① 《河道总督齐苏勒奏陈整饬河工积弊微悃折》，中国第一历史档案馆编：《雍正朝汉文朱批奏折汇编》，雍正元年四月二十二，江苏古籍出版社1991年版。

② 中国第一历史档案馆编：《雍正朝汉文谕旨汇编》第10册，《大清世宗宪皇帝圣训》卷27，治河，广西师范大学出版社1999年版。

③ 萧一山：《清代通史》第1册，中华书局1986年版，第889页。

④ 中国第一历史档案馆编：《雍正朝汉文谕旨汇编》第10册，《大清世宗宪皇帝圣训》卷27，治河。

改革。

在此之前，虽然河督负有统辖全河之责，但由于其驻地设在江苏北部的清江浦，与河南、山东段尚有相当距离，清廷不得不时常将两地河务委托给地方巡抚就近兼理，“如有应会同总河事情，仍移文商榷，勿致贻误”①。再者，两地河段亦无固定的政府财政拨款，“额设桩手、埽手，凡遇工程，俱系现雇土人”②。即便治河名臣靳辅“任事十年，属以江南大工屡兴，未遑及也”③。对于这一状况，康熙帝曾再三叮嘱：“我朝自康熙元年以来，俱在徐州以下修筑，然治下流须预防上流，若上流溃决，下流必至壅滞。嗣后徐州以上地方，河臣亦当留意。”④ 据靳辅回忆，康熙二十四年九月，“皇上面问臣云，河南工程，尔都见过么？臣面奏云，河南商丘县以上堤工，臣俱未见。随蒙皇上面谕臣云，尔亦该去看看。臣遂于康熙二十四年四月内，前赴河南”⑤。但是纵观康熙一朝，治河重点主要集中于江苏段黄河，对位处其上的河南、山东段黄河明显不够重视。换句话说，这两段黄河的治理尚未真正进入清廷的视野，大体由地方政府负责。这有违治河规律，不仅严重影响两地的治河成效，甚至还极有可能牵连其下江苏段的治河实践。康熙末年，两处黄河堤岸情形令人忧虑。据在河效力多年后升任河督的陈鹏年考察：“河南荥泽县黄河两岸堤工，止出水面三四尺，五六尺不等，一遇水长，漫堤而过。上流散漫，则下流河身日渐淤高，堤岸卑矮，且有残缺，难资捍卫。”⑥ 延及雍正初年，上述状况进一步恶化。据副总河嵇曾筠调查：“豫省河工，废弛已久，两岸官堤，约长八百余里。河水旁泻，则河身渐高，河滩淤垫，则河堤卑薄，一遇伏秋暴涨，在在危险，断非篑土束薪，略加补葺，便可济事。但印河各官因向无额设岁修钱粮，未免因陋就简，苟安目前。”⑦ 据岑仲勉研究，这一时期重

---

①《靳文襄公治河书》，《行水金鉴》卷49，第712页。

②《河南通志》，《续行水金鉴》卷5，第113页。

③（清）靳辅：《治河奏绩书》卷4，第6页。

④《清圣祖实录》卷209，第3册，第127页。

⑤《张文端治河书》，《行水金鉴》卷50，第723页。

⑥《陈鹏年传稿》，《续行水金鉴》卷4，第108页。

⑦《朱批谕旨》，《续行水金鉴》卷5，第119页。

要决口多数发生在河南境内[①]。按照一般治水规律，河南、山东段位处江苏段之上，此处“一有疏失”，往往“全功尽弃”[②]。对此形势，乾嘉之际的河督康基田曾深有感触地谈道：“河南居江南上源，功要于下，非设官分治，有鞭长莫及之势。地方兼理修守，至紧要机宜，或以未能谙悉致误。”[③] 诸多问题表明，虽然“河道总督，凡黄河所经，皆其管辖，岂能处处亲到，即河属官员，偶有所见，亦未敢轻易举行”[④]，河南、山东段黄河的管理亟待加强。

雍正帝继位当年恰遇河南中牟段黄河堤岸决口。闻此险情，他立即调兵部左侍郎嵇曾筠前往，“将此决口，作何堵筑之处，与河南巡抚石文焯、总河齐苏勒公同商议”[⑤]。虽经多方共同努力，成功将决口堵筑，但是不可忽略的问题是，此段黄河缺乏应有的管理，河南段黄河的管辖问题遂提上了日程。趁此情势，雍正帝推出了一揽子改革计划。首先，设置专官，给嵇曾筠“暂授以副总河之衔，专管豫省河务”[⑥]，驻扎在“怀庆府属之武陟县”，并“就近拨河南抚标守备一员，千总一员，把总二员，马步兵一百名，按季更替，听副总河差遣”[⑦]。其次，为保险起见，命河督齐苏勒“于南工选千总二员，率领谙练河兵八十名，暂驻工所，以防伏秋两汛”[⑧]。再次，“增设河官，凡岁修、抢修均令河汛各官专司其事”[⑨]，比如：该年即“添设千总二员，兵夫二百名，建盖堡房三十三座，令其驻防巡护，遇有急，均许调拨应役，所食俸饷，在河库支领，按月给发”[⑩]；三年，“添设河南开封府南北两岸管河同知各一员，怀庆府管河同知一员”[⑪]；五年，

① 岑仲勉：《黄河变迁史》，第565页。

②《清圣祖实录》卷110，第2册，第120页。

③《河渠纪闻》，《续行水金鉴》卷5，第125页。

④ 中国第一历史档案馆编：《雍正朝汉文谕旨汇编》第10册，《大清世宗宪皇帝圣训》卷27，治河。

⑤《清世宗实录》卷8，第1册，第157页。

⑥《兵部左侍郎嵇曾筠奏谢授副总河职衔折》，《雍正朝汉文朱批奏折汇编》，雍正二年四月初九。

⑦《清世宗实录》卷18，第1册，第297页。

⑧《河南通志》，《续行水金鉴》卷5，第113页。

⑨《清会典事例》卷901，工部40，第405页。

⑩《河南通志》，《续行水金鉴》卷5，第121页。

⑪《清世宗实录》卷29，第1册，第441页。

“于开封府南岸，增设主簿一人，管理开封府下北河，增设巡检二人，一驻祥符、陈留适中之地，一驻兰阳、仪封适中之地，遇险要工程，协同厅汛各官办理”，“又设河南省河北道一人，驻武陟，兼管河务”①。最后，鉴于河工事务与沿河地方政治、经济、社会等诸多方面关系复杂交错，雍正帝将河南巡抚“杨宗义革职”②，同时调任颇受信任的山西布政使田文镜为河南布政使，不久又将其提拔为河南巡抚，兼负黄河治理之责，以为河工事务消除潜在的障碍，加大保障力度。通过上述一系列措施，河南段黄河的日常修守得到了加强。

紧随其后，山东段黄河的修守问题亦提上了议事日程。雍正四年（1726）二月，山东巡抚上奏力陈辖区河段治理之艰难：“平时岁修，系用堡夫徭夫，遇有大工，拨用民夫，其桩埽抢救事宜，茫然不晓，猝遇紧要工程，率多观望不前。”③此奏虽系实情，但在推行河南段黄河治理改革之际，用意明显可见。该年年底，清廷以“近年豫省河务险工下移，堤岸完固平稳，山东河务甚属紧要，向系山东巡抚管理，但巡抚有地方责任，恐不能专理河务，山东与河南接壤”，令副总河兼管④。具体措施为：“山东与河南接壤之曹县、定陶、曹州、单县、城武等处，附近黄河地方，凡一切修筑堤岸等工程，俱请交与副总河嵇曾筠，就近管辖。”⑤借此，山东段黄河的日常修守亦得到了加强。

如果仅从表面看，副总河在总河之下受其统领，实际上，雍正帝最初的考虑为“齐苏勒练达老成，深悉河工事务，是以授嵇曾筠为副总河，专管北河，而令齐苏勒兼理南北两河之事”⑥。可见，副总河大体上独立负责河南、山东段黄河，更何况嵇曾筠被授予兵部尚书衔，雍正六年调任吏部

---

①《清会典事例》卷901，工部40，第406页。

② 中国第一历史档案馆编：《雍正朝汉文谕旨汇编》第10册，《大清世宗宪皇帝圣训》卷27，治河。

③《东河事宜册》，《续行水金鉴》卷6，第153页。

④《副总河嵇曾筠奏谢恩命兼管山东河务并报赴东查勘河工日期折》，《雍正朝汉文朱批奏折汇编》，雍正五年正月初四日。

⑤《清世宗实录》卷51，第1册，第773页。

⑥ 中国第一历史档案馆编：《雍正朝汉文谕旨汇编》第10册，《大清世宗宪皇帝圣训》卷27，治河。

尚书后“仍办理副总河事”①，品级不亚于总河。

雍正七年（1729），齐苏勒去世，尹继善调任河督一职，为了避免其与嵇曾筠掣肘，雍正帝决定将江苏段与河南、山东段河道分隶，“授总河为总督江南河道，提督军务，授副总河为总督河南、山东河道，提督军务，分管南北两河”，并规定“其有江南、河东修理工程，令公同商酌，会稿具题，倘遇紧要抢修，一面堵筑，一面知会，不得藉会商为名，以致迟误工程”。② 据河督康基田记载，其时“以副总河嵇曾筠为河东河道总督，将山东境内运河一并兼管”，“南河总督驻清江浦，东河总督驻济宁”。③ 至此，雍正帝真正将河南、山东段黄河纳入了中央统辖。

对于雍正帝两河分治之举措，研究者多持批评态度。岑仲勉认为，“清代河防无整个规划，此是其重要原因之一”④；胡昌度则将清中期河政机构的极度膨胀归咎于此⑤。对此，笔者不甚认同。两河分治固然可能造成南河与东河难以统筹的局面，并且也极有可能因机构设置增多而导致在河官员人数增加、机构臃肿、办事效率低下等弊病，但是从前文大致可以看出，就加强黄河治理的实际工作而言，两河分治实属必要。河督齐苏勒曾深有体会地谈及：“总河一职管辖数省，河道一切宣防要务均关国计民生，非亲历其境，目击其形不能调度得宜。况臣于精力衰残之年，受任于河工废弛之日，去岁大水异涨，在在告险。臣于此时瞻前不能顾后，趋此又恐失彼，分身无策，甚至仓皇。”⑥ 至于推行两河分治可能出现的问题，雍正帝早已有所考虑，“思治河之道，必合全河形势，通行筹划，方可疏导安澜，若分令两员管理，恐有推诿掣肘之处”，为保险起见，“著怡亲王大学士等，会同署苏州巡抚王玑，及九卿内本籍江南、河南、山东之人，

---

①《清世宗实录》卷68，第1册，第1038页。

②《清会典事例》卷901，工部40，第406—407页。“时称北河即指河南、山东，对江南言之也”，实际上指的东河（《续行水金鉴》卷8，第181页，“编者按”）。

③《河渠纪闻》，《续行水金鉴》卷8，第181页。

④ 岑仲勉：《黄河变迁史》，第639页。

⑤ Chang-Tu Hu, “The Yellow River Administration in the Ch'ing Dynasty,” *The Far Eastern Quarterly*, Vol. 14, No. 4, Special Number on Chinese History and Society (Aug., 1955).

⑥ 题本，兵部尚书齐苏勒，档号：02-01-02-2502-005。

通晓河务者，详悉速议具奏”。[1] 总而言之，就治河的实际情况而言，两河分治利大于弊。此外，雍正帝可借此深入把控河工事务，亦与该时期加强皇权的大势相吻合。

在推行上层机构建置改革的同时，雍正帝还仿照江苏段情形，设置河南、山东段的基层管理机构，以加强管理。比如，雍正十二年（1734），“改山东省曹东道为管河道，专管黄运两河事务”[2]。据《河南通志》记载：

> 是时，拨河南抚标守备一，千总二，马兵百名，南河营调千总二，把总四，河兵千名，听候差遣，分派南北两岸，驻堤防守，粮饷由河南藩库支给。添设开封府上南河、上北河，黄沁同知各一员，沁河主簿一员，分司协理，规制略备矣。
>
> 是月，添设开封府上南河同知一员，上北河同知一员，怀属黄河同知一员，沁河主簿一员，并于江南十河营内抽调千总二员，把总四员，河兵一千名来豫，分派防守，一年一换。其所拨河兵应给钱粮，即于河南藩库支给，将江南河库兵饷开除。[3]

通过上述一系列改革举措，东河河段的相关管理机构渐趋完善，黄河管理制度中的上层机构建置大体定型。

雍正帝注重加强河南、山东段管理，并不意味着于江苏段有所疏忽。从前文已知，康熙年间清廷将主要精力放在了这一河段，堤岸情形尚好，但随着时间的推移，清廷于河务有所放松，河工废弛、黄河堤坝残废等问题日趋严重。据雍正元年（1723）河督齐苏勒奏报，他“于康熙三十八年及四十二年，跟随圣祖仁皇帝阅示之际，如清口御制大坝为全河咽喉，当年坝高一丈七尺有余，巍然屹立于巨涛之中，束水敌黄，洵称大观，今则仅出水面五六尺，而坝身腐朽将成废工矣”，“其余各工残缺断落之处，难

① 中国第一历史档案馆编：《雍正朝汉文谕旨汇编》第10册，《大清世宗宪皇帝圣训》卷27，治河。

②《清会典事例》卷901，工部40，第408页。

③《河渠纪闻》、《河南通志》，《续行水金鉴》卷5，第125页。

以悉数”。[①] 此段黄河亦亟待治理。缘此，雍正帝在推行两河分隶以加强东河修守举措的同时，对江苏段也给予了一定关注。比如，雍正六年，“江南省河营，设参将一人，统辖淮徐九营、淮扬十一营，每营设守备一人，淮徐、淮扬各设游击一人，除旧存七营外，如额建设，以专责成”[②]。

鉴于河工事务与沿河地方多有关联，雍正帝还注意强化沿河地方州县印官对于辖区河务的责守意识，以保障治河实践顺利展开。按照原有规制，沿河地方州县印官负有协办河务之责，而“协办”一词表明其在河务问题上仅为配角，雍正帝认为这是造成他们责任意识淡薄的主要原因，遂着手进行改革。首先，将辖区河务问题的好坏纳入对沿河地方州县印官的考核准，规定沿河州县员缺，“均令该督抚于本省现任州县内，遴选调补”，“若三年内虽无冲决，而多费国帑，或邻近堤工有冲决，水势已泄，仍不准即升”[③]。其次，为了“人地相宜，而河防不致贻误”，调整沿河州县官员设置。比如，雍正四年“将候选州判王建业补授桃源县中河主簿，候选州同唐际昌补授清河县主簿，候选州同陆朝玑补授清河县中河主簿，候选州同卢绍烈补授山阳县外河主簿，候选州同邹士环补授沛县主簿，候选经历刘汉补授邳县新安司巡检，候选州同刘延召补授山阳县马罗司巡检，候选县丞戚同辰补授安东县五港司巡检，候选州同马琅补授兴化县安丰司巡检”[④]。此外，还在每州县指定一名“专管河务之员”[⑤]，一般为同知、通判或县丞。毫无疑问，这些举措对强化沿河地方印官的责守意识大有帮助，进而有利于加强黄河修守，甚至可以说，雍正帝借此将沿河地方也不同程度地纳入了黄河管理体制之中。

在进行机构建置改革的同时，雍正帝还非常重视相关规章制度的建设。从前文已知，为加强管理，雍正继位初年即推出两河分治的举措，将河南、山东段纳入了中央统辖，即便如此，两处河务仍然问题重重。据河南巡抚田文镜奏报：“拨到河兵，虽有千总、把总为之管辖，然官小不足

---

① 《兵部右侍郎兼都察院右副都御使总督河道提督军务齐苏勒折》，《雍正朝汉文朱批奏折汇编》，雍正元年四月二十二。

② 《清会典事例》卷901，工部40，第406页。

③ 《清会典事例》卷63，吏部47，第811页。

④ 题本，吏部尚书孙柱，档号：02-01-02-2502-006。

⑤ 《清会典事例》卷64，吏部48，第817页。

以资弹压，况南北两岸，堤长千里，耳目难周，约束不及。至于印河各官，则又文武不相统摄，勿论其不能。令河兵教习堡夫，即遇有险工，亦多不服驱使，究难收河兵之效”，“而拨到河兵，又无操演营务之事，原与堡夫不相上下”，鉴于此，他“请责令管河道统率稽查，并分责各河同知董司教习，如有怠惰不服者，许管河道径行责治，并许各河同知，会同千把总究处，如此，河兵咸知法度，不敢抗违，而堡夫学习桩埽等事，亦易于成功”。[①] 也就是说，对治河实践中暴露的问题从制度层面予以规范实属必要。综观雍正一朝，这项努力主要体现在改革料物制度、规范河工钱粮管理、完善河标营制与堡夫驻工制度等方面。比如雍正三年，允准河督齐苏勒所呈苇柳栽种方案[②]，大力推行苇柳种植；雍正七年，“将江南河工钱粮，照旧复设管理河库道一员，以司收支出纳”[③]；雍正八年，采纳南河总督嵇曾筠的建议，每年于秋末冬初筹办岁防料，以保障河工所需[④]。

经过雍正帝的一番改革，管河机构更为健全，相关规章制度日渐完善，黄河管理体制大体成型，治河实践亦取得明显成效。据河南布政使奏报，副总河会同总河“率同河员，辛苦经年，始将各处堤工修筑完固，近河居民渐次复业”[⑤]。

三　完善期

乾隆帝继位之后，秉承康熙帝高度重视河务之精神，借雍正帝河政改革余温犹存之机，继续高度重视黄河治理及相关体制建设。

（一）拓展管河机构

从前文已知，为加强黄河治理，雍正时期推出了两河分治的举措，在南河与东河分别设置河督进行管理。乾隆帝认为这仍然缺乏实际意义，因为“黄河自河南武陟至江南安东入海，长堤绵亘二千余里”，“河流日久变迁，旧险既去，新险复生，其间防浚之宜，有病在上流，而应于下流治之

①《河南通志》，《续行水金鉴》卷6，第144—145页。
②《朱批谕旨》，《续行水金鉴》卷6，第147—149页。
③《河渠纪闻》，《续行水金鉴》卷8，第188页。
④《朱批谕旨》，《续行水金鉴》卷8，第193页。
⑤ 朱批奏折，河南布政使杨文乾折，档号：04-01-30-0337-004。

者，有病在下流，而应于上流治之者，必须通局合算，同心协理，庶无顾此失彼之忧。若河臣于南北形势，未能洞悉，遇有开河筑堤等事，或至各怀意见，彼此参商，则上游下游必有受弊之处，所关匪细”。基于这一认识，其登基当年即决定在徐州府这一“南北之冲，为两河关键，最为紧要”处设置南河副总河，“凡两河应行会商事宜，即就近与南北河臣公同酌议，立即举行”，并将“毛城铺等处减水闸坝，就近督率，徐属厅营，按时启闭，随宜办理”。① 这一做法的初衷毋庸置疑，但是由于南河副总河位在两河河督之下，在治河实践中即便能够及时转达信息，也很难发挥既定作用。因此，翌年即将其裁撤，改为“添设徐州府通判一人”②，管河机构中的上层建置仍然延续了雍正时期的模式。

就基层建制而言，则主要在原有基础上进行调整，或增置机构，增设河员，或明确权责。比如：

乾隆元年（1736），“改兖沂曹道为分巡兖沂曹三府，专管黄河事宜”③。

乾隆四年（1739），“于豫省归德府属增添管河通判”④。

乾隆六年（1741），“开封府添设同知二缺”，“与旧设之同知二员，上下分管，各有一百数十里至二百余里不等”；又鉴于“旧设之曹州府黄河同知、归德府管河通判所管堤工，俱黄河下游，各管工程二百七八十里，相隔遥远，水涨工险之际，仓猝奔驰不及”，添设“仪考通判、曹仪通判”。⑤

乾隆九年（1744）议定，“江南省淮徐、淮扬二道，原系分巡，兼管河务，但河工关系紧要，该二道有管辖厅汛之责，嗣后应令其专管河道”⑥。随后又发现“因专设巡道，地方各官遂以非河道管辖，遇雇夫抢险

① 《清会典事例》卷901，工部40，第408—409页；中国第一历史档案馆编：《乾隆朝上谕档》（一），广西师范大学出版社2008年版，第62—63页。

② 《清会典事例》卷901，工部40，第409页；朱批奏折，南河总督高斌折，档号：02-01-03-03362-015。

③ 《河渠纪闻》，《续行水金鉴》卷11，第245页。

④ 题本，大学士兼管吏部尚书事张廷玉，档号：02-01-03-03594-001。

⑤ 《续河南通志》，《续行水金鉴》卷11，第248页。

⑥ 《清会典事例》卷901，工部40，第411页。

等事，每致呼应不灵。嗣后伏秋大汛办料雇夫，该地方官著仍听淮徐河道调遣，毋得歧视，以重河防”①。乾隆三十年（1765），进一步调整“将淮、徐二府地方分巡事务，仍归淮徐河道兼管，其扬州府地方分巡事务，仍归淮扬河道兼管，俾事权归一，以资实效”，理由为“分巡之事，不令兼司于地方官，呼应不灵，遇办理一切工程，未免掣肘。且山东之兖、沂、曹，河南之开归、河北各道，俱不难于兼顾，江南又何独不然？”②

此外，为避免沿河州县官“平日于河工事务漠不关心，遇事动多掣肘，呼应不灵”，重申“河工地方通融升调”③，并将部分沿河州县改为“要缺”，提升遴选层次。比如，乾隆二十七年（1762），将江苏沛县定为“沿河之缺，改归部选”，“清河县，改为沿河要缺”；乾隆三十四年（1769）议准“山东巨野县、河南虞城县，改归部选”；乾隆四十八年（1783）议准“河南之睢州、宁陵二州县，改为沿河要缺，在外拣选调补”；乾隆四十九年（1784）议准“河南仪封县，改为仪封通判，定为沿河要缺，在外拣选调补”。④ 通过一系列改革措施，将沿河地方州县更大程度地纳入了黄河管理体系之中。

（二）额定河员人数及办工经费

随着管河机构的拓展以及在河官员人数的增加，办工所需经费大幅提升，久而久之，必将出现机构臃肿、人浮于事、贪冒舞弊等问题。对此，乾隆帝非常重视，继位当年即“议定两河效力文员，南河一百五十员，东河六十员，停止武职投效。”⑤ 乾隆五年（1740）又作如下补充：对于前往投效之人，“令各该河道总督就所在河工情形，需用人数，酌量定额，题明存案。并将现在效力人员详加甄别，应否留工效用，酌定具题，嗣后止许照数收录，以备差委”，并命“各省督抚转行各属，凡遇咨取投工人员印甘各结时，务须再三慎重，查明身家，实在殷实，方许结送，如并非身家殷实，滥行出结，一经发觉，该河道总督即行指参，将出结官员照例

①《乾隆朝上谕档》（三），第40页。
②《纯皇帝圣训》，《续行水金鉴》卷15，第346页。
③《乾隆朝上谕档》（三），第214页。
④《清会典事例》卷63，吏部47，第811页。
⑤《河渠纪闻》，《续行水金鉴》卷11，第245页。

议处”。①

至于办工经费，如何进行核定以及每厅汛的具体数额应为多少，乾隆帝亦曾做过努力。乾隆二十三年（1758），鉴于“河员承办工程，一切雇船、堆料、犒赏等费势所必需，向来因未定有章程，辄于领帑办料银内通融费用，而河臣等亦因其经费无出，不得不于核销时为伊等稍留余地，均非慎重核实之道。夫工员因公费而縻帑项，从旁挟制者必多，河臣核工料而恤私情，高下其手者亦所不免”，命尹继善、白钟山、高晋等人商议“如何悉心酌量，按厅分之大小，工段之多寡，核其应用实数，定为章程”，以“于公私皆有裨益”。② 由于受资料限制，未能得知三人商议的具体结果，但不难想见，在河政机构庞杂、黄河决溢事件频频发生这一大环境下，三人的核定工作当很难进行。

（三）加强河工钱粮管理

国之大政在于刑名钱谷。随着管河机构的拓展以及河工经费投入的增加，能否对河工钱粮进行妥善管理成为一个非常关键的问题。乾隆元年，据南河总督高斌奏报：“江南河工，向因未设河库道，凡各省州县外解书夫等项河银并关税，计十八万五千余两，系各厅自行支领，致多弊混。请将此项河银，自乾隆二年始，悉归道库，一切收支解放兵响修船之费，俱由河库道经管，随时报明查核。”③ 此奏得允④，加强河工钱粮管理的工作亦由此展开。问题是，尽管河工钱粮改由河库道负责，但是受吏治日显窳败这一大环境影响，这一规定能够在何种程度上发挥作用？更何况河库道中编内人员较少，“凡一切收放，俱临时详委佐杂官收兑，究非专管之员，书役人等难免滋弊”。鉴于诸多潜在的弊病，乾隆十八年（1753）又作补充规定：于各分库道衙门，“添设库大使一员”，专司河工钱粮，并虑及河库道“与河臣同驻清江”，命河督“将通工属员贤否，一并察核，以专责成”⑤。

---

① 题本，大学士兼管吏部尚书事张廷玉，档号：02－01－03－03791－022；题本，大学士兼管吏部尚书事张廷玉，档号：02－01－03－03824－004。

②《乾隆朝上谕档》（三），第219页。

③《高斌传稿》，《续行水金鉴》卷10，第226页。

④《清高宗实录》卷32，第1册，第629—630页。

⑤ 题本，大学士兼管吏部事务傅恒，档号：02－01－03－04794－006。

至于河南段，以往“河道工程钱粮，系管河道经管，雍正五年，添设河北道之初，章程未定，工程需用钱粮一切案件，仍赴管河道衙门支领，汇册会转。至是，以管河道驻扎南岸省城，河北道驻扎北岸武陟，相去三百余里，中隔黄河，一切文案支领发办，辗转稽误，河北道所管工程，管河道亦无从稽核”。鉴于此，乾隆元年议定：“河北道所属应解堡夫工食，并生息银两，就近起解河北道衙门收支，一切岁抢工程，官兵俸饷，藩司经发河北道收支，其估修报销，照南河淮扬、淮徐之例，各自查造，不由管河道汇转，而事归划一。”①

为保障河工所需，乾隆帝还决定在东河与南河建设营仓。乾隆元年，鉴于“向来河营亦未设有仓储，当粮少价昂之时，不免称贷贵籴”，“恩允建设营仓”，以“有仓粮接济，可无贵籴艰食之虞”。② 此举成效显著，五年之后，东河总督奏陈道：“自乾隆元年蒙皇上恩允，建设营仓，比年以来，兵丁赖以接济，感沐皇恩，人人顶戴”，“设仓积储，庶可通融接济，于兵夫有益，而春借秋还，年年出易，亦可垂之久远”。③ 调任南河后，他又主张“应仿照河东之例，建设营仓，庶于国帑无亏，而于兵丁有益”，做法大致为：

> 淮徐、淮扬两河道遴委干员，乘此目下二麦丰收，市价平贱之时，在于附近沿河地方，照依市价先行酌量籴买麦石，为数无多，采买自易，设或市价稍昂，即行停买，将余剩银两俟秋收后再行酌量买谷，此项粮食俱在各该处收贮。其萧营距徐州甚近，且兵数无多，即附于左营仓贮内，一并借领，均责令各该地方官经管出纳，并令该管道员，不时盘验稽查。每年如遇春间粮价昂贵之时，令该管营员查明详请就近借给，俟秋收价平之际，照数还仓，免其加息。如原借麦石缴谷还仓，即合计谷麦价值抵交。如此，则河标四营兵丁，可无艰食借贷之患，而省一分之钱粮，即沾一分之实惠，且春借秋还，年年出

①《河渠纪闻》，《续行水金鉴》卷10，第230页。
②《皇清奏议》，《续行水金鉴》卷11，第245页。
③ 朱批奏折，财政，第1114函第1号，《清代灾赈档案专题史料》第7盘，第8—10页。

易，仓贮亦无浥烂耗折之虑。①

（四）整顿料物制度

料物于河工不可或缺。筹集料物的方式主要包括采购与种植两种，前者由于办理环节较多且涉及面较广，极易出现弊病。据调查，雍正后期，在运输这一环节，“河工官员，每于装运工料，差役封捉船只，而所差胥役，即藉端生事骚扰，及至三汛抢工，则称装运紧急物料，百般需索，甚至将重载客船，勒令中途起货，认致商船闻风藏匿，裹足不前”②。乾隆帝时亦发觉“苇柴经各厅采办，秸料交州县分办，日久弊生”，遂决定“更定章程，为剔弊起见。而弊有不出于此者，民间领银，运料交厅，遂有浮收折干之弊，大为民累。嗣后改民办为官办，地方州县，无预料事，随弊悉除，责成各厅领银采办，如期攒运到工，逾限照例议处”。③ 在规范料物筹购的同时，乾隆帝还仿照雍正帝鼓励种植苇柳的做法，大力拓展种植范围，不仅“黄河越格等堤内外，宜广为栽种”，而且“南岸滩地支河，宜劝民栽种”，“年远废堤，宜劝栽杨株”；不仅印河各官有栽种苇柳之责，而且沿河“民人捐栽杨苇，宜酌示优异，以为鼓励”；将“秸”纳为物料，命“河工岁办料物，宜苇秸兼收”，以满足治河所需。④

经过乾隆帝的一番努力，河、道、厅、汛等管河机构以及相关规章制度更为完善。据清末山东巡抚周馥记述：“国初高阜无堤处，至乾隆时无不堤之矣。国初无官无兵处，至乾隆时无不添官增兵分理之矣。”⑤

综观上述可以看出，清前期几代皇帝前后相继高度重视黄河治理，并为此逐步创制起一套系统完善的管理体系，从而在制度层面为河工事务的顺利进行提供了保障。河督康基田曾言：“国初特重水利，首及东南。”⑥“特”与“首”二字亦体现了清初对于包括黄河泛滥在内的水灾的重视程

---

① 朱批奏折，南河总督白钟山折，档号：04－01－01－0110－026。

② 中国第一历史档案馆编：《雍正朝汉文谕旨汇编》第10册，《大清世宗宪皇帝圣训》卷27，治河。

③《河渠纪闻》，《续行水金鉴》卷15，第340页。

④《续河南通志》，《续行水金鉴》卷14，第330页。

⑤ 周馥：《河防杂著四种·黄河工段文武兵夫记略序》，《周慤慎公全集》。

⑥（清）康基田：《河渠纪闻》卷13，第27页，《四库未收书辑刊》第1辑，第29册。

度。至此有一个问题值得深思：这一时期清帝为何如此重视黄河治理？何以要创制一套制度予以保障？对此，中外史学界多认为“治河即所以保漕”。比如侯仁之指出：“河督之设，虽以治河为名，实以保运为主，而河乃终不得治。”① 再如：胡昌度认为“如果说治理黄河是为了保障漕运，那么可以毫不夸张地说，黄河管理体系是漕运管理体系的副产品。”② 另有学者在进行相关研究时提到除漕运之外尚有其他因素的考虑。比如，张家驹认为，康熙为了保护漕运、减轻关内人民的抗清斗争而决定治河，且颇有成效③。再如：岑仲勉在分析清代河工经费问题时提到，“清廷所用的河防经费，我敢说是超过任何以前一代的，是比较不惜工本的，他们多少懂得点民为邦本的道理。他们尤注意保持所能剥削到的人民膏血的数量，但他们却不关怀人民的生活安定；他们不敢或不必要这样做，完全是隐藏着一般所传‘石人一只眼，挑动黄河天下反’的害怕。”④ 这些认识均触及了问题的某个方面，但不足以深入解释清代为何要在制度建设方面远远超越前朝。

四　制度背后的宏观战略考量

一项制度的出现，往往是对历史的继承，同时又是现实需要的结果。通过前文分析可以看出，清入关之初大体沿袭明制，而康熙帝登基之后为

---

① 侯仁之：《续〈天下郡国利病书〉·山东之部》，北京哈佛燕京学社1941年版，第33页。再如冀朝鼎认为：“整个中国半封建时期中，政府总是把谷物运输的利益放在灌溉与防洪利益之上。因为前者主要是一种私用行为，或者说是统治者对其既得利益的一种直接享受的行为，同时，也是出自一种明显的需要，即利用同粮供养兵力来维持其政权。而灌溉与防洪，尽管也是生死攸关的事，但那是一个更直接关系到农民生活的问题，对统治者来说，同私用目的与政权的维护相比，就不那么重要了。”（冀朝鼎：《中国历史上的基本经济区与水利事业的发展》，朱诗鳌译，第114页）此外，李鸿彬的《康熙治河》（《人民黄河》1980年第6期），徐凯、商全的《乾隆南巡与治河》［《北京大学学报》（哲学社会科学版）1990年第6期］亦大致持此观点。

② Ch'ang-Tu Hu, "The Yellow River Administration in the Ch'ing Dynasty," *The Far Eastern Quarterly*, Vol. 14, No. 4, Special Number on Chinese History and Society (Aug., 1955), pp. 505－513. 此后西方史学界在进行相关研究时大体循此认识。比如查尔斯·格里尔的《中国黄河流域的水治理》(Charles Greer, *Water Management in the Yellow River Basin of China*, the University of Texas Press 1979）以及兰道尔·道金的《降服巨龙：中华帝国晚期的儒学专家与黄河》(Randall A. Dodgen, *Controlling the Dragon: Confucian Engineers and the Yellow River in Late Imperial China*, University of Hawaii Press Honolulu, 2001, p. 23)。

③ 张家驹：《论康熙之治河》，《光明日报》1962年8月1日。

④ 岑仲勉：《黄河变迁史》，第642页。

了治河可谓殚精竭虑，不仅创制了一套管理制度，还于南巡途中多次亲历河干指授方略，乾隆帝亦六次南巡关注治河。对于康乾二帝南巡与治河之间的关系，学界多依据相关史料[①]对康熙南巡治河的良苦用心给予肯定，认为其“主要任务是治理黄河，虽然也兼有‘省方察吏’、了解民情以及笼络争取南方知识分子的目的，然而这都属于次要的”[②]。相较之下，对乾隆南巡的认识不尽相同。尽管乾隆帝本人强调“南巡之事，莫大于河工”[③]，但史家萧一山认为乾隆“六度南巡之事业，乃其自述也，亦不过如斯！康熙南巡，为治黄河，而乾隆南服无事，徒以数千百万之库帑，反复于海宁石塘之兴筑，于益何有？乾隆时，黄河漫口于豫、苏凡二十次，未闻弘历曾亲至其地，相度形势。乃幸苏杭，观海潮，铺陈辉张，循旧踵新，是知其意不在此，而在彼也”[④]。申丙亦认为：“乾隆迭次南巡，亦大半以视河为名，河臣章奏，亦以朱笔批画，一袭康熙成法，然详细研察其所指画，率皆浮掠光影，略无精到之见解，与实在之办法。逮其成则居功，及其败不认过。其南巡时，对于河工，亦有许多上谕，详细按之，则皆掠美市恩之事，较之康熙相去远矣。”[⑤] 而徐凯与商全二人则将乾隆的治河工作描绘成“启蒙的事业”，能够帮助乾隆“抓住河工的主要方面”[⑥]。即便存有争议，但在张勉治看来，“他们依然是基本上从一个行政管理的角度来研究治水（和南巡）问题的”，这“忽略治水的政治内涵以及完全用管理的工具主义来解释南巡与治河之间的关系”，实际上，“乾隆在治水方面的实践精神本来没有必要由独立的行政事务引起，换句话说，治水是一个政治契机，同时也是个政策问题”。[⑦] 在《马背上的王朝——巡幸与清

---

① 上谕中曾提及：“朕因省察黎庶疾苦，兼阅河工”（《圣祖仁皇帝圣训》卷32，第6、7页）；《康熙起居注》中亦有类似记载：“上以黄河屡岁冲决，久为民害，欲亲至其地，相度形势，察视河工，命驾南巡，于是日启行”（该书第1241页）。

② 商鸿逵：《康熙南巡与治理黄河》，《北京大学学报》（哲学社会科学版）1981年第4期。对于康熙首次南巡的动机，有学者认为起于东巡泰山，参见常建华《新纪元：康熙帝首次南巡起因泰山巡狩说》，《文史哲》2010年第2期。

③《清高宗实录》卷1201，第16册，第62页。

④ 萧一山：《清代通史》第2册，第72页。

⑤ 申丙：《黄河通考》，第103页。

⑥ 徐凯、商全：《乾隆南巡与治河》，《北京大学学报》（哲学社会科学版）1990年第6期。

⑦［美］张勉治：《洞察乾隆：帝王的实践精神、南巡与治水政治，1736—1765》，《清史译丛》，唐博译，中国人民大学出版社2006年版。

朝统治的构建，1680—1784》一书中，张勉治又对康乾祖孙二人的南巡活动作了进一步解读。他指出：作为一个少数民族建立的王朝，清建立之初即崇尚“民族宗室的满族至上主义”，于是，治河、武备、西师、江南士商活动、文字狱等诸多影响帝国发展的重大事件和各种矛盾纷纷在南巡这个平台登场，治河不仅关系漕运，还关乎江南财赋之区的安危，而江南又是国家大规模军事行动的财政和后勤保障①。这一研究将清初的治河实践放在一个更为宏阔的时代背景下进行考量，认为其关涉之重可与武备、西师、江南士商活动、文字狱等影响帝国发展的重大事件相提并论，进而指出治河不仅关乎漕运，更关系政权安危，无疑超越了以往研究者依据相关史料所认为的治河为了保障漕运这一观点②。但是仔细观察不难看出，张勉治的研究明显是从“新清史”这一视角进行的③，其中所强调的从清政权的满族特征这一角度来解读清初统治者高度重视治河的原因显然不够全面，因为既小觑了康熙作为杰出封建帝王的文韬武略，夸大了清朝之所以能够成功定鼎中原的满族因素，又对中国的治水传统及其所蕴含的政治意蕴欠缺了解。总而言之，上述研究均不足以解释清帝何以要建立一套制度来保障黄河治理这一问题。

清入关之初即重视治河，当主要基于保障漕运这一考量，因为当时战事未息，政治局面扑朔迷离，清廷尚无精力细忖国家建设问题，这可从当时的奏报中窥见一斑。顺治六年（1649），刑部尚书吴达海上奏道：“国家至重者，无过于河道，而漕运吃紧者，莫踰于河镪，两者关系洵非浅渺，

① 刘文鹏：《从内陆亚洲走向江南——读〈马背上的王朝：巡幸与清朝统治的构建，1680—1784〉》，引自中华文史网（http：//www. historychina. net/qszx/tspl/2009 - 11 - 12/4213. shtml）。

② 相关史料如首任河督杨方兴曾言：“黄河古今同患，而治河古今异宜，宋以前治河，但令入海，有路可南，亦可北，元明以迄我朝，东南漕运由清口至董口二百余里，必藉黄为转输，是治河即所以治漕。”（赵尔巽等纂：《清史河渠志》，第2页）

③ 按照美国“新清史”的领军人物欧立德的表述，“新清史”的基本观点为，满洲人的成功在很大程度上并不只是因为其适应其他文化的能力（或涵化，acculturation），而恰恰是因为他们保持了作为一个征服民族的特性；不只是因为满洲人以中原人的身份来进行统治（尽管他们也承认这一点），而且因为他们也是作为内陆亚洲人来实行统治的（［美］欧立德：《关于“新清史”的几个问题》，刘凤云、董建中、刘文鹏编：《清朝政治与国家认同》，社会科学文献出版社2012年版，第3—15页）。综合而言，“新清史”认为：清朝与历代汉人建立的王朝是有区别的，并基于这一点，强调清朝统治中的非汉族因素，对“中国”“中国人”“中国民族主义”的基本概念和基本内涵提出挑战，对“中华民族”及国家的认同提出质疑（刘凤云、刘文鹏主编：《清朝的国家认同——“新清史”研究与争鸣》，中国人民大学出版社2010年版，“序”，第2页）。

所以疏纠者，深有意于河防，非泛常事也。”① 顺治十年，首任河督杨方兴亦言及“治河原为通漕，通漕必先议河，由元迄今四百年来之运道，一旦议更，事关非细”，“缘系漕河事关重大”。② 再者，此时之建制虽有兴革，但大体沿袭明朝，治河之整体思路亦无甚大的改变。而自康熙亲政以后，改革力度明显加大。将总河驻地迁往黄运交汇处——清江浦，虽然不能完全说明治河目的在保障漕运之外尚有其他考虑，但至少表明对黄河问题的重视程度有了较大提升，紧随其后治河机构的拓展与规章制度的调整又进一步证明了这一点。从对各河段的重视程度来看，起初主要集中在江苏段，对于同样经常决溢泛滥的河南、直隶、山东段则经常交与巡抚就近管理，这或许由于江苏段为黄运交汇之所，又位处国家财赋重地，必须予以重视。而随着时间的推移，不仅将河南、山东段黄河纳入了清廷直接统辖，还将沿河地方也不同程度地纳入了黄河管理体系之中。对于为何派专人管理黄河事务，康熙帝曾经提道：“江堤与黄河堤不同，黄河之流无定，时有移徙，故特放河员看守。堤岸江水从不移徙，止交与地方官看守。”③ 此语强调黄河因性情与长江不同而须特殊治理，但并未指明这种特殊治理需要达到何种程度，即国家何以要花费巨大的人力、物力及精力，以及何以要创制一套制度来进行保障。因此，不能以此认为因为黄河“善淤、善决、善徙”的特性而创制了这套管理制度。纵观康熙年间发布的上谕，“修河事务关系甚属紧要”“河道关系最为重要”“河工一事关系国计民生”等说法屡屡出现，再联系康熙帝登基之初亲笔书写于宫中柱上的“三藩、河务、漕运”六个字，以及南巡途中亲历河干指授方略，派人前往上游探寻河源等举措进行推论，清帝的治河实践在保漕之外应有更深层次的政治意涵，这套制度创制的背后凝聚着清初统治者宏阔的战略构思。正如钱穆先生所言：“中国历代所制定所实行的一切制度，其背后都隐伏着一套思想理论之存在。”④

对于清帝为何要赋予黄河极为重要的政治使命，要从清初的复杂形势

① 题本，刑部尚书吴达海，档号：02-01-02-1838-012。
② 题本，河道总督杨方兴，档号：02-01-02-1949-013。
③《康熙起居注》，第2158页。
④ 钱穆：《中国历史研究法》，生活·读书·新知三联书店2005年版，第28页。

开始分析。清廷入主北京后，面临的局面之复杂远远超过以往的改朝换代。有研究者指出，清入关之初，亟待处理好两大关系：一是疆域边界的拓展与底定问题，以使得自己在空间意义上居于合法地位；满人以异族身份入主大统，其统治的出发点在于如何建立起一个包容性更强，能够容纳各民族文化的多元政治体制，这种包容性是对分布于不同地区的差异性加以利用和容忍的结果。二是面对以“江南”地区为核心的“汉族文明”的挑战。因汉族文明历史传承悠久，只有消化和模仿汉人文化，才能有效地治理汉族地区，也才能使制度安排有效地延续以往王朝的统治机制和风格，减少过渡期遭遇的诸种难题①。此外，还有较为长远的重要的任务即官僚机器的改革与平民困苦生活的改善②。就明清易代问题而言，远非以往改朝换代强政权取代弱政府的框架所能解释。按照近年学界从瘟疫、灾害、气候变迁等角度切入的探讨，环境变化在其中扮演了极其重要的角色③，显然，话外之音为明朝灭亡乃“天命”，如果没有“天佑”，清政权未必能够取明而代之。借用孟森之言，“清侥天幸”,④ 亦如李伯重所论，

① 杨念群：《何处是江南？清朝正统观的确立与士林精神世界的变异》，生活·读书·新知三联书店2010年版，导论。

② ［美］魏斐德：《洪业：清朝开国史》，陈苏镇、薄小莹译，江苏人民出版社2008年版，第414页。

③ 曹树基、李玉尚：《鼠疫：战争与和平——中国的环境与社会变迁（1230—1960年）》，山东画报出版社2006年版；赵玉田：《明代北方的灾荒与农业开发》，吉林人民出版社2003年版；李伯重：《气候变化与中国历史上人口的几次大起大落》，《人口研究》1999年第1期；方修琦等：《极端气候事件—移民开垦—政策管理的互动——1661—1680年东北移民开垦对华北水旱灾的异地响应》，《中国科学（D辑）》2006年第36卷第7期。对于这一问题，目前学界存有五种解释模式，其中从环境史视角进行的研究可谓革命性转向，尽管其不可能完全淹没其他声音。参见刘志刚《时代感与包容度：明清易代的五种解释模式》，《清华大学学报》（哲学社会科学版）2010年第2期。这一视角的研究从瘟疫、灾害、气候变迁等问题切入，得出了不同于以往基于民族革命、王朝更替、阶级革命、近代化等阐释框架的研究结论。

国外亦有类似研究。比如：杰弗里·帕克从全球范围内面临的政治危机谈起，指出太阳活动在17世纪中期达到了两百万年来的最低点，即太阳所能提供给地球的能量达到了最低值，受此影响，气候出现“小冰期”，全球性政治危机不可避免。就中国而言，这一时期，气候变冷，全国大范围内的旱灾发生，农业收成锐减，耕地面积缩减，等等，共同促成了明清易代的发生（Geoffrey Parker. Crisis and Catastrophe：the Global Crisis of the Seventeenth Century Reconsidered，*America Historic Review*，October 2008）。

④ 孟森：《清史讲义》，中华书局2016年版，第140页。

"不可能发生的事情发生了"。[①] 对于所面临的严峻情势，清帝早已通过研读儒家经典做好了心理准备。《皇清开国方略》开篇即言："大清兴于东海，与中国无涉，虽曾受明之官号耶，究不过羁縻名系而已，非如亭长寺僧之本其臣子也"，"定鼎京师，缅维峻命不易，创业尤艰。况当改革之初，更属变通之会"。[②] 意即欲实现统治须在治国方略上进行悉心筹划，而这个重担显然落在了康熙帝身上。如果说顺治帝在位十八年，百废待兴，难有作为尚属情理，那么康熙帝作为继任君主则必须解决国家统一政治稳定这一难题，否则大清王朝将难以为继。

毫无疑问，清政权欲定鼎中原，实现统治，首先需要通过战事完成统一，而"在现代战争出现之前，可以毫不夸张地说，粮食就是军队的生命，而充足的粮食储备，就是其最重要的武器"[③]。由此亦不难理解，尽管清初国家财赋重地"淮、扬、庐、凤，民生困苦"[④]，山东、河南、安徽等黄河沿线的有漕省份频遭重灾，难以保障正常供应，但是康熙这位推崇儒家"仁政"治天下的封建君主仍不肯蠲免漕项，而是一再强调漕粮"供应进剿兵丁"，关系重大[⑤]；漕粮乃"军国所需，岂易骤言蠲免?"[⑥] 此外，就京畿供应而言，清朝前期对漕粮的依赖程度，较诸前朝有过之而无不及。清朝系以少数民族入主中原，为巩固其统治，竭力保持满人贵族、官僚与八旗将士利益，在京师附近驻扎着10余万八旗士兵，包括其家眷，其中计八旗官员禄米12万石，士兵甲米175万石，宗室勋戚及荫袭官员禄米100万石，此外八旗失职人员、鳏寡孤独养膳米若干，合计近300万石；此外在京汉官之俸米17977石。[⑦] 不难想见，保障漕粮供应至关重要，而由于漕粮运输易为黄河水患所阻碍，八个有漕省份中，又有四个处于黄泛区，所以黄河水患必须治理。

① 李伯重：《不可能发生的事件？——全球史视野中的明朝灭亡》，《历史教学》（中学版）2017年第2期。

② （清）阿桂、梁国治等奉敕撰：《皇清开国方略·序》，文渊阁《四库全书》第341册。

③ 冀朝鼎：《中国历史上的基本经济区与水利事业的发展》，朱诗鳌译，第11页。

④《清圣祖实录》卷37，第1册，第499页。

⑤《康熙起居注》，第727页。

⑥《康熙起居注》，第1830页。

⑦ 李文治、江太新：《清代漕运》（修订版），社会科学文献出版社2008年版，第58页。

除通过军事征服来完成疆域“一统”外，取得政权的合法性对于一个新政权同样意义重大，尤其是由满族建立的清政权，按照华夏正统，是为异族政权，合法性易遭质疑。一般而言，政府的合法性问题与政治认同紧密相连，可以通过良好的政绩、良性运作的组织结构和长时间的存在来获得，但妥当地操纵国家象征符号仍是政府在大众心理、情感层面建立其合法性的重要手段①。清帝深谙“治统”，遂煞费苦心塑造“自古得天下之正莫如我朝”这一形象②。顺治帝曾命人翻译《洪武宝训》颁行天下，自认继明统治，与天下共遵明之祖训。③ 康熙帝为倡导满汉一家民族和谐获得统治的合法性，甚至撰写《泰山山脉自长白山来》（习称《泰山龙脉论》）一文，试图通过论证泰山龙脉发源于长白山来建构政治合法性④。乾隆帝则对长城界分南北这一含义予以否定，以破除地域以南北为限的思路，在另一篇题为《西域同文志序》的御制文中又进一步指出，不应因为不同种族对它的不同命名而遮蔽了对其本质的认识，甚至认为这关系到“世道人心”的选择。⑤ 诚然，在建构“治统”与“道统”的过程中，清帝更需要通过实践向江南士子及天下百姓展示其统治能力与爱民之心，以消解其反抗情绪，赢得认可。治理黄河水患为此提供了机遇，尽管其中充满挑战。

首先，面对灾难造成的困窘局面，康熙帝深知，对自然灾害的应对能力是衡量一个政权施政能力的重要指标，若能扭转黄河因政权更迭而肆意泛滥的局面，不仅能够缓解漕运的困境，更可解黎民于倒悬，进而为建构政权合法性增加砝码。他亲政之初即谕告天下：“民为邦本，必使家给人足，安生乐业，方可称太平之治”⑥；还屡屡强调：“不能使实惠及民，所

---

① 马敏：《政治象征/符号的文化功能浅析》，《华南师范大学学报》（社会科学版）2007年第4期。

② 参见姚念慈《康熙盛世与帝王心术：评“自古得天下之正莫如我朝”》，生活·读书·新知三联书店2015年版。

③ 孟森：《清史讲义》，第105页。

④ 蒋铁生、吕继祥：《康熙〈泰山山脉自长白山来〉一文的历史学解读》，《社会科学战线》2008年第6期。

⑤ 杨念群：《何处是“江南”？清朝正统观的确立与士林精神世界的变异》，第262页。

⑥（清）章梫纂：《康熙政要》，曹铁注译，中州古籍出版社2012年版，第15页。

以小民难怀爱戴之诚"①，"河道屡年冲决，地方被灾，民生困苦，深轸朕怀"②，"河防之事，甚属紧要，关系民生之休戚，田庐之存没"③；"总期藏富于民，使家给人足，则礼让益敦，庶几渐臻雍穆之治欤！"④ 康熙四十四年（1705），政权稳定，"海宇升平"，康熙帝仍然对工部大臣强调："以安阜黎元为急，东南要务，莫重于河防。"⑤ 即便其广为人知的南巡治河亦有"省察黎庶疾苦"⑥ 这一"救民之意"⑦。从康熙帝"至治之世，不以法令为亟，而以教化为先"⑧ 的统治策略而言，治理黄河水患的确为其实现"帝王之治"的重要环节。也正是基于这一认识，他往往亲自研究河工事务，指授河臣方略，成为事实上的治河专家。康熙四十五年，康熙帝令九卿诸臣筹商河务，而众人在赞美了康熙南巡治河之业绩后奏请："河务重大，需饷浩繁，皇上如不亲往，诚非臣等所能身任。"⑨ 此言从一个侧面体现了康熙于河务问题之高度重视与深入参与，以及诸大臣异常谨慎不敢轻易置喙之态度。对于治河实践，康熙帝曾在首次南巡亲历河干后对靳辅讲道："必使此方百姓尽安畎亩之日，方是河工告成之时。"⑩ 几年之后，康熙再次南巡，当目睹"宿迁诸处民生风景，较前次南巡稍加富庶"时颇感欣慰道："民为邦本，足民即以富国。"⑪ 年逾古稀之际，又对众大臣讲道："朕留心河务，屡行亲阅，动数千万帑金，指示河臣，将高家堰石隄及凡应修筑之处，悉行修筑，奏安澜者，几四十年，于运道民生，均有裨益。"⑫ 不难看出，在康熙帝的心中，治河、足民、富国三者关系依次递进。"运道"，国家经济命脉之所系，"民生"，国家安危之所依，此语在很大程度上道出了治河之深厚意蕴。

---

①（清）张鹏翮：《治河全书》卷1，上谕，《续修四库全书》第847册。
②《圣祖仁皇帝圣训》卷33，第1页。
③《清圣祖实录》卷191，第2册，第1027页。
④《康熙起居注》，第1830页。
⑤《清圣祖实录》卷222，第3册，第238页。
⑥《圣祖仁皇帝圣训》卷32，第6、7页。
⑦（清）张鹏翮：《治河全书》卷1，上谕，《续修四库全书》第847册。
⑧《圣祖仁皇帝圣训》卷6，第1—2页。
⑨《康熙起居注》，第1935页。
⑩《康熙起居注》，第1252页。
⑪《康熙起居注》，第1830页。
⑫《清圣祖实录》卷294，第3册，第854页。

其次，在传统政治话语中，“海晏河清”乃国家大治的象征，清帝信奉“天人感应”“天象示警”，亦十分重视黄河治理对于政权稳固所具有的政治象征意义，这可从以下几点举措看出。第一，谒拜大禹陵。大禹因治水而得天下的传说预示了黄河治理对于政治统治所具有的重要意义，这一点康熙非常清楚，他第二次南巡的重点即为前往大禹陵谒拜。还在途中，他就命人将被明代毁弃的“郯城禹王台修筑”，以利治河；到达浙江后，亲自前往已形毁坏的大禹陵庙致祭，“率扈从诸臣行三跪九叩礼”，“以展企慕之忱”，“敕有司修葺”，“以志崇报之意”；并作《禹陵颂》，序文曰：

> 缅惟大禹，接二帝之心传，开三代之治运，昏垫既平，教稼明伦，由是而起。其有功于后世不浅，岂特当时利赖哉！朕自御宇以来，轸怀饥溺，留意河防，讲求疏浚，渐见底绩，周行山泽，益仰前徽。①

明显可见，就像甲子年首次南巡致祭泰山与致祭孔子所具有的政治象征意义一样②，康熙祭拜禹王陵大礼并讲述治河治绩的意图在于表明接续道统与治统。第二，封典河神。顺治二年（1645），“封黄河神为显佑通济金龙四大王之神”，“命总河臣致祭”③。康熙二十三年（1684），康熙帝于第一次南巡途中曾派人前往祭祀，康熙四十年又加封为“显佑通济昭灵效顺金龙四大王”④。雍正八年（1730），黄河“澄清六省之遥，阅历七旬之久，稽诸史册，更属罕闻”，雍正帝认为此为“河神有佑，国之宏功”，不仅谕令在江南、河南等建有河神庙宇之处“虔恭展祀”，还“特命建庙于河源之近壤”，封号为“开津广济佑国庇民昭应河源之神”。⑤ 清入关之初即将

---

①《清圣祖实录》卷139，第2册，第519—522页。

② 常建华认为：“首次‘南巡’最大的意义在于政治上的象征性，致祭了泰山象征着天命所归，颂清功业，接续了中国历史的大一统之治统；致祭孔子则表明接续了儒家的道统，同时也表明了治统所归。”常建华：《新纪元：康熙帝首次南巡起因泰山巡狩说》，《文史哲》2010年第2期。

③《清世祖实录》卷22，第196页。

④《清圣祖实录》卷117，第2册，第222页；《清圣祖实录》卷203，第3册，第70页。

⑤ 朱批奏折，大学士允禄、马尔赛等奏，档号：04-01-30-0336-001；《清世宗实录》卷93，第2册，第245页。

河神祭祀纳入了国家正祀并不断强化可以从治理水患的角度进行解释，但更有利用河神信仰这一象征符号克服阶级与民族差异培育共同体意识的考虑①。第三，探寻河源。考诸史实，历史时期真正有意识地探寻河源的举动元代进行过一次，清代则有三次，分别为康熙四十三年（1704）、康熙五十六年（1717）、乾隆四十六年（1781）。《清史稿》言："探河源以穷水患"②，而事实远不止此。康熙帝两次派人探寻河源的举措为大规模勘测全国山川地理的重要组成部分，其中不仅有封建帝王借此巩固疆域强化统治的意味，还蕴有清帝重新定义中国以获得统治合法性的政治诉求③。多年后，乾隆帝派人探寻河源是在一次大规模决口之后，意在"告祭河神"，消弭水患④，但事后他不仅命人修撰了《河源纪略》一书，还留《黄河源图》一幅于书案，时常御览，并钤印"五福五代堂古稀天子宝""八征耄念之宝""太上皇帝之宝"三枚御玺⑤。考诸史实，一般发生较大规模决口，清帝会在口门堵筑之后奖掖河官，有时还派人到河神庙告祭，而此次后续颇多，耐人寻味。对于此举，《清朝通志》有载，并言"大河灵迹，至圣代而始论定"。⑥"圣代"一说当颇合乾隆心意，而这又与其为图长治久安重视建构政权合法性，以及"治统原于道统"这一认知密切相关。⑦上述举措表明，黄河治理对于清帝建构政权合法性具有重要价值，为清代立国之不可逾越的重大问题。

在康熙在位六十年创历史之最之际，诸王臣奏曰：

---

① 此处综合参考了李留文的《河神黄大王：明清时期社会变迁与国家正祀的呼应》（《民俗研究》2005年第3期），Randall Dodgen，"Hydraulic Religion：'Great King' Cults in the Ming and Qing，" *Modern Asian Studies*，Vol. 33，Issue 04，1999，pp. 815-833）。这些研究虽然考察时段多为明清时期，但亦注意到明清之不同，比如：明中后期逐渐将河神信仰纳入国家正祀，明大体为自然神，而清则为人格神，清时去掉了对元的蔑称，清代的河神庙数量远多于明代等。

② 赵尔巽等纂：《清史河渠志》卷1，第1页。

③ 参见韩昭庆《康熙〈皇舆全览图〉与西方对中国历史疆域认知的成见》，《清华大学学报》（哲学社会科学版）2015年第6期。论及重新定义中国这一问题，该文参考了赵冈的研究，即Gang Zhao，"Reinventing China：Imperial Qing Ideology and the Rise of Modern Chinese National Identity in the Early Twentieth Century，" *Modern China*，2006，Vol. 32，No. 1，pp. 3－30。

④ 纪昀等纂：《河源纪略》卷12，"质实"4，第1—5页，文渊阁《四库全书》第579册。

⑤ 孙果清的《黄河探源与〈黄河源图〉》（《地图》2011年第4期）一文配有《黄河源图》，图中清晰地显示了三枚印章。

⑥《皇朝通志》，《续行水金鉴》卷1，第10页。

⑦《清高宗实录》卷128，第2册，第876页。

皇上参天赞地，迈帝超王，手定平成，致海晏河清之盛，身兼创守备文谟武烈之全。道德已贯乎三才，福寿更高于千古……身御九重，虑周万里，最关心乎民瘼，更廑念于河防。銮辂时巡，凡土俗民风靡不好问而好察。龙舟特驾，凡川源水道，必皆周历而周知。颁内府之金钱，兼疏畿辅，偃洪河之雪浪，永定淮黄。既便漕艘，复饶水利，数千里皆成沃壤，亿万世长庆安澜。六十年治河之方略，力挽化工，古未有也。①

雍正帝继位之后，总结康熙帝功德时亦提及治河：

恭惟我皇考大行皇帝，受箓绵长，膺图悠久。以生知安行之至圣，行存诚主敬之实功，无一事不上合天心，无一念不下周民虑。禋郊飨帝，岁必躬行，祈谷佑民，典恒虔举，慈闱定省，宗系展庸，问夜求衣，卑宫菲食。万几悉归于尽善，庶政一出于大中。式劝官方，广开言路，奖廉课吏，敕法儆邪，器以使人，公能服众。赈恤之诏，屡下十行，蠲免之租，动成千万，宽刑肆赦，发帑赉兵，巡省恩膏，备详方策，治河经略，具载史书。以自强不息之精神，为久道化成之事业。②

其中虽不乏溢美之词，但是将康熙帝的治河治绩放在更为广阔的视野下给予了赞扬，亦是对这一问题的宏观印证。

总而言之，在异常复杂的政治环境中，黄河治理不仅关系漕粮生产与运输，还关涉政权的合法性构建，为清政权能否成功地定鼎中原实现统治的关键性因素之一。换句话说，黄河治理已不仅为公共水利工程，更成为关涉甚重的国家政治工程，为治河提供重要保障的管理制度蕴藏着清前期统治者高深的战略构思。缘此，清帝之所以能够成功地定鼎中原实现统治，固然与其“汉化”及秉持满族特色有一定关联，但是更为重要的是他

① 《清圣祖实录》卷291，第3册，第830页。
② 《清世宗实录》卷4，第1册，第107—108页。

们极具智慧地抓住了问题的关键，成功地运用了儒家文化，制定了合乎时宜的治国方略，并以超常的魄力致力于此。就此而言，清帝创制这套制度既是杨念群所说的“复杂的程序”① 的一部分，也或多或少合乎钱穆的清代治国仅法术无制度之说。

从制度的角度来看，黄河管理制度一旦成形即成为清代封建官僚体制的重要组成部分，运转亦随之进入到一个庞大的系统之中，嬗替演变将深受政治生态环境的影响，并且难脱封建官僚体制所固有的弊病。自乾隆年间起，这套制度在走向完善的同时出现了诸多问题。

第二节　清中期制度惯性与河工弊政

“天下之事，一事立则一弊生，钱谷有钱谷之弊，刑名有刑名之弊，河工大矣，岂能独无。”② 制度的创制为加强黄河治理提供了重要保障，但是纵观清前期的治河实践不难发现，除靳辅担任河督期间兴举过较大规模的工程外，其后历任河督多停留在“守成”的层面，鲜少超越。因此，河床淤垫日重之态势并未得到遏制。延及清中期，具有“善淤、善决、善徙”特性的黄河每况愈下，治理难度明显增大，清廷一面拓展机构，增派人手，一面加大财政投入，甚至一度倾国力以事河，但是这终归为细枝末节的修补，不仅无法扭转大局，反而加速了制度层面的官僚化与繁密化。需要指出的是，尽管该时期黄河管理制度的繁密化趋势增强并与实践脱节这一结构性缺陷逐渐暴露，以致相关规定流于形式，河务这一场域乱象纷呈，但是其仍然能够在治河实践中发挥重要作用。

一　河患日重

随着时间的推移，黄河泥沙大量沉积，河床不断抬高。嘉庆十年

① 杨念群谈道：“满洲皇帝以异族身份夺取了汉人君主的天下，必然要通过更加复杂的程序确立自己的正统地位。”（杨念群：《何处是江南？清朝正统观的确立与士林精神世界的变异》，“导论”，第18页）

② 《河防疏略》，《行水金鉴》卷46，第667页。

(1805)，据两江总督铁保奏报："询之在工员弁兵夫及滨河绅士，佥称嘉庆七八九等年，黄河底淤高八九尺至一丈不等，是以清水不能外出河口之病，实由于此。"① 云梯关入海口处的情形更为令人忧虑。据靳辅考察："往时关外即海，自宋神宗十年黄河南徙，距今仅七百年，而关外洲滩离海远至一百二十里，大抵日淤一寸。海滨父老言，更历千载，便可策马而上云台山。"② 然自靳辅以后，由于大规模治河工程逐渐缺失，此处的淤泥造陆速度惊人。乾隆年间，大学士陈世倌曾言及："今自关外至二木楼海口，且二百八十余里，夫以七百余年之久，淤滩不过百二十里，靳辅至今仅七十余年，而淤滩乃至二百八十余里。"③ 按照自然规律，下淤必上溃。云梯关入海口泥沙大量沉淀抬高河床这一状况必然造成以上河段水流缓慢，两岸堤坝受重过大，"以致处处险工林立，糜帑甚多"④。与此同时，东河"自乾隆四十三年以来，祥符八堡、十六堡、张家油房、曲家楼等处，屡次漫溢，将滩面淤高，较之堤顶，仅低数尺，旧河身内挑挖引河，深至一丈五六尺，尚不能与河面相平"⑤。《续行水金鉴》序言中曾作过简要总结："自乾隆中，溃决频闻，河身益垫，于是淤淮不出，无以收刷涤之效，而河日病。"⑥

面对这一局面，清廷内部议论纷纷，有人主张通过人工改道的方式来缓解困境。乾隆十八年（1753），吏部尚书协办大学士孙嘉淦奏陈改道山东大清河之利⑦，乾隆四十六年（1781）大学士嵇璜亦力请"令黄河仍归

① 朱批奏折，两江总督铁保折，档号：04－01－05－0270－007。

②（清）靳辅：《治河奏绩书》卷4，第11页。

③《皇清奏议》，《续行水金鉴》卷13，第310页。

④《南河成案续编》，《续行水金鉴》卷34，第733页。

⑤《南河成案》，《续行水金鉴》卷21，第458页。

⑥《续行水金鉴》，序。

⑦ 孙嘉淦认为改道大清河之利有三："大清河经流在山东之北，运河之南岸，现开减河数处，皆与大清河不远。又沧州以下之宣惠河，臣所疏浚，计其下游，与大清河甚近，通之以达漕舟，亦非难行之事也。计大清河所经，不过东阿、济阳、滨州、利津等四五州县，即有漫溢，不过偏灾。忍四五州县之偏灾，而可减两江二三十州县之积水，并淮扬两府之急难，此其利害之轻重，不待智者而后知也"；"减河开后，其至张秋，不过二三州县之境，计其漫溢之处，筑土埂以御之，一入大清河，则河身深广，石岸堵筑之处甚少，约计所费，多不过一二十万，而所省下游决口之工费，赈济之钱米，不下一二百万。此其得失之多寡，亦不待智者而后知也"；"至于运道尤易为力，漕舟北上，即从张秋入河，顺河北流，五六日可至利津，去天津之海道，不过四五百里，且在登莱之上，并无隘阻"（《皇清奏议》，《续行水金鉴》卷13，第297页）。

山东故道”①。对于类似主张，乾隆帝一概否决，理由大致如下：

> 翻治河诸书及博访众论，皆称黄河南徙，自北宋以来，至今已阅数百年，未可轻举更张，即以现在青龙冈漫口情形而论，其泛溢之水，由赵王河归大清河入海者，止有二分，其由南阳、昭阳等湖汇流南下归入正河者，仍有八分，岂能力挽全河之水，使之北注。此事势之显而易见者。
>
> 今欲返故道，于冰碎瓦裂之余穿运淤河，不独格于事势，抑尚有进于是者。浊河东流入海，必资清水助黄刷沙，北则藉漳、卫、滹沱、桑干湖淀之水奔流同归，南则赖七十二山河归淮之水汇流涤沙，若归大清河由利津入海，如带之河岂能御随湖之沙？春冬水弱，力难冲荡，夏秋涨发，壅泥灌入，水退自停，宋时之通而复塞者，大端亦由于此。况以久未经行之故道，而轻议开辟，尤有窒碍难行者，未可勉强从事矣。②

不难看出，乾隆帝主要基于两点考虑：一是祖宗“成法”，不可轻易更张；二是黄河多沙，容易淤垫，人工改道不切实际。此言不无道理，问题是，究竟该如何应对日趋严重的河患却一时难有良策。他曾命大学士阿桂整顿河务，以期加强管理，加大治理力度，但是当阿桂参奏治河不力之河员时，乾隆又明显缺乏先帝的威猛果敢之风，“朕不忍观也。又坝工走失时，李奉翰跌入金门，被缆格伤，朕心实为怜悯，今已痊愈否？此时朕实不忍治伊等之罪，且亦无颜治伊等之罪，况此亦非治罪即可了之事”③，“为今之计，惟有就事论事，救弊补偏，此外别无办法”④。言语之中透露出几多无奈。

嘉庆年间，生活简朴做事干练的河督徐端努力探索，似乎找到了问题的症结所在：“海口淤沙渐积，较康熙年间远出二百余里，致河溜归海不

---

① “按山东故道，即东汉王景所治引河入千乘之道也。时青龙岗漫水，滔滔东下，不得已为因势利导之策”[（清）康基田：《河渠纪闻》卷28，第43页]。

② （清）康基田：《河渠纪闻》卷28，第44—46页。

③ 《南河成案》，《续行水金鉴》卷21，第457页。

④ 《纯皇帝圣训》，《续行水金鉴》卷20，第448页。

能畅利，无力刷沙，此全河积久受病之原也”①，但亦难以扭转局面。在这种情况下，又有人主张“将江境黄河改道由安东一带归海，可期下游迅利”②。对此，清廷也予以否决，理由有三：一是黄河形势不允许改道，因为“在北岸则土性胶结，从前所挑之马港等河，俱未有成，南岸则尽系平滩，附近无通海港口，又属难行”③；二为祖宗“成法”，必须恪守，“黄流归海之处，不惟本朝百数十年未经更改，即前代亦不轻议及此，其事原属重大”④；三是人为改道，困难太大，“河流迁徙，非人力所能强为，改道出海，关系尤大，其间工费之繁多，民田之占碍，以及支河汊港之跨压更移，皆所必有”⑤。明显可见，所列理由中的前两条与乾隆帝的否决意见类似，为改道不可行之论，最后一条所述人为改道可能面临的诸多困难，或许为客观陈述，但是也不能否认其中的些许“守成”思想。两种主张先后遭遇否决，从一个侧面表明河患之严重形势已引起了朝野上下的普遍关注。

河患日重，大小工程数量剧增，必然造成治河所需的人力、物力不敷使用等问题，尤其嘉庆年间，受通货膨胀、物价上涨等因素影响，治河所需料物甚至成了河务工程中的瓶颈问题。为应对困境，清廷曾派专人进行调查，结果显示：在河工所需物料中，“惟铁器、煤、炭等物，价值尚不甚昂，砖石、灰汁、土方等项，尚可量为节省，其秸料、柴料、麻觔、草柳等项，均较该督等请加之价，有增无减”⑥。受此影响，“时价数倍于例价，每年实用不能实销”等情况屡有发生，即便如此，深谙河工潜规则的河官，或者“以岁抢之工，报作另案，又于另案工内，虚开丈尺，通融匀销”⑦，或者“因例价不敷，往往将工段丈尺，及物料数目，任意浮开，以为报销地步”⑧。黄河险工频现不但未能激发在河官员的危机意识，反而为

①《南河成案续编》，《续行水金鉴》卷33，第705页。
②《南河成案续编》，《续行水金鉴》卷32，第700页。
③ 同上。
④《南河成案续编》，《续行水金鉴》卷34，第725页。
⑤ 同上书，第733页。
⑥《南河成案续编》，《续行水金鉴》卷35，第751页。
⑦《睿皇帝圣训》，《续行水金鉴》卷35，第750页。
⑧《南河成案续编》，《续行水金鉴》卷33，第714页。

贪冒舞弊制造了“良机”。对于其中所隐含的“逻辑”关系，嘉庆十一年(1806)，受命勘察河务的钦差大臣戴均元、两江总督铁保、南河总督徐端三人作过分析：“国初年间，云梯关即为海口，近时海口距云梯关尚有三百余里，正河愈远愈平，渐失建瓴之势，河底之易淤，随工之叠出，糜费之日多，大率由此。”① 换言之，河患越重，工程越多，花费越大，在河官员趁机贪冒舞弊的机会越多，如此则陷入了恶性循环。

二　制度的拓展与膨胀

面对河患日重以及河务这一场域日渐显露的危机，清廷从制度与实践两个层面着手积极应对。

首先，在制度建设方面，继续拓展道、厅、汛、堡等基层管河机构，增加文武在河官员人数，并明确责权归属，强化责任意识，以期通过加强治河力量的方式缓解困境。比如：

乾隆四十九年议定，“嗣后黄河各工，除道员外，文武员弁将堤工段落丈明里数，分汛经管，俱令于堤工紧急处，盖房居住，一切兵夫、土牛、子堰、柳株等项，责成分驻之员，一体兼管”；“又河东豫河营添设都司一员”；“又河南省仪封县改为仪封厅，裁仪封县县丞，设仪封厅管河主簿一人”②。

乾隆五十三年，于“山东省曹、单二县临河大堤，添建兵堡房五十座”③。

乾隆五十四年，鉴于“江南省淮徐属桃源一厅，所管黄河汛地，周长二百余里，北岸与运河仅隔一堤，尤关紧要”，将“两岸分设两厅经管，庶往来便捷，责成益专”④。

乾隆五十七年，为加强下游入海口处的治河力量，将淮扬道衙署移建清江浦⑤。

① 《南河成案续编》，《续行水金鉴》卷33，第718页。
② 《清会典事例》卷902，工部41，第415—416页。
③ 《清会典事例》卷903，工部42，第425页。
④ 《清会典事例》卷902，工部41，第416页。
⑤ 《南河成案》，《续行水金鉴》卷25，第539页。

嘉庆六年，“又设南河砀上汛千总一人”①。

嘉庆七年，“改江苏省宿虹河务同知为宿北同知，增设宿南河务同知、通判各一人”；“又增设砀山县、丰县管河县丞各一人”；“又改河南省上北河同知为祥符北岸同知，改卫辉府河务通判为上北卫粮河务通判”②。

嘉庆十六年，鉴于“江南淮扬海道分巡三府州，管理十厅河务，不能兼顾，添设淮海道一缺，驻扎中河，专管桃北、中河、山安、海防及新设两厅河务”③。

经此拓展，管河机构堪称庞大。据魏源记述：“康熙初，东河止四厅，南河止六厅者，今则东河十五厅、南河二十二厅。凡南岸北岸，皆析一为两，厅设而营从之，文武数百员，河兵万数千，皆数倍其旧。”④

除拓展机构建置外，清廷还命两江总督加大在河务问题上的参与力度，嘉庆帝甚至命内阁大学士戴均元前往南河与两江总督铁保、南河总督徐端一起治河，以扭转颓势，又旋以“南河事巨工繁，责任綦重”，设南河副总河，“将戴均元补授河道总督，授徐端为副总河”⑤。此举可谓用心良苦，却难有实际意义。不久，三人合奏请求“简派熟习河务大臣一员，来工商办”⑥。闻此，嘉庆帝雷霆震怒，“此则近于推诿，殊非任事之道。现在廷臣内谙习河务者本少，铁保系该省总督，在彼经理河务有年，戴均元本系特派前往，因其留心工程，办事认真，是以即授为总河，徐端系河员出身，于工程更为谙悉。此时伊三人经理要工，惟当一力肩承，责无旁贷，又何必另请大员前往督办！岂伊等之意，预恐办理不妥，将来派往之人，即可分任其过，并将任赔款项，一体著赔乎？”⑦ 此言一针见血直刺三人合奏的要害。非常明显，朝廷文武官员中熟谙河务者非三人莫属，他们本人对此应非常清楚，而做此表态，当在很大程度上因为通过调查，对治

①《清会典事例》卷902，工部41，第417页。

② 同上。

③ 同上书，第418页。

④（清）魏源：《筹河篇》，《魏源集》，第367页。

⑤ 中国第一历史档案馆编：《嘉庆朝上谕档》（十一），广西师范大学出版社2008年版，第478页。

⑥ 朱批奏折，内阁大学士戴均元、两江总督铁保、南河总督徐端折，档号：04－01－05－0107－038。

⑦《南河成案续编》，《续行水金鉴》卷34，第734页。

河之困难以及河工弊政之严重状况感到忧虑，即便合三人之力亦难取得实际成效，而按照河工律例，如果治理不善，他们将遭受数额不菲的赔修乃至革职等严厉处罚。无论如何，这也从一个侧面说明，在河务这一场域，河难治、官难当的问题已极为严重。

其次，加大治河日常经费投入，主要包括岁修与抢修两部分。就岁修经费而言，自清初以降上涨趋势非常明显。据魏源考察：康熙年间，全河不过数十万金；至乾隆时，岁修、抢修、另案三者相加，两河尚不过二百万两，但已经“数倍于国初”；嘉庆时期，河费“又大倍于乾隆”，所增之费可以三百万两计之；道光时的河费“浮于嘉庆，远在宗禄、名粮、民欠之上”，增为每年六、七百万两①。与此同时，抢修及另案工程经费数额亦增速明显。据《清史稿》记载：

> （康熙）十六年大修之工，用银二百五十万两，原估六百万两，追萧家渡之工，用银一百二十万两。自乾隆十八年，以南河高邮、邵伯、车逻坝之决，拨银二百万两。四十四年，仪封决河之塞，拨银五百六十万两。四十七年，兰阳决河之塞，自例需工料外，加价至九百四十五万三千两。浙江海塘之修，则拨银六百余万两。荆州江堤之修，则拨银二百万两。大率兴一次大工，多者千余万，少亦数百万。嘉庆中，如衡工加价至七百三十万两。十年至十五年，南河年例岁修、抢修及另案专案各工，共享银四千有九十九万两，而马家港大工不与。二十年，睢工之成，加价至三百余万两。道光中，东河、南河于年例岁修外，另案工程，东河率拨一百五十余万两，南河率拨二百七十余万两。逾十年则四千余万。六年，拨南河王营开坝及堰、盱大堤银，合为五百一十七万两。二十一年，东河祥工拨银五百五十万两。二十二年，南河扬工拨六百万两。二十三年，东河牟工拨五百十八万两，后又有加。②

① （清）魏源：《筹河篇》，《魏源集》，第365页。

② 赵尔巽等纂：《清史稿》卷131，食货志6，第23—24页。民国十七年（1928）清史馆铅印本。

巨额河帑在清廷财政支出中占有很大比重。据时人金安清估算："嘉、道年河患最盛，而水衡之钱亦最糜。东南北三河岁用七八百万，居度支十分之二"，其中"南河年需四五百万，东河二百数十万，北河数十万"。① 另据清末山东巡抚周馥估计："通计上自荥泽，下至安东，两总河所辖文武员弁三百余员，河兵七八千名，挑夫三千余名，不下一省岁支之数。而两河额领岁抢修银八百数十万两，另案工程每年二三百万两，合之廉俸兵饷，每岁不下一千二三百万两。国家盛时，丰年全征只四千万两，乃河工几耗三分之一。"② 虽然二者所估数字"十分之二"与"三分之一"存有不小的差距，但是明显可见，后者所计算的河工经费支出更为全面，不仅包括岁修，还包括抢修、另案及廉俸兵饷。巨额河帑支出不能不成为清廷沉重的财政负担，而黄河安澜却遥遥无期。对此困局，清帝倍感压力又往往束手无策。嘉庆帝在给河督的上谕中感慨："伊在任前后六、七年，止用银一千余万，此数年来竟用过三四千万，实在可怕"③；"南河工程，近年来请拨帑银不下千万，比较军营支用尤为紧迫，实不可解。况军务有平定之日，河工无宁晏之期！"④ 即便如此，其仍积极探求解决的途径。嘉庆十三年（1808），鉴于"国家帑项实在支绌，河工连年请拨之项数已不赀"，而"此时各省实已无项可拨，不能俯从所请，况天下经费甚多，岂能以天下全力专理一工乎？"决定鼓励商捐，对于提供捐助的商人，"交部议叙，以示嘉奖"⑤。该举措虽然能够在一定程度上弥补河工经费之不足，然而其弊病亦如影随形，很快显现，成为河务这一场域弊政迭现的一大诱因（详后）。

在拓展机构建置，加强治河力量，增加经费投入的同时，清廷还因应时势，调整完善相关规章条文。比如，为强化在河官员的责任意识，乾隆三十九年（1774），针对赔修制度在治河实践中暴露的问题，制定了漫工分赔例。该条例将总河以下文武各官及沿河地方督抚正印官员全部纳入了

①《金穴》，（清）欧阳兆熊、金安清：《水窗春呓》，中华书局1984年版，第34页。

② 周馥：《河防杂著四种·黄河工段文武兵夫记略序》，《周悫慎公全集》。

③《嘉庆朝上谕档》（十五），第552页。

④《清仁宗实录》卷167，第3册，第178页。

⑤《南河成案续编》，《续行水金鉴》卷35，第771、775页。

分赔范围①。再如回避原籍制度，清前期任命河官时也采用这一办法，但是鉴于河务问题具有特殊性，不仅技术含量较高，而且需要保持人事与政策的连续性才能取得实际成效，乾隆三十二年（1767）将其修订为："嗣后，凡河工同知以下各员，有官本省而距家在二百里以外者，俱准其毋庸回避。"② 这些规章制度的调整与完善对于缓解困境或多或少能够起到一定作用。比如，调整回避原籍制度在一定程度上避免了在河官员因"移调纷繁"而造成的弊病；完善分赔制度，则可以强化责任意识，并且还能够在一定程度上减少赔偿中出现的"遗漏"。

此外值得一提的还有，这一时期副总河罢置无常。从前文已知，乾隆年间曾设置副总河，旋而废置，然此后又屡置屡罢。大致为：嘉庆十一年，鉴于"南河事巨工繁，责任綦重"③，设置江南副总河，十五年裁撤；嘉庆十九年（1814），设东河副总河，翌年裁撤；道光六年（1826），又设南河副总河，九年裁撤。从嘉道年间的河务状况来看，设置副总河的初衷与乾隆年间并无二致，均意在加强黄河治理，然而事与愿违，此举不但未能解决治河所面临的实际困难，反而造成机构庞杂，难以有效运转的局面。再者，副总河罢置无常从一个侧面表明，该时期河务问题越发难以应付，清廷方寸有些乱了。

"利之所在，众必所趋。"清廷对黄河问题的高度重视以及巨资投入，促使河务管理机构成为"金穴"④，官员士卒各色人等竞相跻身其中，人为地增加了行政管理的难度，甚至造成机构膨胀、人浮于事等弊病。即便如此，清廷仍循惯性，拓展机构建置，鼓励捐纳。从前文已知，为了选拔兼具治河知识与实践经验的河官，自雍正时起命各地往南河与东河输送效力人员，这些人需在河干先行学习，待考核合格后方可录取为正式工作人员。制定这一规定的初衷毋庸置疑，但是随着时间的推移，实际效果不尽如人意，尤其嘉道年间竟然成为各色人等跻身河务的便捷之途。前往河工"投效人员，藉词办工，纷纷前往"，而"该督等不加选择，任意收录，以

① 《南河成案》，《续行水金鉴》卷17，第385页。
② 《清会典事例》卷902，工部41，第414页。
③ 《南河成案续编》，《续行水金鉴》卷34，第720页。
④ 《金穴》，（清）欧阳兆熊、金安清：《水窗春呓》，第34页。

致人数众多，漫无限制”，南河效力定额本为120员，然而实际远远超出这一数目①。此外，与其他行政机构类似，管河“各署皆有幕友，河工独曰库储”②，亦称外工。这类人员人数较多，素质参差不齐，有如靳辅的得力助手陈潢者，亦有贪婪且专横跋扈如章辂者，但共同之处为没有正式编制，薪水由河官个人支付，一般较为微薄。不难想见，操守较差之人混迹在这样一个机构庞杂、经费数额巨大的河务场域之中，难免趁办事之机染指河工经费，而一旦东窗事发，却又往往因其为非正式人员这一身份而逃脱惩罚。

三　河工弊政

对于众人竞相投效河工的现象，康熙帝早有关注：“河工乃极险之处，看守亦难，今情愿捐往看守，伊等必有所利，方肯前去。况具呈愿往河工效力之人甚多，苟无所利，孰肯踊跃前往乎？”③ 此言可谓一语中的，揭出了这一表象背后的深层次问题。不过综康熙一朝，河工贪冒舞弊问题并未形成气候。及至乾嘉时期，受吏治日显窳败这一大环境影响，河工弊政迭现，清廷为应对日趋严重的河患一味拓展机构建置加大财政投入，又在很大程度上促使河务这一场域成为“利益之渊薮”。各色人等趋之若鹜，管河机构臃肿庞杂，制度运转成本增加，实际效果却大大降低。更有甚者，在河官员趁职务之便贪污冒工等腐败问题接连发生，屡禁不止。

顺康时期，河务工程中的贪冒舞弊现象尚少，而至康熙后期，则屡有发生。据淮扬道傅泽洪奏报：“近年该管各衙门，全不以河工为重，虚兵冒饷，巧立名色，坐占太多，每当伏秋水长，工程险急，河兵寥寥，不足供用，厅官呼应不灵，不得不重价雇觅人夫济急，有兵之名，无兵之实，及至放饷之时，则又照额支领，其坐占之兵饷，尽饱私囊，做工无人，蚀饷无厌。”④ 河督张鹏翮亦曾作类似奏陈：“见土堤皆用虚土堆成，惟将□坡微硪，并未如式夯筑。排桩，多非整木，签钉不深，一遇浪击，遂至彫

①《清仁宗实录》卷255，第4册，第451页。

② 王钟翰点校：《清史列传》卷59，许振祎，第4675页。

③《康熙起居注》，第2368页。

④《嚼梅轩偶存》，《行水金鉴》卷173，第2527页。

斜塌卸。其石工修砌不坚，抹缝不密，与予估丈尺不符。挑河不挑挖深通，竟将积土堆积于岸，以本土即作河底，微挖坯土，望水长大雨盈溢，即报成河，水涸露出本相，又捏报淤塞。”① 对此贪冒腐败问题，雍正帝继位之后曾命河督齐苏勒深入调查，结果显示：

> 河员领去帑银，而物料工程，并无实据者甚多，及至参出，所空已至数十万两，历经前任各河臣催追二十余年，多属人亡产尽，至今毫无完解。臣细查其由，无非指称办料名色，将领去帑银营私肥己，兼以请银时，转详之道员，批发之总河，各扣十分之一二，至领银人手，已耗十分之五六，欲其办料足数，修工有据，不可得矣。又事已败露，上司碍难参追，不得不任其开销，互相掩饰，遂使正项钱粮，咸饱无厌贪壑。②

本来对于贪腐问题，清廷从一开始就想方设法予以规避，任命河督及其他河官时看重其家境与操守就基于这一考虑，但是难免出现难以自律，不于河务尽职尽责，反而极尽所能染指河帑之人，甚至在高层管理者中亦出现了大贪特贪，康熙后期的河督赵世显即属此类。

赵世显自康熙四十七年至康熙六十年担任河督，前后达 14 年之久。其任职期间，卖官鬻爵，侵蚀河帑，贪冒成性，以致沿河地方“有知识者皆云，可惜总河总漕两颗大印，掌于崔三之手”，“崔三者，赵世显之倖僮”，康熙帝亦感慨“三十年心血，所治河工被赵世显坏了！”③ 雍正帝继位后着手整顿包括河工弊政在内的官场歪风，命云南布政使李卫专门前往调查，结果可谓骇人听闻。兹将李卫的奏报大致摘录如下：

> 迨赵世显升授总河，婪财纳贿，卖官鬻爵，并不知国计民生，而其所恃者，结纳廷臣，年送规例，故穷奢极欲，毫无忌惮。至所用之人，大抵门客帮闲，光棍蠹吏，以寡廉鲜耻之徒，而行夤缘鑽刺之

① 《治河条例碑》，左慧元编：《黄河金石录》，黄河水利出版社 1999 年版，第 197 页。

② 《朱批谕旨》，《续行水金鉴》卷 6，第 154—155 页。

③ 朱批奏折，四川陕西总督年羹尧折，档号：04 - 01 - 30 - 0336 - 002。

> 路，尚何事不为，甚至道厅与堂官崔三结为兄弟，微员认为假子。是以卖官惟论经管钱粮之多寡，以定价值之高低。且题补多系赊赈，止取印领一纸，补缺后，勾通开销，照领全楚，则为干员，再有美缺，复又题升，凡有才能而顾品行者，概不援引，所以数年之间，深悉河务之员，踪迹俱绝。将靳辅所遗沿河两岸出产柳草之官地，尽令成田，分肥纳租，而险工动用物料，复派里民，即所办工程，不过为河员打算开销，而后借称某处宜筑坝，某处宜挑河，然非讲明分头，即应做之工，亦不准行，及讲妥分润，则彼此掩饰，或报冲塌，或报沙塞，累万帑金，化为乌有，而别员旁观者，复援此为例。……其南河一带，每恐冲决，处分过重，故见水势既大，则暗令河官黑夜掘开，拣空处放水，希图借报漫溢，绝不顾一方百姓之田墓庐舍，尽付漂没。是以黄河上流及高宝一带乡民，知有此弊，但遇水长，皆黑夜防闲，恐河兵扒口放水，而私称河官为河贼，则民情之怨望可知。至每年开销帑金数十万，多归私囊为打点之资，于工程毫无裨益。①

众所周知，李卫为官清廉，刚直不阿，深得雍正帝赏识，故其奏陈可信度非常之高。从其所奏来看，赵世显担任河督期间，于本职工作不尽心尽力，反而罔顾沿河百姓之生命财产，专攻拉拢逢迎谋取个人利益之事。甚至可以说，在其担任河督期间，治河工程已严重偏离康熙登基之初所奠定的河务为国家战略要务这一基调，在很大程度上成为在河官员贪腐之门径。但总体而言，受政治、经济等大环境影响，这一时期的河工弊政尚未形成气候，亦未严重影响黄河管理制度的正常运转，阻碍河务工程的进行。

自乾隆以降，受政治生态环境以及管河机构日趋膨胀、河工经费投入增加等多重因素的影响，河工弊窦凸显，且呈现越发严重之态势。比如，乾隆十八年查出，“南河河员，积年亏空未完工料银两，数盈巨万”，“续据查出十一万五千余两，此悉由高斌、张师载平时捏饰徇纵，以致不肖之

①《朱批谕旨》，《续行水金鉴》卷5，第128页。

员，肆无忌惮，竟以误工亏帑，视为寻常，积习相沿，牢不可破”①。据时贤包世臣记述：嘉庆初年的丰工工程，“工员欲请帑百廿万，河督议减其半”，后与幕僚郭大昌商议，大昌认为“再半之足矣”，“河督有难色”，大昌解释道：“以十五万办工，十五万与众员工共之，尚以为少乎？”而“河督怫然”，大昌“自此遂绝意不复与南河事”②。无独有偶，时人金安清也做过类似记载：

> 至道光末年，国用大绌。湘阴李石梧尚书督两江，询余以节帑经久计，余对曰，“积弊已深，操之急，徒生乱耳，千金之堤，一蚁穴足溃之，未可以国事尝也，必十年而后可。”公曰，“次第行之诚善，亦有说乎?”余对曰，“首三年当定年额三百万。以一百万支常年岁修，一百万办紧要工段，一百万为各官公费用度及游士部胥之安置。行之三年，凡紧要工程已具，减为二百万，再三四年减为一百五十万，再三年减为一百万，则无可再减，而通工固若金汤，无懈可击。而十年之中，崇实黜华，慎选人才，省官并职，风气亦必大变。且撙节之实效远著，朝廷知之，四方信之，虽有诛求责望，亦必日有所减。十年之后，岁需一百万，仍可永庆安澜，而官与民皆有高枕之乐。究其实，五十万即足于公事，其五十万仍以赡公中之私而已。”③

根据材料不难推算，真正用于治河实践的河工经费大约仅为预算的一成至二成，绝大部分被在河官员以各种名目中饱私囊，正如另一时贤冯桂芬所言：“两河岁修五百万，实用不过十之一二耳，其余皆河督以至兵夫，瓜剖而豆分之。”④

对于加大河帑投入是否必然造成河工弊政，清人陈康祺做过考察：

> 考河工经费，自乾隆末年而日巨，河工风气，亦自此而日靡。当靳文襄时，各省额解仅六十余万。及乾隆中叶，裁汰民料、民夫诸

① 《清高宗实录》卷446，第6册，第806页。
② （清）包世臣：《中衢一勺》卷2，第3—4页。
③ 《金穴》，（清）欧阳兆熊、金安清：《水窗春呓》，第34页。
④ （清）冯桂芬：《汰冗员议》，盛康辑：《皇朝经世文续编》卷20，第2115页。

事，皆由官给值，费帑已不赀矣，然犹曰恤民力也。嘉庆中，戴可亭相国督河，请加料价两倍，于是南河岁需四五百万，东河二百余万，北河数十万，而另案工程，或另请续拨，尚不在其内。一遇溃决，更视帑项如泥沙，冗滥浮冒，上下相蒙，饮食起居，穷奢极欲。盖自大庾以后，历任河臣，黎襄勤、栗恭勤二公外，均不得谓之无咎云。①

礼亲王昭梿的判断亦大致相类：

乾隆中，自和相秉政后，河防日见疏懈。其任河帅者，皆出其私门，先以巨万纳其帑库，然后许之任视事，故皆利水患充斥，借以侵蚀国帑，而朝中诸贵要，无不视河帅为外府，至竭天下府库之力，尚不足充其用。如嘉庆戊辰、己巳间，开浚海口，改易河道，靡费帑金至八百万；而庚午、辛未，高家堰、李家楼诸决口，其患尤倍于昔，良可嗟叹。②

而事实上，这些概略性描述仅触及冰山一角，这一时期的河工弊政几乎存在于治河工程的每一个环节，并且上行下效，从河督到河员几乎无不利用职务之便伺机中饱私囊，甚至“河工诸员，无一可信，以欺罔为能事，以侵冒为故常，欲有所为，谁供寄使？罚之不胜其罚，易之则无可易”。③

对于在河官员贪冒的途径与手段，嘉庆年间，有位御史做过如下概括：

一支用河银，道厅均有克扣，丁胥经手，复层层剥削，兼之验收、报销、供帐，浮费百出，帑金实用在工者，不过十之六、七。

一堤岸溃坏，或因汛期水涨，邻堤官役，欲保己堤，伺决他处，或夫役利于有事，百计阴坏。

一岁办物料，例于安澜后，预先估计，采办堆贮，以备工需，河

① （清）陈康祺：《郎潜纪闻四笔》，第114页。

② 《徐端》，（清）昭梿撰：《啸亭杂录》，中华书局1980年版，第214页。

③ 贺长龄辑：《皇朝经世文编》卷99，《魏源全集》第18册，岳麓书社2004年版，第369页。

兵每岁种柳百株，以护堤根，并供埽用。乃河员朦混虚冒，以少报多，丁役惰于树艺，柳株日见稀少，以致抢险乏料，不得不停工以待，加价采买。

一 筑堤旧例，虚土一尺，筑成六寸，行硪一遍，其歧缝处，用夯坚筑，新旧交界处，又用铁柱层层夯硪，总以锥试不漏为断，上年马营坝所筑堤工，俱用虚土堆成，恐难经久。①

时贤包世臣亦曾作类似总结：

河臣之虚糜，其端有三。昧者，胸无定见，长河浅深，堤工险易，漠不关心，汛至则不知所措，处处修防，节节加培，饷之虚糜者，一也。贪者，与工员为市，好生事端，借国帑以脂润私人，饷之虚糜者，二也。其或稍知慎重，又不能相度形势，私心自用，非险而以为险，生工在无用之地，当为而不知为，失机贻事后之悔，败端频见，救给不暇，饷之虚糜者，三也。②

以上论述痛指河工弊政，大胆揭露了在河官员极尽所能贪污冒工的丑恶行径。具体而言，这一时期的河工弊政主要体现在贪污、冒工、疏于职守等几个方面。

（一）贪污

1. 河督及其家属收受贿赂，贪污公款

以乾隆年间的河督白钟山为例，其在任十余年，贪污十万余金，为了防止事情败露，他将所得钱物委托淮扬盐商代为营运，其中“淮北商人程致中，收存白钟山银二万两。又程致中女婿汪绍衣，在清江开当铺，收存白钟山银四万两。又商人程容德，收存白钟山银二万两。又商人程迁益，收存白钟山银二万两”③。另一河督周学健，不仅利用职务之便贪污受贿，

①《清宣宗实录》卷6，第1册，第146—147页。
②（清）包世臣：《中衢一勺》卷2，第37—38页。
③《清高宗实录》卷270，第4册，第526页。

而且其“亲戚家人”也“营私不法，款迹多端”①。嘉庆年间的河督李亨特也贪腐成性，据河南巡抚马裕慧参奏：

> 防汛驻工，每日需银六七十两，勒令下北厅同知垫发，并未给还。凡遇临工，每次勒要门包二百七十两。今春勒派曹考厅通判于曹汛十堡创造公馆一所，计房六十余间，催令于端阳前完竣，以便住彼过节。并令于考城旧有公馆内添建房屋二十余间，亭子一座，俱不发价。又派令下南厅同知将祥符上汛八堡及陈家寨旧有小房一所，俱改建大房，有水处具种荷花，该厅因无银置买砖瓦木料，唯恐催问，甚为惶惧。又原任协备付文杰系李亨特母舅，因伊回避，告病离任，强派在睢宁厅同知处管总，每年勒帮银四百两。又李亨特从前缘事在京，有通判华灿进京引见，李亨特曾向借银三千两，凑交赔项，华灿无银借给，因此挟嫌，一经到任，查该通判有老亲迎养在署，即勒令告养。又将不谙河务之同知锡福、通判王相纶委用河厅，几误要工。于人地是否相宜，并不与巡抚及该管道员虚衷商酌。②

2. 河官侵吞河款，置办私产，享受奢华生活

比如，乾隆十九年（1754）查出，十余年来，河库道员“或擅行私动，数至盈千累万，而不报部，或任属侵亏，竟至无着，亦不查揭，殊属玩愒徇纵”③。再如，嘉庆年间，“淮扬游击刘普、淮徐游击庄刚、睢南同知熊辉、丁忧睢南同知莫沄，素号四寇。又捐职淮徐道书潘果、郭聪，有费仲尤浑之称”，他们“联结姻好，援引弟侄，偷减帑项”，平时购置产业，建造花园，享受奢华生活，当河督前往督办工程之际，则串通一气，互相包庇④。道光年间，类似情形也屡见不鲜，比如：“河库道福兆克扣工饷，与属员袁坰等，在篆香楼信宿”⑤；“徐属之丰北、丰南各厅”河官，“常住徐城，扬属、海属之外北、中河、海防、山安、海安、海阜各厅，

①《清高宗实录》卷324，第5册，第342页。

②《嘉庆朝上谕档》（十一），第297页。

③《清高宗实录》卷454，第6册，第921—922页。

④《嘉庆朝上谕档》（五），第197—198页。

⑤《清宣宗实录》卷77，第2册，第244页。

以及佐杂员弁，则常住清江，甚至平居饮食聚会，任意花销”①。

3. 普通河员因职权有限，难以像河督及道厅官员一般肆无忌惮地贪污，但是也尽其所能利用办事之机中饱私囊。

在购办料物的过程中，他们“通同盗卖装运，船兵又复沿途改捆偷售”②。当惧畏艰辛不愿到远处办料时，则“资商贾贩运”，自己却不务正业，购置“元狐紫貂、熊掌鹿尾”等物，以“为钻营馈送之资”，如果所办料物不足，则想尽办法蒙混过关，将“麻料掺杂沙土”，料垛堆得“外实中空”③。嘉庆年间，由于物价上涨，料物开支增大，河员又利用办料之机营私舞弊，以致料物支出数额巨大，甚至引起了嘉庆帝的怀疑，然而当清帝问及此事时，河员却将一切罪责归于“料贩居奇”，并且还煞有介事地讲道，“遇有大工，重价购赠，所费多至数倍，河员胥受其累，共深愤嫉”，避而不谈他们不乘料物收获时节提前购买储备，而是待“河防间有险工，非例备料束所能敷用，不能不仓卒购买，以应一时之急”，以致“为奸商抑勒”的事实④。

4. 外工贪污

外工，顾名思义，并非正式编制人员，主要指胥吏。“胥吏，公家所用掌理案牍之吏也，各治其房科之事，俗称之曰书办。凡部院衙门之吏，以役分名，有堂吏、门吏、都吏、书吏、知印、火房、狱典之别，统名曰经承。”⑤ 在清代政治生活中，“吏胥擅权”是封建政权在运作过程中蠹政害民的一个突出问题。在连篇累牍的官僚奏疏和皇帝谕旨中，对胥吏弄权枉法，鱼肉百姓的揭露和申斥不绝于耳，但却毫无结果，反而愈演愈烈，以至于有人把它称为“丛弊之薮”⑥。就河工事务而言，胥吏之害尤深，“河臣以公事责之两道，两道以公事责之七厅，七厅以公事责之外工”，然“其于例案茫然不解，独钞撮部中报销之册以为祕本。在河督署中者，则

---

①《清宣宗实录》卷118，第2册，第992页。

②《清高宗实录》卷203，第3册，第620页。

③《清仁宗实录》卷363，第5册，第801页。

④《清仁宗实录》卷262，第4册，第547—548页。

⑤（清）徐珂：《清稗类钞·胥役类》，第5249页。

⑥ 李文海：《官员尸位与吏胥擅权》，《清代官德丛谈》，中国人民大学出版社2012年版，第66—70页。

以险工恐吓，使之不敢轻议更张，而于奏报无工处所，亦必故作张皇铺排，以为见好受谢地步。在河道署中者，则以力请添款暗阻发款为务。其在各厅署中者，则以节省工料，劝留银钱为务”①。嘉庆帝在整顿河工积弊之余曾感慨：“偷减侵蚀等敝，大半皆出其手”②；大臣亦反映“河工外工幕友侵帑误工，实为南河积蠹”③。除贪腐侵冒者，亦有狐假虎威专横跋扈之人。据御史参奏，乾隆中期河督李清时的幕僚章辂素称“小总河”，其“于三十年七月经李宏奏请带往江南，即于八月部驳留东。至九月李清时之妻身故，山东、河南两省河员陆续赴济宁，吊奠有需时日，并非伊妻身故之日即行开吊，而江南淮安河工至济宁不过数百里，章辂于部驳之后，岂有久留江南不回山东之理？至所称章辂并未有妾，无病故敛分之处。查章辂之妾，确系殁于河南祥符县，主簿官舍章辂自河幕赶回开吊受分，虽非李清时任内之事，其后即携眷居住江南街地方，出入无常，人所共知”，对此，李清时不但不予整治，反而百般袒护，辩其“所称并无妾故敛分之事”，并称已将其调“任河南汤阴县县丞，今年六月内赴豫防汛，因卫河事务颇简，就近调赴黄河工次”，迨河南巡抚阿思哈查明“章辂并未来豫”之时，“又改称章辂由江南回东，即在山东檄委勘办工程”，可见，“章辂之在幕中，欲盖弥彰”④。

（二）冒工

兴办河工尤其较大规模的河务工程，清廷不仅需要调集大量的人力、物力，还往往另拨巨额帑金，这在保障河工顺利开展的同时，也为在河官员侵蚀河帑制造了“机会”。因此，他们往往“不愿无事，只求有工”，无工则冒工。河督吴璥曾私下对朋友谈及这一问题：“曾有人禀报工程一段，伊亲往查看，直不用办。又外河厅王世臣承办土坝一段，徐端业经允准，伊亲往勘，将坝刨开，只有一半工程。更有人并未办工，竟具禀先行借支银两，以应私用，俟将来办得工程再行扣除。”⑤ 工部亦曾上奏：“查核所

① 王钟翰点校：《清史列传》卷59，许振祎，第4675—4676页。

②《清仁宗实录》卷254，第4册，第424页。

③ 朱批奏折，两江总督百龄南河总督陈凤翔折，档号：04－01－05－0131－021。

④ 录副奏折，掌广东道监察御史虞鸣球折，档号：03－0122－036；录副奏折，河南巡抚阿思哈折，档号：03－0122－061。

⑤《嘉庆朝上谕档》（十五），第549页。

奏各案，其以旧埽朽腐，沉陷蛰塌，另案开报者，竟有四分之一。是明系岁修工程，不能坚实，甚或只将情形较轻处所，略事补苴，转将实系沉蛰朽腐者，留为另案开销地步。”① 对于在河官员这种冒工贪污之行径，道光年间的御史佘文铨揭露得更是入木三分。他在奏折中细述道：

> 承办土工员弁，每乘上司巡查后，遣令兵夫，揆空堤根滩地之土，滩地空去一寸，堤身自高一寸，名曰揆根。再以所空之土，培所筑之堤，是一寸已得二寸之数，一尺即冒二尺之银。至土工坚否，全赖夯硪，新筑之土，名为坯头。夯硪工价，估在土方价内，承办员弁，冀得盈余，坯头动辄厚至三尺，夯硪焉能结实！锥试之法，止及土面，工段往往高七八尺，底则任其虚松，硪亦有名无实，惟迎面始加套硪。用锥之人，早为关说，下锥提锥，多有手法，执壶淋水，亦用诡计，验收上司，一望而过，当面被其欺朦。至估工之初，旧堤尺寸，略为少报，新土报竣，旧可抵新，名为那掩。及收工之时，执持丈杆弹绳之人，得受贿赂，照册丈量，树杆稍斜，顶高即符额数，弹绳微松，单长不殊原估，按之原估额数，偷减已多。②

佘文铨所陈将河工弊政之冒工一项揭露得可谓淋漓尽致，读来不禁令人震惊，一个小小的河工片段，竟然存在如此之多的掺假造假手段！由此亦令人对河工弊政有了更为广阔的想象空间。在河官员冒工至此，所修堤岸质量可以想见。更为严重的问题是，工程质量越差，河堤越容易溃决，大小工程数量越多，他们越有机会冒工侵帑，而当河堤出事之时，为了逃避责任，他们咸“谓漫堤缺口，尽系无工处所”③。这显然陷入了恶性循环。

遇有抢堵决口等另案大工，清廷不仅所拨帑金数目不菲，而且多能短时拨付到位，这对于在河官员而言，可谓侵蚀河帑的“绝好机会”。因此，即便没有发生决口这样的另案大工，他们也多方“寻找”甚至制造“机

① 《嘉庆朝上谕档》（十五），第69页。
② 《清宣宗实录》卷58，第1册，第1023页。
③ 《清仁宗实录》卷361，第5册，第769页。

会”。嘉庆十七年（1812），在河官员以借黄济运为由请求兴举大工，由于嘉庆帝对此中之玄机早有察觉，遂及时予以了阻止，“此等劣员，并非关心河务漕运，其意总欲使黄河为患，则大工屡兴，伊等不但可以侵帑肥橐，并可以为升迁捷径，其从前获咎之员，亦藉以开复，而国计民生之贻误，概置不顾，即百龄折内，所谓以苟安便己之私心，为败坏事机之大敝。”① 不过，尽管清帝严厉申斥，但是气候已成，实难改变。翌年，工部查出不造册的另案大工累计达“一百数十案”，在“勒限造报”后的半年时间里，“仅据将十五年堰盱风掣石工一起，开单奏到，其余并未奏呈清单，其已经开单具奏者，仅据造报六十八案，而未经估销及驳查未覆者，仍有一百余案之多”②。实际上，即便及时造册，在河官员也往往想方设法进行冒销。比如，道光二年查出“仪封大工奏销不实”，“稭料共止五千四百余垛，应合银九十八万四千余两，今共销银一百七十九万六千余两，浮销几至加倍。又将易钱之银，每两扣制钱八十文，名为八子，前后共换银八十余万两，共扣得八子钱五万六千余串。又引河抽沟沟线项下，实发银一百九十八万五千余两，今销银二百六十万九千余两，计浮销银六十二万四千余两。并提取东西两坝银两与八子一项，均为致送路费，恤赏官弁，弥补吴锡宽领买料价长支等项之用，巨工冒销，数逾百万，种种浮支滥用，实出情理之外”③。由此可以想见，大工期间因冒销流失的银两数额甚至高于实际工用！更何况，受诸多因素制约，清廷并不可能将全部冒销事情一一调查清楚。

（三）无视规制、疏于职守

本来为了加强在河官员的职守，清廷制定了考核、稽查、赔修等制度，而这些制度起初尚能发挥作用，久而久之则往往流于空文。比如，乾隆年间，按照规定，河督负有考察河官的责任，然而“外河同知陈克濬、海防同知王德宣，亏缺皆至二三万”，河督高斌竟“毫无觉察，乃置之不问，其视亏帑为应然，弥补为故智”④。另据调查：“自嘉庆年间以来，各

---

①《清仁宗实录》卷259，第4册，第511页。
②《清仁宗实录》卷268，第4册，第631页。
③《清宣宗实录》卷38，第1册，第678页。
④《乾隆朝上谕档》（二），第690页。

河督等习于安逸，往往不于霜降后逐段亲诣勘验，以致工员等将虚贮花堆克扣偷减诸弊，视为固然，甚或有估办春工时，辄以不应修而修，转将应修处所暗留为大汛抢险地步，以便藉另案工程，事起仓猝，易滋侵冒。”①河督疏于职守，如此则上行下效，遇有工事，河官不亲往河干，而是“派临河州县承办，州县委之幕友长随，包于办工之人，往往克扣银两，偷减土方，应大挑者止于抽沟，应抽沟者略加挑乞，宽深多不如式。风闻马营坝下游引河，多属草率，遂复有仪封漫口”②。

总而言之，在河官员千方百计徇私舞弊侵蚀河款，终日沉迷于奢华享受。对此，时人目之颇感惊骇，曾记载如下：

> 河厅当日之奢侈。乾隆末年，首厅必蓄梨园，有所谓院班、道班者。嘉庆一朝尤甚，有积赀至百万者。绍兴人张松庵尤善会计，垄断通工之财贿，凡买燕窝皆以箱计，一箱则数千金，建兰、牡丹亦盈千。霜降后，则以数万金至苏召名优，为安澜演剧之用。九、十、十一三阅月，即席间之柳木牙签，一钱可购十余枝者，亦开报至数百千，海参鱼翅之费则更及万矣。其肴馔则客至自辰至夜半，不罢不止，小碗可至百数十者。厨中煤炉数十具，一人专司一肴，目不旁及，其所司之肴进，则飘然出而狎游矣。河厅之裘，率不求之市，皆于夏秋间各辇数万金出关购全狐皮归，令毛毛匠就其皮之大小，各从其类，分大毛、中毛、小毛，故毛片颜色皆匀净无疵，虽京师大皮货店无其完美也。苏杭绸缎，每年必自定花样颜色，使机坊另织，一样五件，盖大衿、缺衿、一果元、外褂、马褂也。其尤侈者，宅门以内，上房之中，无油灯，无布缕，盖上下皆秉烛，即缠足之帛亦不用布也。珠翠金玉则更不可胜计，朝珠、带板、攀指动辄千金。若琪瑼珠，加以披霞挂件则必三千金，悬之胸间，香闻半里外，如入芝兰之室也。衙参之期，群坐官厅，则各贾云集，书画玩好无不具备。③

①《清宣宗实录》卷108，第2册，第793页。
②《清宣宗实录》卷8，第1册，第176页。
③《河厅奢侈》，（清）欧阳兆熊、金安清：《水窗春呓》，第41—42页。

某河帅尝宴客，进豚肉一簋，众宾无不叹赏，但觉其精美迥非凡品而已。宴罢，一客起入厕，见死豚数十藉院中，惊询其故，乃知顷所食之一簋，即此数十豚背肉集腋而成者也。其法闭豚于室，屠者数人，各持一竿追而抶之，豚负痛，必叫号奔走，走愈急，挞愈甚，待其力竭而毙，亟刲背肉一脔，复及他豚，计死五十余豚始足供一席之用。盖豚背受抶，以全力获痛，则全体精华皆萃于背脊一处，甘腴无比，而余肉则皆腥恶失味，不堪复充烹饪，尽委而弃之矣。客闻之，不觉惨，然宰夫夷然笑曰："穷措大，眼光何小至是?"①

面对河务这一场域弊病迭现风气腐化之局面，清帝煞费苦心予以矫治，体现在制度方面主要为，出台相关奖惩措施，加大奖惩力度，然而其结果却是"人皆以河工为畏途"②，收效微乎其微。

乾隆年间，乾隆帝曾对吏治窳败河工贪腐等问题给予关注，"今之外省官员公然贪黩者实少，惟尚有工程一途耳"，"外省工程无不浮冒，而河工为尤甚"③，亦曾下令整顿贪污腐败之风，但终属有风无浪，无果而终。比如，为避免在河官员互相包庇，命其回避对调④。再如，针对官署中的幕僚贪腐问题发布上谕，"外省幕友有无违例之处，令各督抚于每年年终，汇奏一次"，然而，两河总督异口同声，"分河工各属幕友并无违例事"，

①《道光时南河官吏之侈汰》，（清）李岳瑞：《春冰室野乘》卷上，第52—54页。

② 对于这一问题，时人金安清做过较为详细的记述："河工向来比照军营法，故河督下至河厅得罪，有枷号者，有正法者，而年年安澜皆有保举。凡堵合决口，有特保花翎及免补本班者，同知既可升道，道亦可升河督，多破格为之。然乾嘉时，人皆以河工为畏途，盖赏虽重而罚亦严耳。余外曾祖章质菴观察，由运河道引退，家居三十年，富至百万，寿逾九十方终。高宗南巡时，两遣太医视疾，盖欲用为河督，而章辄讬疾，太医为处数方。闻彼时侍卫二人同来，计川资酬谢，费至巨万，亦云奇矣。同时罗云斋廉访亦以闸官起家，已将任以河督矣，殁于山东臬司任内。其人真有绝技，凡山东运河千里之地势水势，无不了如指掌，人亦奋往急公。虽只道员，每值大事，上谕中辄令督抚与商，其简心之笃，度越曹偶矣。章亦于修防极熟，凡估计工程，虽数百万可以信笔罗列，不须算盘。其自营圹穴，在吾里，费二十万金，皆用三合土筑成，至今巍然，长毛掘之，丝毫无损，其平生办事之结实于此可见。"[《河工最重》，（清）欧阳兆熊、金安清：《水窗春呓》，第73—74页]

③《清高宗实录》卷236，第4册，第40页；《清高宗实录》卷211，第3册，第719页。

④ 录副奏折，江南河道总督李弘折，档号：03－0123－061；录副奏折，两江总督高晋折，档号：03－0123－062；录副奏折，河东河道总督嵇璜折，档号：03－0124－021。

"臣署及河工各员幕友并无违例事"[①]。几年之后，又命两河考察河工不正之风，结果与前类似，"河员并无坐省家人事"，"河工人员并无换帖相宴事"，"河员并无承办宴席及收受门包事"，"河道衙署各官并未立有管门家人收受押席等弊事"[②]，两河总督的一番言辞将河务这一场域粉饰得风清气正。与此同时，乾隆帝还试图通过制定一些激励措施来力挽颓风。比如，他认为在河官员俸禄普遍偏低是河工贪腐成风的根由，酌情提高待遇，对文武汛员均发放养廉银，以使其"日用有资"[③]。再如，修订赔修制度，将河督与沿河地方督抚一并纳入赔修范围，试图借严厉的惩罚来消除官员的贪污欲望。即便如此，当真正面对贪腐案件时，乾隆帝的惩罚措施却乏力度。乾隆十三年（1748），当查出河督周学健存有极为严重的贪冒舞弊徇私瞻顾的行为时，对他的处罚不过为"革去大学士，仍留河道总督"[④]。这显然缺乏雍正帝力革弊政之坚毅精神，也为此后河工弊政日趋严重乃至整个封建官僚体系弊病百出埋下了隐患。

延及嘉庆年间，面对河工弊政积重难返之局面，嘉庆帝努力探求解决办法。对于吏治之弊病，嘉庆帝曾在上谕中讲道："各省大吏，往往于莅任之初，动以彻底清厘，不任丝毫弊混等词缮折具奏，竟成套语，而日久因循，视为奉行故事，或致属员胥吏，无所畏惮，玩法营私，百弊丛出"[⑤]，至于"河工积弊，已非一日，皆因克扣价值，偷减工料，以致贻误要工，累及闾阎"[⑥]。基于这些认识，他竭力整顿，究其路径，主要采取加大惩罚力度的办法。比如，嘉庆五年（1800），不仅将前述南河"四寇"庄刚、刘普等人按律治罪，还将"其子孙所捐官职亦一并斥革"，并强调

① 朱批奏折，南河总督吴嗣爵折，档号：04－01－01－0328－048；朱批奏折，东河总督姚立德折，档号：04－01－01－0328－045。

② 录副奏折，署理两江总督萨载折，档号：03－0171－005；录副奏折，署理两江总督萨载折，档号：03－0171－039；录副奏折，河东河道总督韩鑅折，档号：03－0171－0079；录副奏折，河东河道总督韩鑅折，档号：03－0171－0080；录副奏折，署理河东河道总督何裕城折，档号：03－0354－063；录副奏折，署理河东河道总督何裕城折，档号：03－0354－064；录副奏折，江南河道总督李奉翰折，档号：03－0357－034。

③《清高宗实录》卷81，第2册，第282页。

④《高斌传稿》，《续行水金鉴》卷12，第275页。

⑤《南河成案续编》，《续行水金鉴》卷34，第730—731页。

⑥《嘉庆朝上谕档》（五），第264页。

"伊等侵冒钱粮，贻害百姓，既为国法之所不贷，即为天理之所不容"①。当黄河决口发生时，严格按律治罪，将河督枷号河干，或者发配边疆。为摸清贪腐乱象，嘉庆帝还屡屡派人前往调查。比如，嘉庆十一年，览毕两江总督铁保关于南河弊病的密陈，派戴均元前往"会同河臣认真办理，不可稍存大意，致令工员弊混"②。嘉庆十六年，又派钦差大臣托津、初彭龄前往南河调查，并叮嘱二人"到彼后，会同松筠、蒋攸铦，将此数年来河工用过款项，通行核实勾稽，如查有弊混之处，即行参办"③。然而二人的调查结果却显示，南河"无敝大窦"！闻此，嘉庆帝勃然大怒，斥责托津等人："河工连年妄用帑银三千余万两，谓无敝窦，其谁信之！""伊等所奏提查工员帐簿，现在钦差到彼，工员帐簿，多系捏造，何足为凭！托津等不认真访察，仅以查帐为据，焉能究出弊端。毕竟此三千余万帑金，原不尽归侵蚀，其中何人浮冒，及何处妄兴工段，滥用虚糜，系必有之事！"④ 毋庸置疑，河工弊窦众人皆知，只是身处官场，负责调查之人往往明哲保身避而不言，他们不敢甚至根本无法进行深入考察，即便河务这一场域的核心人物河督亦不愿触碰这一毒瘤。河督吴璥于离任路过扬州时跟朋友阿克当阿谈及"河工弊窦多端"，然而在任多年，却"从无一字"上奏，这让嘉庆帝无比惊叹，"岂有向友朋述诉，转于君上前讳言之理?"⑤然而此情形却颇为普遍。对于众人于河漕事务缄口不言之状况，上谕中讲道：

> 近日遇有会议事件，率皆无所建白，随同覆奏，而且退有后言，殊失大臣公忠体国之道。较之本部所议，耽延倍多时日，徒成具文，并无实际，于国政何益！即如吴璥前此条陈，河漕不能并治，请添造拨船，在杨庄运河接运南漕一事，朕以经国大计，特批令大学士九卿详细妥议，如有意见不同者，并许令自行专折覆奏。迨议奏上时，只以造船需时，请交两江总督及河漕诸臣，再行筹议，仍不过诿卸于封

①《嘉庆朝上谕档》（五），第332页。
② 朱批奏折，两江总督铁保折，档号：04-01-05-0105-024。
③《嘉庆朝上谕档》（十五），第552页。
④《清仁宗实录》卷238，第4册，第211—212页。
⑤《嘉庆朝上谕档》（十五），第549页。

> 疆大吏，其实应如何正本清源，如何补偏救敝之处，并未切实奏陈。大学士九卿中，如费淳、长麟、姜晟，或曾任江南督抚，或奉使办理河务，尤应谙悉情形，乃亦随声附和，一无筹画。迨召见时面行咨询，则以今昔情形不同，一语塞责。

这与此前“凡遇国计民生大政所关，往往敕交大学士九卿会议具奏”之局面形成了巨大反差[①]。在回天乏术的情况下，嘉庆帝大发感慨，河政“敝坏已极”[②]。这从一个侧面折射出，这一时期河工弊政已成气候，即便清帝决心整顿，也难以应付河务这一场域盘根错节的人事权利关系。

道光帝继位之初，决心整顿。经过一番考察，他认为河工弊政之所以如此严重，与官员在河年久形成了错综复杂的关系网络以及他们深谙贪污冒工之手段有关。因此，他调整河督选任标准，由重视实践经验改为选用没有任何河工经历者担任河督，希图借此“厘剔弊端，毋庸徇隐”[③]。然而在当时的大环境下，这一举措实难取得成效。在屡试不果的情况下，道光帝也慨叹：“吏治河工，原无二致。”[④]

晚清山东巡抚周馥曾在《国朝河臣记序》中言：“历来大臣获谴，未有如河臣之多”，“河益高，患愈亟，乃罚日益以重。嘉道以后，河臣几难幸免，其甚者仅贷死而已”[⑤]。后人在研究时也指出：“乾嘉康阜之后，物力富庶，朝野以侈靡相尚，而率作之精神已驰，上下之纲纪日隳，一切弊端，从之而起，栗毓美虽以清介名，对于所属，亦不能彻底整顿，积重难返可叹也”[⑥]，甚至以“小巫见大巫”来形容河工弊政之严重远非其他场域能及[⑦]。不难想见，河工弊政乃清中期吏治整体窳败的一个缩影，黄河管理制度在运转中暴露出的诸多问题亦为清代封建官僚体制日薄西山的重

---

① 《清仁宗实录》卷154，第2册，第1120—1121页。
② 《清仁宗实录》卷236，第4册，第183页。
③ 《清宣宗实录》卷200，第3册，第1144页。
④ 《清宣宗实录》卷32，第1册，第568页。
⑤ 周馥：《国朝河臣记·序》，《周慤慎公全集》文集卷1。
⑥ 申丙：《黄河通考》，第110页。
⑦ 谢世诚：《晚清道光、咸丰、同治朝吏治研究》，南京师范大学出版社1999年版，第93页。

要体现。言至此，有一点需要说明，即尽管道光朝“河政弊坏已极”，亦曾发生连续三年的黄河大决口①，但是决口的次数却明显少于前朝。这令以往研究者以黄河决口次数来衡量河政好坏以及体制运转是否顺畅的观点面临着考验②。同样，以道光四年清廷成功堵筑高堰大坝决口来证明帝国统治仍有效力，水利系统的弊坏并非王朝衰落的结果，而是由地理、人口、财政等问题造成的压力超出了清廷的承受能力所致的观点也存在问题③。因为就决口规模与致灾程度来看，高堰大坝决口并无特别之处，更无法与发生在鸦片战争期间连续三年的黄河大决口相比。在这三次决口的抢堵过程中，清廷一再努力革除的河工弊政显露无遗，甚至造成堵筑工作颇费周折，尽管最终将其堵筑，但是遗患重重④。更何况鸦片战争期间，清廷应对内外诸务已然疲惫不堪，这岂非国家衰落的重要体现？

四　竭力“事河”的政治文化意涵

纵观前述，清中期仍积极应对河患以及河务这一场域出现的问题，努力程度甚至不亚于清前期。正如《清史稿》所言：“仁宗锐意治河，用人其慎，然承积弊之后，求治愈殷。”⑤ 问题是，清廷几倾国力治河的结果不仅未能扭转黄河越治越坏之趋势，反而人为地增加了制度的运转成本，助长了河务这一场域的腐化之风，加促了制度的官僚化进程，使其成为权力、利益、腐败的又一重要源发地与角斗场，乃至封建官僚制度的坏疽。这难免令人生疑，清中期花如此之气力治河的原因究竟何在？如果仅为漕运，那么运至京畿的漕粮价格未免过于昂贵？成本与收益之间的巨大落差，清廷恐怕不会不予考虑。对于河工事务，嘉庆帝曾满怀感情地讲道：“予小子敬承大业，恪守成规，尝恭读皇考圣制文云，河工关系民命，未

---

① 李文海：《鸦片战争时期连续三年的黄河大决口》，《历史并不遥远》，中国人民大学出版社 2004 年版，第 222—231 页。

② 持此观点的代表性成果有：王振忠的《河政与清代社会》（《湖北大学学报》1994 年第 2 期）；郑师渠的《论道光朝河政》（《历史档案》1996 年第 2 期）。

③ Randall A. Dodgen, *Controlling the Dragon*: *Confucian Engineers and the Yellow River in Late Imperial China*, University of Hawaii Press Honolulu, 2001, pp. 145 – 146.

④ 详见李文海《鸦片战争时期连续三年的黄河大决口》，《历史并不遥远》，第 222—231 页。

⑤ 赵尔巽等纂：《清史稿》卷 366，列传 147，第 8 页。

深知而谬定之庸碌者，惟遵旨而谬行之，其害可胜言哉？煌煌圣训，实子子孙孙所应遵守。”① 清末山东巡抚周馥晚年总结自己的治河实践时也提及“皇上忧漕艘不达，而又难于更制，以坏先朝之成法，是不得不趣塞决河竭藏以济用。”② 换句话说，在康熙帝塑造的以“孝”治天下的清代政治文化格局中，恪守“成法”，延续重视“河务、漕运”这一传统显得尤为重要。事实上，自雍正时期这一思想既已显露。雍正七年，“圣祖仁皇帝治河方略，编纂告成”，雍正帝发布上谕，“朕惟圣祖仁皇帝轸念民生，而于黄运两河尤廑圣怀。自甲子以迄丁亥，六次亲历河干，指授方略，一切修筑堵塞事宜，无不出自宸衷规画，数十年来，圣谟睿训，备载此书。凡有河防水利之任者，皆应悉心详阅，奉为法则。著缮写三部，发给河臣孔毓珣、嵇曾筠、尹继善，令其敬谨阅看”③。此后乾隆亦直追其祖康熙皇帝，比如亦六度南巡，并强调“南巡之事，莫大于河工”④。从前述已知，今人对其动机表示怀疑，指其不过做些表面文章，但这恰恰说明乾隆对治河这一“家法”的尊崇。康熙以后，清帝对治河“家法”的恪守还可从可否更制的讨论中窥知。

乾嘉时期，南河淤垫严重，屡屡有人建议人工改河道北行山东入渤海，而类似主张均遭否决，其中一个重要原因即为“黄流归海之处，不惟本朝百数十年未经更改，即前代亦不轻议及此，其事原属重大”⑤。与河务密切相关的漕运亦有类似经历。道光六年，迫于黄河决溢对漕粮运输造成的不利形势，道光帝谕令试行海运，并取得相当成功，却突然改变主意，不再继续实行海运，其中“道光帝本人的妥协性和安于现状，是此次海运没能继续下去的最重要的原因。道光帝乃一典型的守成之主，他心目中的理想是恢复康乾盛世，恪守祖宗法典”⑥。及至晚清，尽管随着政治局势的急剧动荡，“求强”“求富”成为时代发展的主题，河工、漕运等传统事务逐渐淡出了国家事务的中心位置，但是清廷仍持比较谨慎的态度。咸丰十

①《河南衡家楼新建河神庙碑》，左慧元编：《黄河金石录》，第300页。
② 周馥：《河防杂著四种·黄河工段文武兵夫记略序》，《周悫慎公全集》。
③《清世宗实录》卷86，第2册，第152页。
④《清高宗实录》卷1201，第16册，第62页。
⑤《南河成案续编》，《续行水金鉴》卷34，第725页。
⑥ 倪玉平：《清代漕粮海运与社会变迁》，上海书店出版社2005年版，第67页。

年，清廷为筹集军费决定裁撤南河机构，为慎重起见，命御前大臣、军机大臣会同工部共同筹议①。同治时期，屡屡有人主张废弃河运，认为这样不仅可以节省经费，黄河还可就此通过山东大清河入海，朝野亦毋庸再围绕新旧河道问题争论不休，但是遭到了奕䜣、曾国藩等人的反对。据曾国藩分析，“部臣所以不肯竟废河运者，亦因成法不可轻改”②。李鸿章亦曾在给朋友的信中提到“部议河运仍不可废，采买更不准行，大都敷衍目前，不谋久远”③。诚然，争论背后存有非常复杂的利益博弈，此未必其真实想法，但即便是个幌子，也可以说明恪守祖宗“成法”在清代政治文化传统中居于重要位置。

河务这一场域的普遍性腐败，以及黄河管理制度的制度性缺陷逐渐暴露，极大地影响了黄河的日常修守，泥沙大量沉积，河床抬高增速，晚清黄河频繁决口，并最终于1855年决口改道北行，这套制度的生存随即面临巨大挑战。

总而言之，黄河管理制度在清前中期经历了从创制、完善到繁密化与官僚化的蜕变过程。即清前期，置河督，设道、汛，订规制，逐步建立起一套系统完善的制度，随着中央对黄河治理干预力度的不断提升，沿河地方亦被不同程度地纳入其中，在某个层面成为中央直接统辖的区域。受益于制度保障，这一时期的治河实践活动取得了明显成效。延至清中期，鉴于河患日深，清廷不断拓展管河机构，增加经费投入，调整相关规定，但结果未遂人愿，不仅未能扭转颓势，反而造成了机构膨胀，人浮于事，贪冒奢华等弊病，这套制度的官僚化程度越来越深，河务这一场域的普遍性腐败成为封建官僚体制整体窳败的一个缩影。透过这一过程明显可见，清王朝的政治生态环境是促其产生以及发生嬗替演变的主要因素，以往学界所认为的“治河即所以保漕”的观点仅触及了问题的一个方面，即便清中期，在保障漕运之外，还有延续祖宗“成法”这一更深层次的考虑。

---

①《清文宗实录》卷322，第5册，第774—775页。

②《筹办河运事宜折》，李瀚章编：《曾文正公全集·奏稿》卷30，光绪二年（1876）季夏传忠书局校刻，第17页。

③《十月二十二日复冯景亭宫允》，吴汝纶编：《李文忠公朋僚函稿八》卷15，第19页。

第二章　晚清政局变动下的制度解体

道光后期以降，外侮频至，内患迭起，大清王朝面临着“三千年未有之大变局”。变局之下，政治体制、经济结构、社会制度、思想观念等等均处于变动之中，河工事务亦无例外，相关管理规制也一步步解体。本章主要探讨在晚清急剧动荡的政治局势以及特殊的时代背景下，河工事务发生了哪些重要变化，相关管理制度又如何随之变革。

第一节　河工事务的不变与变

面对空前严重的危机，清廷施政方向作出了调整。受此影响，黄河的日常修守逐渐废弛，大规模决口频繁发生，另案大工数量骤增，而清廷却穷于应付，以致最终酿成了黄河史上的第六次大改道事件。不过，在河务日趋边缘化的同时，特定的时代背景还为其注入了一丝新意。

一　岁修日渐废弛

为了镇压内乱，平息外患，应对危局，清廷可谓全力以赴，且不断追加军费，甚至不惜将财政、人事等极为重要事务的权限下放给地方，在仍不足以缓解困境的情况下，还饮鸩止渴，大量发行纸币。显然在这种形势下，河工事务将退居次要位置。据申学锋研究，咸丰以后，由于赔款、外债等新式支出科目出现，在清廷财政支出中所占的比重也不断增加，官俸、河工等项支出比重明显下降①。也就是说，在急剧动荡的政治局势下，清廷的财政支出结构已然发生了根本性变化，河工不再为大宗。不仅如

① 申学锋：《晚清财政支出政策研究》，中国人民大学出版社2006年版，第237页。

此，道咸之际，河工常款不足已成常例①。

经费得不到保障，日常修守必然深受影响，何况还有河工弊政掺杂其中。对此境况，南河总督杨以增深有体会，他曾奏称：

> 现在贼氛未净，盐务地方纵有征收，亦必先尽军饷，未能挹注河工。其他省额解，或因道远，或因无款，徒事催提，均难济用。荡柴到工，原可抵发现银，惟刀本水脚等项，先须实银十余万方能运柴出荡，否则漂淌霉朽，仍归乌有。是额解柴价，有款而无着。②

另据两江总督兼署河督李星沅奏报，“向来岁料防料，多未按候发齐”，受此影响，河工“垫办愈多，厅员以准驳为盈虚，上司以爱憎为准驳。甚或库贮之数，垫办几半”。在这种情况下，在河官员还多玩忽职守：

> 至淮扬道属七厅，淮海道属六厅，率多聚处清江，厅署几同虚设，非遇盛涨抢险，皆不到工。因而实任佐杂各官，营汛备弁协防，鲜不尤而效之，视堤防如传舍。即奉委防汛候补人员，亦多安坐寓中，并不亲往帮办，殊非慎重要工之道。且清江人稠地隘，风气虚浮，厅员本有职司，乃若一无所事，游戏征逐，耗费实繁。甚或竞尚夤缘，希图侵冒，群居终日，弊不胜言。③

再加以战事的影响，河工经费及物料等项更难保障。比如咸丰四年，因开封被围，“藩库存银三十余万两，几为一空”，“怀庆解围后，办理防守事宜，支发不及二万”。④ 如此一来，“黄河各厅，承办岁储，因司库钱粮未能接济，致展限届期，仍难购竣”。⑤ 再如：为了防止太平军渡河北上，黄河“严禁舟行”，以致“碎石一项，为抛护埽坝必不可少”，“未能赴山采

① 关于河工经费情况，《社会研究所抄档》有连续记载，比如：南河“（道光）二十五年不敷银六十五万九千六百四十一两零，（二十六年）不敷银八十八万九千七百七十四两零”。《社会研究所抄档》，《再续行水金鉴·黄河卷》，第1051页。

②《社会研究所抄档》，《再续行水金鉴·黄河卷》，第1106页。

③《李文恭公奏议》，《再续行水金鉴·黄河卷》，第1059、1057—1058页。

④ 王先谦编：《咸丰朝东华续录》卷31，第1031页，光绪刻本。

⑤《清文宗实录》卷126，第3册，第213—214页。

运，附近庄基柱石，亦搜罗殆尽”。①

不仅如此，清廷一再申斥的河工弊政还愈发严重，“河工劣员，借报险为开销，以冒支恣浮靡”等腐败现象屡见不鲜。咸丰四年，有人奏参河工道员公开营私舞弊，情况大致如下：

> 河南开归陈许道周煦征，于河工拨给之款，拨多发少，擅将现银抵换官票，所发官票折算制钱，并将办工要需，扣除厅员节寿陋规，及幕友节敬，家丁门包等名目。竟有要工一处，应发帑银三千两，除所扣外，只余数两者，厅员不肯具领，在道署公堂争论，众目共睹。并信任幕友孙姓沈姓，在外招摇生事，以致物议沸腾。②

不难想见，受战事、经费、河弊等诸多因素的制约，岁修工程日渐废弛，往往如河督庚长所奏，“钱粮万分支绌，料物不能应手，新埽尚未补齐，堤身亦未帮培”。③ 咸丰五年黄河在铜瓦厢决口后，负责调查失事原因的河督李钧发现，“只因司库钱粮迫于军饷，筹拨不易”，中河厅大堤“连年均估而未办，统计已三年未修”。④ 当时，河工所用物料主要为秸秆、柳枝等，保固时间当比较有限，并且按照清代河工律例，新修河堤保固期限一般为两年，如此算来，该处大堤已经脆弱不堪，难以拦御黄水，必将造成非常严重的后果。然而有趣的是，深陷战事的清廷还对河防寄以厚望，屡屡强调“防河正以防匪，修守甚属紧要”，并命河督以及沿河地方督抚尽力做好日常修守等事。⑤

二　另案大工穷于应对

日常修守废弛日甚，必然造成黄河决溢泛滥频繁发生，甚至出现大规模决口事件。起初，清廷尚能参照河工惯例予以堵筑，即便存有诸多困难，但是随着战事的推进，局势扑朔迷离，应对之策发生了根本性变化。

---

① 录副奏折，署东河总督蒋启扬折，档号：3－168－9343－30。

②《清文宗实录》,《再续行水金鉴·黄河卷》，第1108页。

③ 黄河档案馆藏：清1黄河干流，下游修防防汛抢险，咸丰朝1—6年。

④ 同上。

⑤《清文宗实录》卷126，第3册，第213页。

第一次鸦片战争期间，黄河竟然连续三年发生了较大规模的决口，即道光二十一年（1841）河南祥符决口、道光二十二年（1842）江苏桃源决口、道光二十三年（1843）河南中牟决口。其中，1841年祥符决口后，水围开封，“为二百年来所未有”。面对异常深重的灾难，河督文冲主张暂缓堵筑决口，放弃开封，河南巡抚牛鉴则“专议卫省城”，罔顾其他，以致决口口门在洪水的冲刷下进一步塌宽。几经周折，清廷筹措了五百多万两银子，又命尚在遣戍途中的林则徐“折回东河”，亲自谋划指挥，才于翌年四月将口门堵筑①。再看道光二十三年河南中牟决口后清廷的应对情况。决口之初，“口门塌宽一百余丈”，一个多月后，已“塌宽至三百六十余丈”，续又“宽至四百三十余丈”②。就像此间大洪水为千年不遇一样③，此次口门之宽堵筑难度之大远超以往。按照河工律例，清廷将河督文冲革职，改派钟祥接任，并命工部尚书、礼部尚书前往督办，以期尽快堵筑口门。然而，受洪水过大、“经费支绌”、“料物不齐”等诸多因素的制约，翌年“春间，埽占蛰失”，不得不“暂行缓办”。据粗略估计，除了已用款四百多万两之外，续款仍“需银六百三十余万两”。不难想见，为了筹措款项，清廷颇费心思。据钟祥奏报，所筹续款六百余万两白银中，包括各省关拨款三百余万两，捐输银一百余万两，部库银一百万两，借拨部库银一百万两。④ 从这笔河帑银的构成来看，部拨数额大幅度缩减，捐输银占有相当比重，已带有非常明显的时局印痕。无论如何，几经周折，最终将口门成功堵筑，不过由于灾难深重，赈济所需数额也非常之大，清廷已然无力应付。

由于决口本身致灾深重，清廷应对能力又明显下滑，数百万灾民陷于倒悬之中，广大灾区久久难以恢复元气。十余年后，黄泛区仍然一片凄凉，自“祥符至中牟一带，地宽六十余里，长逾数倍，地皆不毛，居民无

---

① 此前林则徐担任“河南布政使及河东河道总督，人皆服其干略”，因此，听闻“林公之来也，汴梁百姓无不庆幸”。可是口门堵筑之后，林则徐仍因前罪“发往伊犁”。参见痛定思痛居士《汴梁水灾纪略》，李景文、王守忠、李湍波点校，河南大学出版社2006年版，第35、85页。

② 《中牟大工奏稿》，《再续行水金鉴·黄河卷》，第920、927、1005页。

③ 韩曼华、史辅成：《黄河一八四三年洪水重现期的考证》，《人民黄河》1982年第4期。

④ 《东河残卷》、《中牟大工奏稿》，《再续行水金鉴·黄河卷》，第1016、999、1005、1013、1041页。

养生之路”，咸丰帝闻此大为震惊，“河南自道光二十一年及二十三年两次黄河漫溢，膏腴之地，均被沙压，村庄庐舍，荡然无存，迄今已及十年，何以被灾穷民，仍在沙窝搭棚栖止，形容枯槁，凋敝如前？”① 另据李文海先生研究，“这些地区大都离鸦片战争的战区不远，因此，严重的自然灾害，不能不给战祸造成的社会震动更增添了几分动荡不安”②。

及至咸丰初年，由于太平军兴，如火如荼，对清王朝的统治形成了空前严重的威胁，清廷显得已无心力应付河务，即便另案大工也是如此。这在咸丰元年丰北决口问题上体现得非常明显。

咸丰元年八月二十日，黄河在江苏北部苏、鲁交界处的丰北发生了较大规模的决口。据南河总督杨以增奏报：该日黄水漫堤发生决口后，口门越塌越宽，一个月后，“已三、四百丈”③，“大溜全行掣动，迤下正河，业已断流”④。不仅如此，黄水还“直趋东省微山等湖，串入运河”⑤，使其河堤亦发生溃塌。起初，清廷命河督与两江总督“查照嘉庆元年丰北六堡漫水成案办理”，并“严督厅汛各员，将现在漫口赶紧盘裹，应办各工，迅即兴筑”⑥。然而细忖之下，清廷改变了态度，又以“广西贼匪窜扰，现在大兵云集，所需兵饷，尤关紧要”为由，决定移“缓”就急⑦，暂缓办理口门堵筑工程。

三个月后，由于户部拨款及各省解款迟迟未能到位，又时届冬季为堵口最佳时机，清廷不得不变通办理，甚至使用银票。然而由于前期准备不足，“兴工数月以来，两次走占，以致不克合龙”，不得不“请于霜降水落

---

① 中国第一历史档案馆编：《咸丰同治两朝上谕档》，第1册，广西师范大学出版社1998年版，第22—23页。

②《鸦片战争期间连续三年的黄河大决口》，李文海：《历史并不遥远》，第222—231页。另外，对于祥符、中牟两次决口情况的分析，除了特别注释，主要参考了该文。

③ 录副奏折，江南道监察御史吴荣光折，档号：03-70-4180-24，《清代灾赈档案专题史料》第47盘第740—741页。

④ 水利电力部水管司、科技司、水利水电科学研究院编：《清代黄河流域洪涝档案史料》，中华书局1993年版，第661页。

⑤ 录副奏折，山东巡抚陈庆偕折，档号：03-70-4180-26，《清代灾赈档案专题史料》第47盘第745页。

⑥《清文宗实录》卷41，第1册，第562—563页。

⑦《清文宗实录》卷42，第1册，第585页。

后补筑"①。姑且不论黄水肆意漫流造成的灾难，仅就口门而言，时间越长，冲刷得越宽，相应地堵筑难度越大。此后由于漕运严重受阻，清廷转而强调"现在河工、军务，均关紧要"②，并敦促河督"竭力妥办"，"务须趁此天气晴和，料物充足之时，催令进占"③。咸丰三年正月二十六日，丰北口门终于"挂缆合龙"④。至此，清廷本应稍感欣慰，然而草草开工的堵口工程注定为豆腐渣工程，竟未能经受住当年第一个汛期的考验。

该年"五月二十八、九日，雷雨大作，黄水漫溢过堤，堤身坐蛰，刷开口门三十余丈"，丰北复成漫口⑤。对此，咸丰帝大为震怒，立即下令处分了在河官员，并派人前往调查出事原因。虽然经查，一再申斥的贪冒问题非常严重，乃至极大地影响了河务工程的进展，但是已无意再举工程，因为此时太平天国起义军攻下了南京，正式建立起与清政府对峙的政权。极度惶恐之下，清廷无心再谈河务，也"诚恐数十万夫麇集河干，奸匪因而溷迹"，遂生"暂缓堵筑"之意⑥。也就是说，随着政治局势急转直下，清王朝已处在存亡绝续的关头，对于黄河决口这类另案大工已无心力应对。不过，如此应对另案大工也使清王朝的统治无形中遭受了重创。曾国藩曾提及咸丰元年两件"大不快意"之事，一是太平天国起义，另一件就是丰北决口⑦。咸丰帝也曾哀叹，"粤西军务未平，丰北河工漫口未合，内外诸务因循，未能振作"⑧。封建统治者将丰北决口与太平天国起义相提并论，可见此次决口给其统治造成的影响之深。

无论如何，清廷"暂缓堵筑"口门的应对办法都在很大程度上意味着，受急剧动荡的政治局势影响，河工事务在清廷事务中的位置已经发生了根本性变化。两年之后，黄河又在河南兰仪铜瓦厢处发生了较大规模的决口，对此，清廷当如何应对，又对已形边缘化的河务以及相关规制产生

① 《清文宗实录》卷58，第1册，第770页。

② 《清文宗实录》卷77，第1册，第1012页。

③ 同上书，第1015页。

④ 王先谦编：《咸丰朝东华续录》卷20，第537页。

⑤ 王先谦编：《咸丰朝东华续录》卷24，第723页。

⑥ 《清文宗实录》卷105，第2册，第584页。

⑦ 《曾国藩全集·家书》（一），第221页，引自李文海等《中国近代灾荒纪年》，湖南教育出版社1990年版，第112页。

⑧ 《清文宗实录》卷57，第1册，第750页。

了怎样的影响。

三　铜瓦厢决口与“暂缓堵筑”策

咸丰五年六月二十日，黄河在河南兰仪铜瓦厢处（今属河南省开封市兰考县东坝头乡）发生了较大规模的决口，口门顿然“刷宽七八十丈”①，七月初三日以后，“东西两坝相距实有一百七八十丈之宽”②。早在康熙时期靳辅就曾言，“决之害，北岸为大”，“开封北岸一有溃决，则延津、长垣、东明、曹州、三直省附近各邑胥溺。近则注张秋，由盐河而入海，远则直趋东昌、德州，而赴溟渤，而济宁上下无运道矣。且开封之境，地皆浮沙，河流迅驶，一经溃决，如奔马掣电，瞬息数百丈，工程必大而下埽更难”③。决口发生后，黄水奔涌而去，朝东北方向一泻千里。据河督李钧勘察，黄水“先向西北斜注，淹及封丘、祥符二县村庄，再折向东北，漫注兰仪、考城以及直隶长垣等县各村庄。行至长垣县属之兰通集，溜分三股，一股由赵王河，走山东曹州府迤南下注，两股由直隶东明县南北二门外分注，经山东濮州、范县境内，均至张秋镇汇流穿运，总归大清河入海”④。也就是说，黄水开辟的新河道大致以山东阳谷张秋镇为界，以上无固定河槽，黄水任意奔趋支流巷汊，漫淹范围极广，以下则夺大清河河道，归入渤海。从所属行政区划来看，铜瓦厢口门以下一千一百多里新河道，在山东境内九百余里，在直隶境内一百二十余里，在河南境内二十多里。由此不难想见，山东一省受灾最重，仅受灾区域就有“五府二十余州县”⑤，其中鲁西南地区，因位置所在首当其冲。比如《菏泽县志》有载，该县“西南北三面水深二丈余”⑥。再如《阳谷县志》所载，黄水“南北阔六七十里，一望汪洋”⑦。相较之下，河南、直隶两地受灾面积较小，河

① 录副奏折，署东河总督蒋启扬折，档号：03－168－9343－6，《清代灾赈档案专题史料》第65盘第387页。

② 录副奏折，河东河道总督李钧折，档号：03－168－9343－31。

③（清）靳辅：《治河奏绩书》卷4，第5页。引文中的“盐河”指山东大清河。

④ 录副奏折，河东河道总督李钧折，档号：03－168－9343－35。

⑤ 录副奏折，山东巡抚崇恩折，档号：03－168－9343－55，《清代灾赈档案专题史料》第65盘第446页。

⑥ 光绪《新修菏泽县志》卷3，山水，第11页。

⑦ 光绪《阳谷县志》卷1，山川，第3页。

南有六县受灾，直隶有开州、东明、长垣三县受灾。至于受灾程度，除长垣“切近黄河”①，东明县城“适当其冲，大溜汇注，四面环绕”② 受灾深重外，其他各县也相对较轻。

六月二十五日，咸丰帝阅毕河督的奏陈，立即“谕令李钧等赶紧堵合，设法协济”③。据李钧初步估算，整个工程“用帑动逾千万”④。由于“现当多事之秋，内而度支未见充盈，外而经费殊难筹拨”⑤，清廷实无财力拨付，不得已再次开捐，并规定不仅可以捐银钱，还可以捐“秫秸、草垛、麻檾等项”⑥。毫无疑问，不可能借开捐筹集到如此数额的款项。再者，由于岁修废弛日久，河岸所储物料远不敷用，需大量临时筹集，在当时的形势下，这项工作也无进行的可能。其时，当如何应对，清廷内部议论纷纷，有“主挽归江苏云梯关故道入海”者，也有“主因势利导，使河流北徙由大清河入海”者⑦。面对实际困难以及各方意见，咸丰帝表示“若欲从此徙河北流，事关大局，尚须特派大员，详加履勘，非可草率从事”⑧，并命李钧前往查勘。后据奉命前往新河道勘察的张亮基奏报，“河道既改而东，势不能复挽使南”，就新河道“因势利导”，疏治黄水为目前解决问题的最好办法，所列理由既有物料、经费、工程本身等方面的实际困难，也有基于时局的考量，即“今南北遍地皆贼，人心思乱，兰仪距汴省仅数十里，聚大众于此，突有奸人生心，若何处之?”⑨ 据此，李钧奏请缓办堵口工程，“俟南省各路贼匪荡平，再行议堵”。咸丰帝也随即发布上谕：“现因军务未竣，筹饷维艰，兰阳大工，不得不暂议缓堵”⑩。虽言缓堵，实则不了了之之意，尤其从后续来看，清廷根本无意再举工程。（详见另书）

---

①《清代黄河流域洪涝档案史料》，第667页。

② 录副奏折，咸丰七年五月二十二日谭廷襄折；引自李文海等《近代中国灾荒纪年》，第162页。

③ 录副奏折，署东河总督蒋启扬折，档号：03－168－9343－23。

④ 黄河档案馆藏：清1黄河干流，下游修防决溢，咸丰1—11年。

⑤ 同上。

⑥ 黄河档案馆藏：清1黄河干流，下游修防决溢，咸丰1—11年。

⑦（清）张祖佑原辑，林绍年鉴订：《张惠肃公（亮基）年谱》卷4，油印本，第26—27页。

⑧《清文宗实录》，《再续行水金鉴·黄河卷》，第1136页。

⑨《张制军年谱》，《再续行水金鉴·黄河卷》，第1149页。

⑩《山东河工成案》，《再续行水金鉴·黄河卷》，第1131页。

由于清廷未举堵口工程，口门越刷越宽，咸丰十年，已至五百多丈，改道大势已然形成。毋庸置疑，黄河于乱世改道，致灾尤为深重，影响尤其深远。仅就山东一省而言，广大黄泛区自此陷入了持久的灾难之中。据统计，改道前，该省所遭黄水灾害大部分由省外决口下注造成，且频次较少，而改道后至清末的56年中，黄河决口竟有52年之多，次数达263次，平均每年决口4.7次，相当于改道前的16倍。① 事实上，这个统计还不尽全面。因为在改道后很长一段时间里，铜瓦厢口门至山东张秋段新河道并无大堤，黄水肆意漫流，范围极为广阔，张秋以下虽有大清河河床容纳，但是漫溢决口也极为频繁。也就是说，在这一漫流时期，并无决溢次数可言，实际灾难却无法用语言形容，上述统计数字也未将这一情况包含在内。事实上，由于晚清黄河新河道“无防无治”，广大黄泛区遭受了持续打击，久而久之，形成了黄河沿线区域性贫困。直到现在，鲁西、鲁西南、鲁北等黄河沿线地区仍然比较山东其他地区落后一些。

于原有河工事务而言，清廷考量时局放弃口门堵筑工程还在很大程度上意味着，其已彻底失去“昔日的殊荣”，相关规制也将面临挑战。如此一来，发生于咸丰五年的铜瓦厢决口，不仅因形成了历史时期的第六次大规模改道而成为黄河史上的一件大事，还成了清代河工这一“国之大政”的重要转折点。此后，尽管黄河泛滥决溢比较清前中期严重得多，清廷也无心力应对，且时思如何缩减河工开支，即便西人主动前来谋求“合作”。

四　西方技术的艰难介入

在全世界都能知晓灾荒消息的时代已经到来之时，频繁决溢的黄河及其相关工程等还引起了西人世界的关注。并且经一番密切观察，西人希图介入水利工程以扩大殖民权益，不过最终仅在器物层面实现了点滴渗透，即便如此，仍产生了深刻影响。

1856年（咸丰六年）9月23日，英国本土一家报纸在报导中国内乱时就提到了前述铜瓦厢决口改道事件，“全国各地起义风起云涌已成燎原

① 山东地方史志编纂委会员编：《山东史志资料》1982年第2辑，山东人民出版社1982年版，第162页。

之势，不幸的是，这时黄河决口发生，为患甚巨……"[①]。翌年初，英国伦敦会传教士麦高温博士在《北华捷报》发表文章，就旧河道的变化以及改道原因谈了自己的看法[②]。这引起了西人世界更为广泛的关注，尤其英国皇家地理协会对此产生了极大的兴趣，因为"无论古代还是现代，世界上还没有哪条河流如此彻底决绝地改道"[③]。据英国《晨邮报》报导，1858年（咸丰八年）11月22日，该协会在伯灵顿召开会议，会上讨论了此次改道问题[④]。不过，西人在对黄河大改道及其造成的灾难表示震惊的同时，还对这条被他们称为"中国之忧患"的河流产生了诸多"迷思"与幻想。此后，西人不断前往黄河新旧河道实地勘察，并梦想像在长江那样在新河道发展航运。1868年（同治七年）与1869年（同治八年），英国人Ney Elias前往新旧河道就是为了勘察实际情况，以定此论是否可行。[⑤] 结果诚如前述，新河道泛滥异常，承运能力极为有限，不可能在黄河发展航运。

不过西人仍继续关注黄河水灾，并且从中看到了无限商机，即可以介入治河工程进而输出技术与资本。有此意图之后，他们便有目的地与清廷要员接触，但是遭遇了排拒。据同治十二年（1873）李鸿章《致总署》的函中言，"该使似系美意"，但是"外国见好，实则为该国人荐举生意也"[⑥]。即便不同意政府层面的"合作"，李鸿章本人还是认可西方器物之先进，他曾"特向美国购取开挖机器"[⑦]。也就是说，西人的主动推介还是对中国的水利工程领域产生了些微影响，不过毫无疑问，这远未达其目的。及至光绪年间，西人此意更为浓烈，且更加积极地谋求介入治河工

① "the Insurrection in China", *Saunders's News-letters and Daily Advertiser*, 23 Sep. 1856.

② J. Macgowan, "Notes and Queries on the Drying up of the Yellow River", *North-China Herald*, 3 Jan. 1857.

③ William Lockhart, "the Yang-Tse-Keang and Hwang-Ho, or Yellow River", *The Journal of the Royal Geographical Society of London*, Vol. 28, 1858, pp. 288 – 298.

④ "Royal Geographical Society", *the Morning Post*, 23 *Nov.* 1858.

⑤ Ney Elias, "Notes of a Journey to the New Course of the Yellow River in 1868", *Proceedings of the Royal Geographical Society of London*, Vol. 14, No. 1, 1869—1870, pp. 20 – 37. Ney Elias, "Subsequent Visit to the Old Bed of the Yellow River", *the Journal of the Royal Geographical Society of London*, *Vol.* 40, 1870, pp. 21 – 32.

⑥《致总署论洋人治河并营口平靖》，顾延龙、戴逸主编：《李鸿章全集·信函》第30册，安徽教育出版社2008年版，第578—579页。

⑦《治河琐闻》，《申报》1875年1月7日。

程。这在郑工期间体现得非常明显。

光绪十三年（1887）八月，河南郑州段黄河决口，“口门宽三百余丈”①。此为铜瓦厢改道以来最为严重的一次决口，引起了西人世界的广泛关注，仅国内“西报所载长章短论不下数十篇”。不仅如此，在华西人如“汇丰行主希利亚屡与吴总督（河督）晤谈”，玛礼逊也亲往河干勘察等等。对于清廷所举堵口工程，他们从一开始就不看好，“西工程家佥云，就地量势，恐永不能使东西二端合龙”②。四名传教士亲眼目睹工程后认为，“由于水流很强，采取人工堵口的措施几乎没有实际意义，整个工程也将持续很长时间”③。并且还指出清人的治河技术存有诸多问题，比如认为由高粱、秸秆混合泥土制成的埽坝坚韧度太差④。基于类似认知，西人认为清廷根本无力承担这么大的工事⑤，他们可趁机介入以转移技术与资本，进而拓展殖民权益。对此，虽然清廷仍持排拒的态度，并最终循照另案大工旧例成功地堵筑了口门，但还是在器物层面有选择地予以了吸纳。比如工程进行期间，使用了“小铁路五里，连运土铁车一百辆，电灯一架，浅水小轮船二只”，并切实感受到“运土迅速，较土夫推送，难易不舍倍蓰。电灯照耀，不殊白日，可以昼夜趱工”⑥。事实上，西方先进治河器具的引入也的确“极大地推动了”郑工的进展，为口门成功堵筑的一个重要原因⑦。

尽管郑工期间未能与清廷达成“深入”合作，对其何以能够堵筑规模如此之大的决口也表示难以理解，但是西人从中看到了无限商机，遂作进一步努力。“法国工程师财团正尝试与清廷沟通，并计划单独负责 30 年。英国工程师捷足先登，已对黄河堤岸以及广大黄泛区展开了勘察”⑧，刚刚

---

①《清代黄河流域洪涝档案史料》，第 759 页。

② 玛礼孙：《黄河论》，《格致汇编》1890 年第 5 卷，第 31—34 页。

③ “A Letter from China”, *the Bath Chronicle*, 22 Aug. 1889.

④ “Extract of the Accounts of Captain P. G. Van Schermbeek and Mr. A. Visser, Relating their Travels in China and the Results of their Inquiry into the State of the Yellow River”, *Memorandum relative to the improvement of the Hwang-ho or Yellow River in North-China*, the Hague Martinus Nijhoff, 1891. p. 68 – 103.

⑤ “The Yellow River Disaster”, *ST. JAMES's Gazette*, 14 Jan. 1888.

⑥《郑工沁河漫口各案》，《再续行水金鉴·黄河卷》，第 2113 页。

⑦ 申学锋：《光绪十三至十四年黄河郑州决口堵筑工程述略》，《历史档案》2003 年第 1 期。

⑧ “The Floods in China”, *the Banbury Advertiser*, 5 Apr. 1888.

成立的荷兰海外工程促进会则在政府的大力支持下派人前往新河道勘察，以期拿出“切实”方案，进而与清廷达成“合作”协议①。与此同时，则继续大力推介其治河器具。比如对于新式挖泥船之效用，《格致新报》“答问”栏目中有一则问题作了如下描述：

> 黄河坝屡修屡决，居民每遭其害，不知有何妙术，可拯救此难否？
>
> 中国修筑黄河坝，皆因河身过高，无疏通法，故易被急水冲坍。宜购新式挖泥船，能将所挖之泥自能提起而覆于岸上者，数十艘常年开挖，即以河底之泥为筑坝之具，则坝日高而河日深。②

不过综观晚清治河实践，虽然步履维艰，但是清廷拒不接受西人的“合作”请求，包括光绪二十五年，李鸿章受命携比利时工程师卢法尔前往新河道勘察，亦未认可其“治河新法”③。究其根本原因当在于，清人认为“河工有害有利”，不像利用外资兴筑铁路那样“有利无害”④，能够“用洋人之本，谋华民之生，取日增之利，偿岁减之息”⑤。即便如此，西方治河技术在器物层面还是实现了一定程度的渗透，除了前述郑工期间介入了治河工程，还在新河道治理实践中发挥了一定作用。若论影响则更为深远，为民国时期治河思路的转换提供了路径⑥。

综而言之，受政局动荡的影响，河工岁修日渐废弛，甚至于堵筑决口

---

① “Extract of the Accounts of Captain P. G. Van Schermbeek and Mr. A. Visser, Relating their Travels in China and the Results of their Inquiry into the State of the Yellow River”, *Memorandum relative to the improvement of the Hwang-ho or Yellow River in North-China*, the Hague Martinus Nijhoff, 1891. p. 68－103.

②《格致新报》1898年第8期，第14页。

③《代陈卢法尔拟办河新法片》，章洪钧、吴汝纶编：《李肃毅伯（鸿章）奏议》卷13，石印本。

④《铁路不宜中止说》，《申报》1889年2月23日。

⑤ 马建忠：《借债以开铁路说》，《适可斋纪言》卷1，光绪二十二年（1896）南徐马氏刊本，第21—28页。

⑥《民国黄河史》一书讲到：“黄河为灾的惨烈与复杂难治，早就引起了恩格斯教授等一些国外近代水利专家的关注”，黄河模型试验即为他们探索的明证。民国时期，以李仪祉、张含英为代表的一批治河专家曾赴国外学习水利工程技术，回国后积极实践，该时期聘用的美国工程师费礼门、德国教授恩格斯等西方近代水利专家也对黄河治理作出了重要贡献。综合参见《民国黄河史》写作组著、侯全亮主编《民国黄河史》，黄河水利出版社2009年版，第71—86、139—146页。

这样的另案大工，清廷也穷于应付，直至放弃，以致酿成了黄河史上的第六次大规模改道。改道后的黄河决溢泛滥更为频繁，几乎“无岁不决，无岁不数决”①，可是清廷并无意大举工程，对于西人主动谋求“合作”之举也予以排拒，仅在器物层面点滴吸纳。也就是说，晚清河工事务已然发生了根本性变化。这一切尤其黄河大改道的发生于黄河管理制度而言又意味着什么？

第二节　原河道的变迁与相关制度的变革

清廷直接管控的河道原长一千二百多里，其中南河七百余里，东河五百余里，咸丰五年铜瓦厢改道后，由于南河逐渐干涸，东河也近一半河段断流，仅剩口门以上二百余里为有工河段。对此巨变，清廷当如何应对，相关规章制度又发生了怎样的变化。

一　干河河道的变迁及相关机构的裁撤

铜瓦厢口门以下旧河道干涸后，偌大的河床“变成了面积广阔的沙滩”②，其中既有沙土飞扬之区，亦有土壤肥美之地，显然后者可以开垦种植。再者，此时为数众多的在河官员于本职工作无事可做，有的被拉向战场成为镇压农民起义的重要力量，有的则在河督的督导下开始了滩地垦种，以为筹饷与生计。对于此举，清廷颇为满意，勉励他们继续拓展开垦范围，并“将开垦地亩若干，每年可升科若干，汇册报部，以裕度支”③。据《徐州府志》记载：

> 咸丰七年，河督庚公长委勘，南自铜山境荣家沟起，北至鱼台界止，东至湖边，西至丰界止，计地二千余顷，分上、中、下三则。上则地价每顷三十千，年租每亩钱八十，中则地价每顷二十七千，年租

① 周馥：《山东河工请分年拨款筹办折》，《周悫慎公全集》奏稿卷1。

② J. Macgowan, “Notes and Queries on the Drying up of the Yellow River”, *North-China Herald*, 3 Jan. 1857.

③ 录副奏折，东河总督黄赞汤折，档号：03－4955－031－369－0096。

每亩七十，下则地价每顷二十四千，年租每亩六十。[①]

另据《曹县志》记载："咸丰五年，黄河改道北迁，至八年，黄水漫溢，水退皆为沃壤，桑麻遍野，尽成富庶之区"[②]。

除了在河官员，还有大批四处逃难的山东灾民至此"结棚其中，垦淤为田"，虽然因黄河水灾在外逃难的苏北原居百姓陆续返乡，为争夺土地资源，与其产生了矛盾甚至冲突，但是南河滩地还是得到了更大程度的开垦。何况当地官员予以调解，"许招垦缴价输租以裕饷"。[③] 不过，也有一些其他问题出现。比如1869年（同治八年），Ney Elias 前往旧河道勘察时看到，南河故道种植了大片罂粟，据当地人讲，种植区域仍在迅速拓展，每年都有大片贫瘠沙土地被开垦，虽然官方明令禁止，地方官员也予打压，但是并不能阻止事态的蔓延。[④]

总之，改道后南河及东河干河部分河段已然发生了巨变，在河官员及相关机构也行闲置，他们是否还有必要继续存在下去越来越成为问题，受到了朝野关注。

咸丰十年三月，吏部侍郎署户部尚书沈兆霖上奏请求"裁去南河总督及各厅员，可省岁帑数十万金"，并且"归德、徐淮一带，地几千里，向之滨海不敢开垦者，均可变成沃壤，逐渐播种升科。民生既裕，国课自增，似亦一举而兼数善者矣"[⑤]。湖广道监察御史薛书堂也奏陈"南河总督原为治河而设，自黄河改道以来，下游已成平陆，无工可修，即滨临淮运各厅，亦以河运未复，闸坝堤身久不葺治，则南河大小各员皆可裁撤，以节经费"[⑥]。持类似看法的还有工部左侍郎宋晋[⑦]、御史福宽[⑧]等人。众臣从经费的角度出发提出的裁撤主张引起了咸丰帝的重视，毕竟随着战事的

① 同治《徐州府志》卷12，田赋考，第57页。

② 光绪《曹县志》卷7，河防，第36页。

③ 民国《沛县志》卷16，湖团志，第1—2页。

④ Ney Elias, "Subsequent Visit to the Old Bed of the Yellow River", *the Journal of the Royal Geographical Society of London*, *Vol.* 40, 1870, pp. 21 - 32.

⑤《黄运两河修防章程》，《再续行水金鉴·黄河卷》，第1190页。

⑥ 录副奏折，湖广道监察御史薛书堂折，档号：03 - 4081 - 016 - 275 - 0067；

⑦ 录副奏折，工部左侍郎宋晋折，档号：03 - 4081 - 019 - 275 - 0077。

⑧《清文宗实录》卷322，第5册，第774页。

深入推进，清廷财政愈发困难。不过考虑重视河工乃祖宗“成法”，咸丰帝谕令御前大臣、军机大臣会同工部共同筹议是否可行，并强调“务须统筹全局，不可畏难，尤不可恐慌怨府。该河督数载经营，所办何事？不过屡吁帑饷，豢此无用之辈而已”①，裁撤之意已非常明显。

以载垣为首的诸位廷臣经过筹商认为，裁撤南河机构以节约经费之说切合实际，并制定了具体的裁撤方案，大致如下：

> 江南河道总督，统辖三道二十厅文武员弁数百员，操防修防各兵数千名，原以防河险而利漕行，自河流改道，旧黄河一带，本无应办之工，官多阘冗，兵皆疲惰，虚费饷需，莫此为甚。所有江南河道总督一缺，着即裁撤。其淮扬、淮海道两缺，亦即裁撤。淮徐道着改为淮徐扬海兵备道，仍驻徐州。所有淮扬、淮海两道应管地方河工各事宜，统归该道管辖。厅官二十员内，丰北、萧南、铜沛、宿南、宿北、桃南、桃北、外南、外北、海防、海阜、海安、山安十三厅，均系管理黄河，现在无工，又管理洪湖之中河、里河、运河、高堰、山盱、扬河、江运七厅，现在工程较少，均着一并裁撤。惟中河等七厅，有分司潴蓄宣泄事宜，所有裁撤之运河、中河二厅事务，着改设徐州府同知一员兼管。裁撤之高堰、山盱二厅，着改设淮安府同知一员兼管。裁撤之里河厅，着改归淮安府督捕通判兼管。裁撤之扬河、江运二厅，着改归扬州府清军总捕同知兼管。至裁撤黄河无工十三厅，原辖各工段汛地，即着落各该管州县官管辖，不得互相推诿。各厅所属之管河佐杂人员，除扬庄等闸官十员，专司启闭，毋庸裁撤外，其宿州等管河州同五缺，高邮州等管河州判三缺，东台等管河县丞十九缺，高良涧等管河主簿二十一缺，阜宁等管河巡检十六缺，均着一并裁撤。清江地方紧要，着添设总兵一员，作为淮扬镇总兵，驻扎该处，俟军务平静，再行改驻扬州。原设河标中营副将一员，着即裁撤，改为镇标中营游击，驻扎蒋坝，其淮徐游击一员，驻扎宿迁。所有镇标中营员弁，并右营、庙湾、洪湖、佃湖等五营，游击以下官

① 录副奏折，湖广道监察御史薛书堂折，档号：03－4081－016－275－0067。

五十四员，马步兵共二千五百余名，原属操防，悉仍其旧。至萧砀等营所属修防兵六千九百余名，着一律改为操防。将二十四营改设蒋坝、宿迁、萧睢、丰沛、桃源、安东、山阜、高邮、苇荡左右等十营，除酌留游击以下八十一员外，其余六十七员，悉行裁撤。以上各营官兵，均归新设淮扬镇总兵统辖，着即裁汰老弱，简选精壮，认真操练，以资战守。现在江南军务未竣，该省督抚，势难兼顾。所有江北镇道以下各员，均着归漕运总督暂行节制。①

从所呈方案可以看出，南河总督以及各厅汛官员全部裁撤，所负维护洪泽湖、运河等事务多改归沿河地方官负责，武职则因战事所需大部分保留。此后，又根据实际需要对所留河营官兵作了一些调整，大体如下：

所有河标改为镇标。中营、右营、庙湾、洪湖、佃湖等五营马步守兵，共二千五百余名，原属操防，悉仍其旧。至萧、碭等二十二营，苇荡左右二营，所属修防兵六千九百余名，现裁撤厅员，一律改为操防，即归地方官兼管。里河营步兵五十八名，守兵二百三十三名，归并镇标各员弁管辖。江皖两省交界之蒋坝，为淮徐扼要之地，实留步兵一百五十二名，守兵五百九十三名，作为蒋坝营，归淮扬游击管辖。宿迁营实留步兵一百五十七名，守兵六百八十六名，作为宿迁营，归淮徐游击管辖。萧南营实留步兵一百八十四名，守兵七百四十一名，作为萧睢营，驻扎萧县。丰沛营实留步兵一百三十七名，守兵五百八十四名，驻扎沛县。桃源营实留步兵一百六名，守兵四百十二名，驻扎桃源县。安东营实留步兵七十六名，守兵五百五十一名，驻扎安东县。山阜营实留步兵一百十四名，守兵六百二十三名，驻扎山阳县。高邮营实留步兵八十五名，守兵三百四十二名，驻扎高邮州。苇荡左营，原驻海州，实留步兵三十二名，守兵五百三十六名，右营原驻阜宁县，实留步兵三十一名，守兵五百四十二名，屯扎处所，均仍其旧。其新改操防各营步守兵六千九百七十五名，内应添设

① 《咸丰同治两朝上谕档》，第10册，第381—382页。

马兵三百名，即在步兵内划除一百五十名，守兵内划除一百五十名，抵作马兵三百名，分拨十营，搭配骑操。以上改设十营，计兵六千九百七十五名，并镇标五营，计兵二千五百五十八名，通共兵九千五百三十三名，均归新设淮扬镇总兵统辖。①

随后还制定了一些办法处理善后事宜。比如该年议准，“裁撤南河各官，其各道所管钱粮，改归徐州道、淮扬海道分管，其苇务报销，归淮扬海道管理，南岸滩地钱粮解开归道库，北岸滩地钱粮解河北道库，凑作上游七厅各防之费，抵司库例拨之款，其应征钱漕，归地方官征解，责成干河各厅督催”②。再如：各州县地方管河各官一并裁撤，其“原管河务，归各州县地方佐杂等员兼管”③。经此一番处理，南河机构彻底退出了历史舞台，仅剩下东河部分。

其实早在裁撤南河机构之前，东河总督黄赞汤就曾建言裁撤东河干河部分厅汛。他在赴任途中曾亲眼目睹，东河“兰仪、仪睢、睢宁、商虞、曹考、曹河、曹单等厅所辖，皆成枯渎，有河务者，惟北岸黄沁、卫粮、祥河、下北四厅，南岸上南、中河、下南三厅”④，遂主张“当此库帑空虚之时，自应力求撙节”，东河干河机构“仍酌一律裁撤，以节糜帑”⑤。不过此奏没有引起清廷的重视，东河干河机构也未随着南河机构一并裁撤，而当裁撤南河机构的确为清廷“节减”了财政开支时，东河干河机构的裁撤问题也提上了议事日程。

同治初年，黄赞汤调任广东巡抚，河督一职暂由山东巡抚兼理，而山东巡抚因辖区事务繁重，并未移驻河督驻地。在这种情况下，向有兼理河工之责的河南巡抚于实际中担起了兼署之责，这又在一定程度上为裁撤东河机构提供了“理由”。颇受清廷倚赖的蒙古亲王僧格林沁依据其在镇压捻军过程中耳闻目睹的东河以及新河道治理情况，认为东河总督已经失去

①《清会典事例》卷903，工部42，第427页。

②《清会典事例》卷906，工部45，第458—459页。

③《清会典事例》卷63，吏部47，第814页。

④《绳其武斋自纂年谱》，《再续行水金鉴·黄河卷》，第1163页。

⑤ 录副奏折，东河总督黄赞汤折，档号：03－4159－071－282－2645。

了存在的必要，应予裁撤。所奏大致如下：

> 黄河道自兰阳决口，口门迤东已成干涸，惟兰阳汛迤西，黄沁两岸有□□堤工者，仅存二百五十余里，□□□□□，巡抚即可就近督饬。□□□□□□□，严饬地方劝筑民堰，以资拦护。其北岸黄沁等厅及南岸上南等厅有工处所，应设官修守，仅此寥寥数厅，以总督大员督率办理，似属赘设。况南河总督一缺，早经议撤，所有东河总督员缺，亦可一并议裁。
>
> 惟思现在豫西□□，尚未蒇事，虽该抚一时不能兼顾，但河道不甚绵长，即有开归、河北两道就近分巡经理，并有该抚督催防范，足资保固。拟请将东河总督员缺裁撤，一切豫省工程责成河南抚臣，督同河北、开归两道办理。①

不难看出，他主张裁撤东河机构的理由有二：一是改道后东河有工河段大幅缩减，再由河道总督专门负责有些多余，不如改归河南巡抚就近兼管；二是既然南河机构已经裁撤，东河机构自当一并裁撤。

据查阅所及，上奏请求裁撤者还有御史刘其年。与前述两位相比，其言可谓洋洋巨篇，理据充分，既述河工经费因军需被大幅缩减而出现的困境，也列有河务这一场域的诸多弊病，不过处理办法类似：

> 今昔情形既殊，自当就近以资督率。况办工仅有七厅，事务已较前减倍，若再裁减经费，则钩稽之任，亦可稍轻。南北两岸，既有道厅各员以专其任，复有河南巡抚以董其成。似其事不至于难举，而其势亦较为甚便，是河督一缺已同冗设。及今未经简放有人，莫若径行裁去，即养廉一项，每岁已省万余金，而各属之陋规，标兵之名额，所费尚不与焉。②

对于众臣所奏裁撤东河总督，将河南段黄河就近交与河南巡抚负责，

① 录副奏折，钦差大臣僧格林沁折，档号：03－4967－026－377－1348。

② 录副奏折，江西道监察御史刘其年折，档号：03－168－9574－61。

同治帝令新上任的河南巡抚张之万“妥议具奏”。从前述南河机构的裁撤情况已知，考虑此举关涉较重，清帝命载垣等众臣商筹，而此次却仅令河南巡抚一人筹议，这不能不令人疑惑：难道这仅仅因为欲裁撤东河机构需河南巡抚接手这一显而易见的理由吗？时易势移，此时的河工事务已非昔日的“利益之渊薮”，而变成一块“烫手的山芋”，张之万又岂能愿意兼理？而这个问题，同治帝在下发谕旨之前恐怕早已想到。

经过一番深思熟虑，张之万提出“南岸所属四厅，北岸所属三厅，河道均已干涸，各厅员一无所事，均可裁撤”①，以符节约经费之舆情，而“东河河道总督一缺裁去一条，事关大员裁缺，且该河督兼辖两省黄运河工，关系匪轻，未敢率行抗议。容臣详咨博访，体察情形，如果可裁，再为奏请裁撤”②。据此，同治帝下发谕令，“所有山东之曹河、曹单二厅”，“河南之兰仪、仪睢、睢宁、商虞、曹考五厅，着即裁撤”③。也就是说，东河机构最终仅裁撤了干河部分厅汛机构，东河总督一职仍然保留，这当主要因河督除负责黄河治理外还兼修守运河之责，何况此时清廷正竭力剿杀捻军，也需要东河官兵的协助。不过，经此变革，东河仅剩下半数厅汛管理机构，所辖河段也只有二百余里。

二　东河有工河段概况及变革论

东河所剩二百余里有工河段虽然仍归东河总督管辖，相关厅汛机构亦无大的调整，但是相关规制及修守等情况变化不小，河督是否还有必要设置也自此以至清末一直存有争议。

相关变化以河工经费为例，同治二年，清廷议定“每年修守及一切防险工程，以二十万两实银为率，不得再有另行抢险、异常险工名目，致滋流弊”④。也就是说，清廷每年拨付的20万两河帑银包括岁修、抢修等项经费，这与此前每年拨付150万两用于整个东河其中约半数用于目前河段相比缩减了几倍。毫无疑问，经费大幅缩减不能不对本就愈显废弛的河工

① 《清穆宗实录》卷55，第2册，第20页。

② 朱批奏折，河南巡抚张之万折，档号：04－01－05－0172－040。

③ 《清会典事例》卷902，工部41，第421页。

④ 《清会典事例》卷906，工部45，第459页。

产生深刻影响。

同治七年，据河督奏报：

> 豫省黄河两岸工程，因历年经费未充，办理久经竭蹶，本年伏汛盛涨异常，七厅两岸险工，到处叠出。中河、祥河两厅尤甚，所称秸料之艰，饷需之绌，自系实在情形。现在伏汛未完，秋期正远，若不亟筹饷需，赶备秸料堵御，势将不可收拾。捻逆窜扰直东一带，尤赖黄运两河限制贼骑，设豫省黄堤溃决，不独附近民舍田庐悉被淹没，即直东河防亦将无从措手，于军务关系尤重。

对于东河因经费短缺等情出现的问题尤其事关军务，清廷颇为重视，但是并未拨款，而是命河南巡抚李鹤年“于豫省库存项内，无论何款，立即筹拨开归道银五万两，河北道银四万两，克期交付，俾资修守”，并强调“不可视为泛常，稍涉游移推诿”，“届时傥遇险工，再有不敷，仍着该抚设法另筹，随时拨解”；河督的任务则为督饬在河官员“认真赶办”各工，“俾臻稳固为要”。① 明显可以看出，清廷拨付的二十万两经费远不敷实际工需，河工事务因此而大受影响，并且河南巡抚不仅要负协办河务之责，还需随时拨款接济，河督的职责权限也较前发生了不小的变化。另需关注的是，这并非特例，而已成为常态，即便另案大工，也大体如此。

该年，荥泽发生决口，按照河工律例，清廷将河督苏廷魁革职留任，命其与巡抚李鹤年一起赶筹堵口事宜。迨大工合龙后，清廷“开复苏廷魁革职留任处分，与河南巡抚李鹤年均加二级”。② 三年后，山东郓城侯家林新河道决口，是为改道以来新河道上的首次另案大工。对此，清廷命新任河道总督乔松年与山东巡抚丁宝桢“详加查勘，会商筹办”堵口工程③。然而实际上，乔松年仅派出河员六百余名，具体工程主要由山东巡抚完成，尽管河督表示“所调河员如有不能出力者，听其参劾，以专责成，而免推

① 《清穆宗实录》卷236，第6册，第262—263页。
② 《清穆宗实录》卷251，第6册，第499—500页。
③ 《黄运两河修防章程》，《再续行水金鉴·黄河卷》，第1354页。

诿”①。这其中隐含的权力格局非常明显，即河督不必对新河道治理负责。

或许切身经历令其对河务有了更为深刻的认识，稍后，乔松年上奏请求裁撤河督一职，将所辖河段交与河南巡抚就近负责。其言大致如下：

> 黄河工惟有河南现在之七厅，其运河工惟以捕河所属，自戴庙至张秋镇一段为最要。因彼时河臣防河驻于豫省，捕河运道遂改归山东抚臣，就近派员，随同运河道办理，循为成案。是运河之事，亦大减于昔年矣。河运之米，不过十万石，视从前只三十分之一，船小而人亦无多，无复有匪徒藏匿其内，则弹压亦不须大员矣。是以河臣常驻开封，诚以黄河工为重也。然黄河即在开封城外，距城只二十余里，河南抚臣极可兼顾。且抚臣本有兼理河务之责，若将河南河工交河南抚臣兼办，山东河工交山东抚臣兼办，于事理极为允协，不致有鞭长莫及之虑。
>
> 总河虽不为冗员，然分并其事于抚臣而不至于贻误，则亦不必定设此总河之官。纵虑将来山东仍有黄河工程，或非巡抚所能兼管，顾其事尚远，目前总河可暂裁，但关防不必销毁，封存藩库，如果数十年之后，情形又复不同，仍设总河亦甚易也。

对于河督本人提出的裁撤请求，清廷命“吏部、工部会同妥议具奏”。② 由于未能查见相关资料，两部的商筹结果不得而知，但是此后河督一职继续存在的事实表明，这一请求未获批准。究其原因，当与此前东河机构未得全部裁撤类似，即清末河督锡良所言，“彼时河运未废，河臣兼有黄运两河之责，关系紧要故也”。③ 从河运状况来看，应大体如此。

自咸丰元年太平军兴、丰北决口，漕粮运输就愈行困难，咸丰五年铜瓦厢改道发生后，更是中断了数年。据《山东通志》记载，由于“张秋东至安山运河阻滞”，又“值军务未平，改由海运”，河运遂“废弛十有余

① 录副奏折，东河总督乔松年折，档号：03－4970－028－378－0786。

② 乔松年：《请裁河道总督疏》，载陈弢《同治中兴京外奏议约编》卷2，第34—36页。

③《豫河志》，《再续行水金鉴·黄河卷》，第2686页。

年"①。不难想见，受此影响，运河的日常修守废弛更甚。据河督黄赞汤奏报，咸丰十年前后，运河"河身愈垫愈高，间有淤成平陆之处"②。即便如此，同治初年，随着局势渐趋稳定，清廷欲"复河运成规"③，恢复已中断多年的漕粮河运，可是由于自"清江至济宁七百余里，河道久淤，自台庄迤北，堤岸愈高，河面愈狭，仅容一舟"；"山东黄河穿运处所，横流无所钤束者数十里，北趋南徙，到处停沙。张秋以北，已经淤垫"④等情，迟迟未能取得多少实际成效。

时至光绪年间，情况并无改观。仍以东河经费为例，虽然光绪十年以后，"每年岁修及添拨银两，或四十余万或五十余万"，光绪十六年，清廷又议定，每年六十万两⑤，可是成倍增加经费并未带来河工实践效能的提升，反而加重了河工弊政。据给事中张廷燎参奏，六十余万河帑银"由藩司拨至道库，由道库发给各厅，层层折扣，求十万到工，亦不可得"。⑥河督亦曾奏陈河工四弊，即"把持之弊"，"镠镐之弊"，"失算之弊"，"忙乱之弊"。⑦由此不难想见东河日常修守情况，光绪十三年郑州处发生大规模决口当也与此不无关系。由于郑州决口后，黄水南流影响财赋重地，清廷非常重视，并筹措了一千多万两银子兴举大工将口门成功堵筑，但是若考察一下经费来源情况则发现，此次另案大工已然无法与清前中期相比。据申学锋研究，清政府极尽所能筹集到的堵口经费，仅二百万由户部直接拨付，其余来源五花八门，有洋药厘金、宫中节省的内帑银、借的外债、盐商的捐输、各地商号的课税等等，李鸿章甚至奏准各铺预交20年的课银⑧。此后，为"保险工，而节浮费"，清廷批准了河督的奏请，允许在东河设置河防局，由其"主之"，以加强管控，但是在当时的大环境下，仍然问题重重⑨。

---

① 民国《山东通志》卷126，河防·运河，第17页。
②《东河奏稿》，《再续行水金鉴·运河卷》，第935页。
③《清穆宗实录》，《再续行水金鉴·运河卷》第989页。
④《清穆宗实录》、《山东河工成案》，《再续行水金鉴·运河卷》，第995、1071页。
⑤《谕折汇存》，《再续行水金鉴·黄河卷》，第2272页。
⑥《清德宗实录》卷286，第4册，第808页。
⑦《豫河志》，《再续行水金鉴·黄河卷》，第2262—2263页。
⑧ 申学锋：《光绪十三至十四年黄河郑州决口堵筑工程述略》，《历史档案》2003年第1期。
⑨《谕折汇存》，《再续行水金鉴·黄河卷》，第2263页。

尽管东河状况堪忧，但较新河道治理情形尚好（详后），也因此河督作为河务专官是否需把新河道治理纳入职责范围一直备受争议。比如光绪九年，山西道监察御史吴寿龄奏请裁撤东河总督，所辖河段“交河南巡抚兼办”，以东河“岁销之六、七十万金”节约下来，“移办山东险要工程”；或者“饬令河东总督统治全河，总理上下游修防事宜”①。山东道监察御史庆祥则主张变更河督的职责范围，命其专门负责新河道，原东河“由河南巡抚督率各道及沿河州县通力合作，则事权既一，呼应亦灵，洵于国计民生两有裨益”②。再如中法战争期间，御史徐致祥奏请，将东河“责河南巡抚暂行兼管，而移河道总督于山东，专督厥事，俾责无旁贷”③。甲午中日战争期间，河南道监察御史胡景桂提出“将黄河下游统归河督一手经理，管河道员即照河南，用本身实任道员兼管”，如此一来，“官不加增，而费可核减，帑不虚糜，而工可核实，责成既专，名实相称。不独河防民生大有裨益，而山东吏治、海防，该抚亦可专意经营矣”④。不过，类似奏请或遭遇河督强烈反对，或被工部等否决，但是无论如何，东河应改由河南巡抚负责都为一重要声音，且在清末变成了现实。

总之，咸丰五年铜瓦厢改道后，原河道发生了巨大变化，深陷困境的清廷以节约经费为由裁撤了南河及东河干河部分管理机构，并大幅缩减了东河有工河段的日常经费。毫无疑问，类似措施不仅在机构建置层面向原有治河规制提出了挑战，还极大地影响着治河实践的进行，进而加促着制度解体。不过在此过程中，新河道治理实践以及地方性治河规制的建置又在一定程度上“延续”了其中的某些方面。

第三节　黄河管理制度的解体与“延续”

铜瓦厢改道后，口门以下一千多里新河道尤其山东段亟待治理，而按

① 录副奏折，山西道监察御史吴寿龄折，档号：03－168－9595－74。

② 录副奏折，山东道监察御史庆祥折，档号：03－7076－037－529－1071。

③（清）朱寿朋编：《光绪朝东华录》，中华书局1959年版，总第2024—2025页。

④ 胡景桂：《山东河工宜责成河道总督经理疏》，载王延熙、王树敏辑：《皇朝道咸同光奏议》卷60下，第10页。

照原有治河规制，责无归属，并且难度极大，事同创始。对此，清廷当如何应对，结果怎样，又对原治河规制有何影响。清末，清王朝大厦将倾之际，河督以及相关规制又经历了怎样的变化。

一　新河道的治理实践与地方性治河规制的设置

改道之初，清廷认为新河道治理只能“因势利导，设法疏消，使横流有所归宿，通畅入海，不至旁趋无定，则附近民田庐舍，尚可保卫”①，具体工作则命“直隶、河南、山东各督抚饬令地方官吏，疏浚积潦，剀切晓谕绅民等，量力捐资”。② 也就是说，新河道治理暂时由沿河地方督抚负责，清廷尚无暇顾及。然而由于山东、直隶、河南均为镇压太平军以及紧随其后捻军的重要战场，地方督抚也无精力细忖如何治理河患的问题。

实际上，在改道之后的近二十余年时间里，新河道治理主要由沿河基层官绅百姓自发进行。比如山东济宁直隶州知州宗稷辰，“周历下游两岸，劝民筑埝”③；平阴县知县张鹭立“率民筑沿河堤埝”④。再如直隶东明县士绅李恒，“督修堤堰，城赖以无恙者数年”⑤。对此成效，《山东通志》有载，铜瓦厢决口之后数年，“张秋以东，自鱼山至利津海口，地方官劝民筑埝，逐年补救，民地可耕，渐能复业”⑥。不过这些基层官绅百姓自发修筑的小埝，缺乏系统性，“尺寸较卑，节节为之，未能连贯”的问题非常严重⑦，水患也不可能凭此得到遏制。

同治中后期，随着战事结束，新河道治理问题越来越受到关注，不过真正提上日程却是在一次大规模民埝决口之后，并且具体情形意涵深刻。同治十年，山东郓城侯家林南岸民埝决口，致灾深重，且还危及江南财赋之区。对此当如何应对，受命筹堵工程的山东巡抚与东河总督均认为，不

① 黄河档案馆藏：清1黄河干流，下游修防决溢，咸丰1—11年。
②《清文宗实录》卷187，第3册，第1096页。
③ 民国《济宁直隶州续志》卷10，职官志，第8页。
④ 光绪《平阴县志》卷4，人物·仕宦，第5页。
⑤ 民国《东明县新志》卷11，忠义，第52页。
⑥ 民国《山东通志》卷122，河防·黄河，第5页。
⑦《山东河工成案》，《再续行水金鉴·黄河卷》，第1198页。

仅要堵筑口门，还应“改筑官堤”，才能有效地防御水患[1]。不过此后，由于立场不同，观点有异，二者围绕新旧河道以及治河实践中的一些问题发生了激烈论争，官修大堤的具体工程包括所需经费以及物料筹措等项主要由山东巡抚负责完成，河督则仅派了六百余名河兵。[2] 也就是说，在新河道首例另案工程中，山东巡抚虽不情愿，但是实际上承担了主要任务。再者，此次借堵筑决口之机共修筑了侯家林上下一百一十七里官堤，新河道治理显然还有漫长的路要走。

两年之后，直隶东明石庄户民埝决口再次将官修大堤提上了日程。由于山东位处下游，受此次决口影响较大，山东巡抚亦深入参与了堵口工程以及“东明谢家庄，迄东平十里堡”之间二百五十余里官堤的修筑。工程完竣后，其还撰文立碑，其中讲到：

> 余维同治癸酉，河决直隶东明，历伏经秋，全河夺溜，南趋弥漫数百里。山东江南毗连，数十州县民人荡析，运河两岸胥被冲刷，溃败几不可收拾。今幸借民力，独告厥成功，而南堤得以兴筑，庶几民安其居，运道永固，因名之曰“障东”。[3]

不仅如此，山东巡抚还承担了铜瓦厢口门至直隶长垣县境七十里官堤的修筑工程，因为在他看来，“上游若不一律修筑，诚恐百密一疏，设有漫决，岂惟前功尽弃，而河南、安徽、江苏仍然受害，山东之首当其冲无论已”。[4] 可是无论出于何种考虑，山东巡抚都已成为新河道治理的实际责任人，并且随着时间的推移，还成为众臣眼中的“定章”。

及至光绪年间，由于河患日重，山东巡抚又勉力完成了辖区所剩河段的官堤修筑工程，不过多年的治河经历令其对河工事务深有体会，仍在想办法脱身。在几经努力都无希望的情况下，山东巡抚感叹“今日抚臣之办河工，实与河臣无异”[5]，并转变思路，设想在辖区内设置地方性治河规

① 《咸丰同治两朝上谕档》，第 21 册，第 261 页。
② 《丁文诚公奏稿》，《再续行水金鉴·黄河卷》，第 1373 页。
③ 《新筑障东堤记》，左慧元编：《黄河金石录》，第 357 页。
④ 《山东河工成案》，《再续行水金鉴·黄河卷》，第 1525 - 1526 页。
⑤ 中国第一历史档案馆编：《光绪朝朱批奏折》第 98 辑，中华书局 1996 年版，第 815 页。

制。他事先请求“在省城设立河防总局，委前臬司潘骏文会同司道核实经理”①，在得到清廷批准后，又将辖区河段细分，分别派人专门负责，大体如下：

> 曹州距豫省三百里，而距山东省城实有五百八十里之遥，前经奏明委派兖沂曹济道中衡管理曹属二百里河防，自应划清界限，以重修守。计北岸自濮州起至寿张县张秋镇止，南岸自菏泽县起至寿张县十里铺止，均系该道所属地方，应归该道管理。自东阿西下北岸至历城县境止，南岸至章丘县止，派由道员张上达管理。北岸自济阳以至利津陈家庄止，南岸自齐东以至利津新庄止，派归道员李希杰管理，并派候补道沈廷杞会同修防。其新筑韩家垣以下近海两堤，并拦河大坝，虽地段不长，而近海地方潮汐所至，防守攸关紧要，即派道员魏纶先管理。至提调各官，上游派候补知府仓而英、候补同知叶润含、直隶州知州李恩祥、候补知州王佑修，下游提调委派候补知府焦宗良，并派候补知县王钟儁、杨建烈帮同办理。所有往来稽核工料，向系吏部员外郎多培、工部主事梁廷栋，遇有紧要险工，随时随地会同抢护，又派候补道员李翼清严查沿河修防勇夫，以杜缺额之弊。其承修监修委员，以及河防各营将弁，造册送部备查。事有专管，责无旁贷，遇有不力之员，臣当随时撤参，以示惩儆。②

自己则仅时而“赴工查勘”。③ 明显可以看出，山东巡抚努力构建的治河规制虽为地方性的，但是其中多有借鉴模仿原有管理规制之处。

光绪二十四年（1898），由于新河道河患尤深，甚至威胁到京畿安全，清廷派李鸿章前往新河道勘察，以“通筹全局，拟定切实办法”。勘察结束后，李鸿章拟定了十项大治办法，其中有关在新河道设置厅汛及堡夫以加强管控等项措施更可见对原有规制的借鉴。比如设河工武官一项：

① 《光绪朝朱批奏折》第98辑，第317页。

② （清）朱寿朋编：《光绪朝东华录》，第2758—2759页。

③ 朱批奏折，山东巡抚张曜折，档号：04-01-05-0203-039。

> 查东南河定章，每一厅设守备或协备一员，亦有设督司者，督率兵弁工作，乃其专责。都守以下，复设千把外委等缺，以出力兵弁拨补，终其身在修防之中。故诸事谙练，常为厅汛所取资。今查山东河防各营，犹沿操防营制。弁兵出力，无额缺可补，不足以资鼓励，营哨官年久资深，欲酬其劳勤，势必补署地方之缺，转令熟手离工，非所以重河务而练人才。拟请奏设厅汛之时，一并援案办理。①

这十项大治办法虽未得到清廷批准，但是山东巡抚周馥仍在循此思路进行河防建置。比如光绪三十年，他请将黄河两岸菏泽、濮州、郓城、范县、东平、寿张、东阿、阳谷、平阴、肥城、齐河、长清、历城、济阳、章丘、齐东、青城、滨州、蒲台、惠民、利津等二十一州县，“无论原缺繁简，改为兼河之缺，归三游总办节制调度”②，“以专责成。其沿河州县原设同通佐贰等官，请酌量移驻河干，责令经理河务，以辅助州县所不及”，且得到了清廷批准。③

总之，晚清新河道治理从一开始就为地方性事务，山东巡抚虽然屡屡抗争，但在无法改变现实的情况下，于辖区内设置了地方性治河规制。其间，清廷曾允准，自光绪十年起，每年拨给山东新河道防汛额款四十万两，光绪十六年，又“定山东上下游河工，每年额款为六十万两”④，不过这只能视作一种姿态，于实际所需相去甚远，河患也始终未得缓解。正如军机大臣世铎所言，“山东河工岁糜之款，至今已至二千万两以上，国家耗尽无数金钱，而东民仍不免其鱼之叹！”⑤ 亦如一位署名笑侬之人所感叹的：

> 横流洪水捲桑田，百万生灵死目前；
> 料子终难魁夕损，问谁能乞阳侯怜。

---

①《勘筹山东黄河会议大治办法折》，顾廷龙、戴逸主编：《李鸿章全集·奏议》第16册，第110—117页。

②《山东巡抚周馥拟请将黄河两岸各州县改为兼河之缺折》，《东方杂志》1904年第5期。

③《清德宗实录》卷529，第8册，第54页。

④《山东河工成案》，《再续行水金鉴·黄河卷》，第1612页。

⑤《谕折汇存》，《再续行水金鉴·黄河卷》，第2643页。

恨无神力支祈锁，空有痴心精卫填；
敢请娲皇先顾地，勿劳炼石补青天。①

二　清末东河河督的裁撤与变革

甲午战争之后，面对危局，戊戌维新运动兴起。在变法图存的短短103天时间里，光绪帝发布了多项改良谕令。其中裁撤冗员节约经费一节关系河督的生存，“现在东河在山东境内者，已隶山东巡抚管理，只河南河工，由河督专办，今昔情形，确有不同”，“东河总督应办事宜，即归并河南巡抚兼办”，河督本人则“听候另行录用”②。随后，清廷又电谕河南巡抚刘树堂做好接手准备，河督原辖运河“着归山东巡抚就近兼管，以专责成”③。从接连发布的上谕中不难看出，危局下的变法图存是裁撤河督的直接动因，而自铜瓦厢改道起山东段黄河一直由地方巡抚负责的事实，又为裁撤河督将东河改归河南巡抚负责提供了蓝本。另外，上谕仅提到裁撤河督，相关善后事宜语焉不详，明显事出仓促。

从前述已知，自铜瓦厢改道以来，朝野每论及东河事务，几乎都会出现应改归河南巡抚负责的声音，河南巡抚本人也一直深入参与东河相关事项。或许由于类似原因，对于清廷下达的裁撤河督令，河南巡抚表示体念时艰，积极接受，还就善后事项详陈计划，大致为：

> 一、山东河督衙门额设督标将弁员缺，请就近归山东抚臣酌量办理也。河督既裁，则督标额设副将以下等员弁，其无防汛之责者，似应一体裁撤。河督衙门本在山东济宁州城内，标下各员弁亦俱留该处供差，应由山东抚臣就近查明督标实缺，各员弁有无防汛之责，分别办理。其余河标左右及城守黄运各营，凡在山东境内者，请并归山东抚臣主政，其在豫省之怀、豫二河营归臣主政。

① 《闻山东黄河决口有感》，《大陆报》，“文苑”，1904年第8期。

② 《清德宗实录》卷424，第6册，第557页。

③ 中国第一历史档案馆编：《光绪宣统两朝上谕档》，第24册，广西师范大学出版社1996年版，第362页。

一、河东总督关防由臣恭缴查销，其督署敬存钦颁之王命旗牌，及旧有文卷，亦请就近归山东抚臣查明，分别办理也。臣于接办之日，即准东河督臣任道镕将东河总督关防随同文卷一并齐交前来，当即接收封固，拟具文送部查销。其王命旗牌等件据称敬存济宁本署，应由山东抚臣查明恭缴。至河工文卷存于济署者居多，臣已咨商山东抚臣委员逐一检查。凡系山东河工公事，剔出留存，系河南河工公事，即咨送来豫，以备查考。

一、东河需次人员，拟请查照两省之缺，分多寡有无分别令归山东、河南候补也。查东河候补人员，系兼补山东、河南两省之缺，现既将河南河工并归巡抚兼办，已与山东区分为二，此项需次人员自应分归两省候补，拟咨商山东抚臣查明两省缺分，候补班次，就某省某班缺分之多寡，区分某省某班候补之人数，俾昭公允。至闸官一项，豫省所无，惟运河始有此缺，拟将候补中指项闸官者，全行咨送山东。此外，尚有未入一班，豫省河工实无可补之缺，应一并咨送山东叙补，以昭核实。

一、查明河南、山东两省例应回避本省人员，分别令其回避也。查东河候补人员多有籍隶山东、河南者，向章籍山东者不补山东之缺，籍河南者不补河南之缺，现议查明各班候补分归两省，应先尽此项，例应回避人员先行分别回避，俾免向隅，已由臣咨商山东抚臣办理。

一、请嗣后分发河工人员，分东河者专发往山东，另分河南河工为豫省也。查河南河工现归巡抚兼办，山东运河已由臣奏请归山东抚臣兼管，东河两省已分为二，将来掣籤指省各项分发人员，自不得仍用东河名目。拟请仿照南河、北河之例，将东河名目专指山东，另分河南河工为豫河，以示区别。

一、河工一切应办事宜，请仍按照旧章办理也。查豫省河工自前河臣许振祎改章以后，工款皆能核实，是以岁庆安澜，任道镕接任以后，力求撙节，每年均有赢余，臣拟一切仍照向章办理，于工程则更求核实，于款项则再求撙节，以仰副圣主慎重河工，力戒虚糜之至意。其河督衙门公事，现既并归臣署兼办，除酌留办公书吏数名外，其余则应裁者裁，应并者并。查许振祎原奏各衙门公费系出于常年额款之中，未便区分，但浮费既减，则额款不增而增，实于工程库款两有裨益。

臣受恩深重，值此筹款维艰，傥能于库款多节省一分，即于微臣之心力亦稍尽一分，第接办之初，殊难悬计，应俟办理一年以后，察核情形，实能节出款项若干，再行据实呈报。除将未尽事宜随时奏明办理并分咨查照外，所有接办河工后筹议情形，是否有当，理合恭折具陈。①

从所拟计划可以看出，经此变革，河南黄河或曰“豫河”成了地方性事务，不过需要关注的是，“河工一切应办事宜”，大体仍“按照旧章办理”。也就是说，此举主要在于裁撤河督、部分在河官员以及书吏幕僚等，以为“库款多节省一分”。稍后，刘树堂又奏请在巡抚关“增入兼理河务字样”，以专责成②。光绪二十四七月二十七日，随着裁撤冗员的谕令再次下达，东河总督任道镕离任而去，河南巡抚刘树堂接管了河南段黄河。

然而，如同百日维新旋起旋灭一样，此举很快被以慈禧太后为首的顽固派颠覆，“河道总督一缺，专司防汛修守事宜，非河南巡抚所能兼顾，著照旧设立，任道镕著仍回河东河道总督之任”③。河督命运随政局变化大落大起，颇具戏剧性，不过此后，在清王朝大厦将顷之际，河督再次遭遇了裁撤。

光绪二十六年，庚子事变，清廷被迫于次年与八国联军签订了赔款数额空前绝后的《辛丑条约》。为了筹措赔款，清廷谕令各省“通盘覆计，将一切可省之费，极力裁节，至地丁、漕折、盐课、厘金等项，更当剔除中饱，涓滴归公”④。在这种形势下，漕粮改折，正如研究者所言，漕粮改折诏的出现，完全是为了《辛丑条约》⑤。从前述已知，东河总督屡议不裁的一个重要原因为兼负运河之责，以为漕运提供保障，那么既然漕粮改折，其也就失去了存在的理由，何况将其裁撤还能“节省”清廷财政

① 《光绪朝朱批奏折》第100辑，第126—128页。

② 《清德宗实录》，《再续行水金鉴·黄河卷》，第2584页。

③ 《东华续录》，《再续行水金鉴·黄河卷》，第2589—2590页。

④ 《谕各省督抚通筹偿款》，沈桐生：《光绪政要》卷27，第15—16页。

⑤ 倪玉平：《清代漕粮海运与社会变迁》，第324页。

支出。

漕粮改折令下达之后，东河总督锡良意识到“风会变迁，自当因时损益”，河督一职及其东河机构失去了存在的必要。于是，他主动奏请裁撤并提出了一揽子裁留计划，“自河督以至所属文武员弁兵丁，有宜裁者，有宜酌裁者，有宜分限陆续裁汰者，有宜仍旧者，恭为我皇太后皇上缕晰陈之”：

今既漕米改折，运河从此无事，河臣所司，仅止豫省两岸堤工，事甚简易。虽有桃、伏、秋、凌四汛，惟伏、秋两汛为重，余皆次之，如能料石筹积有素，自可有备无虞。故奴才到任以来，专以购备石方为急，然此区区之擘画，畀之抚臣，足可兼顾。拟请将河东河道总督一缺，即予裁撤，仿照山东成案，改归河南巡抚兼办。抚臣本有兼理河道之责，无可诿卸，且事权归一，办理尤觉裕如，非仅为节省廉俸起见也。此河道总督之宜裁者，一也。

河运既停，山东运河道一员，同知二员，通判四员，佐贰杂职五十二员，额夫二千七百余名，几成虚设，似应酌量裁汰。惟该处闸坝甚多，专司蓄泄，以通商运，而卫民田，拟请将兖沂曹济道移驻济宁，兼办运河事务。其岁修河工，改归地方会办，随时由山东抚臣专派委员经理，免致岁修经费又入州县之私囊，致运河日久淤塞。此运河官员夫役宜酌裁者，一也。

河标向设中、左、右三营，专为护运，计中营副将二员，都司一员，千把外委九员，弁兵二百九十六名。左营参将一员，守备一员，千把外委九员，弁兵三百八名。右营游击一员，守备一员，千把外委九员，弁兵三百一十一名。河运既停，既无催趱之劳，又无护送之责，自应裁汰。惟官弁兵丁，将及千人，遽行摈弃，未免可悯。拟请将官弁兵丁，分限五年，陆续裁减，其官弁归入山东抚标当差，遇缺补用。此河标中、左、右三营，宜分限陆续裁汰者一也。

河标向设城守营，专司捕盗弹压地方，计都司一员，守备一员，千把外委六员，弁兵三百九十七名。又运河道属运河营，专司修防，计守备一员，协备一员，千把外委十三员，河兵三百八十名。以上二营，应否裁留，应由山东抚臣核办。此河标城守营、运河道属运河营应斟酌裁留者，一也。

河南河工，向设南北两道八厅，计巡守地方兼理河务道二员，专管河工同知五员，通判三员，佐贰杂职二十三员。又豫省河营都司一员，守备二员，协备五员，千把外委十九员，弁兵一千二百四十九名，专司修工防汛，关系至重。以上各员名，应请仍旧。此河南黄河文武员弁兵丁应全留者，一也。①

从所奏来看，裁撤缘由有三，漕粮改折，运河无事，河督所司仅剩黄河河工；河南巡抚本就有兼理辖区河务之责，命其接管自属情理；有山东巡抚负责河务这一“成案”可循。至于具体裁留计划，被裁撤的有东河总督，负责运河事务的相关官员，武职河官中负责漕粮者以及部分负责设城守营者；负责黄河修防事宜的则几乎全部保留。这样安排明显有利于河南巡抚接手河务。

对于河督本人提出的裁撤计划，清廷虽命政务处、吏部与兵部等处筹议，但是商筹结果还未出来，就命“河南巡抚松寿，随扈进京，以河东河道总督锡良兼署河南巡抚”，明显在为具体实施裁撤计划做准备②。翌年正月，各处的筹议结果揭晓，一致同意锡良的奏请。随后，清廷正式发布裁撤谕令：

所有河东河道总督一缺，着即裁撤，一切事宜，改归河南巡抚兼办。其酌拟宜裁宜留，及分别缓急各节，均着照所请行，仍责成锡良将裁并各事宜，一手经理。俟诸事办有头绪，再行奏明请旨。其裁汰各员弁，及应裁兵丁，着吏、兵二部，随时查核办理。至运河道现既裁撤，该河督请将兖沂曹济道，移驻济宁，兼办运河事务。并河标城守营、运河道属运河营两营弁兵，应否裁留，及此后运河修浚事宜，着山东巡抚，察酌地方情形，详议具奏。③

---

① 朱批奏折，东河总督锡良折，档号：04－01－05－0196－009。

②《清德宗实录》，《再续行水金鉴·黄河卷》，第2689页。

③《光绪宣统两朝上谕档》第28册，第18页。

从中可见，清廷不仅同意裁撤，还命锡良全权办理相关事项，这无疑给他留下了很大的运作空间。作为封建官僚，锡良深悉识时务之重要，遂于改任河南巡抚后即着手裁撤事宜，并“河务一切事宜，有应变通者，有宜仍旧者，有应去繁就简，以归核实者，谨就管见所及，胪列清单”，大致如下：

一、河督关防应缴也。查河道总督一缺，现已奉旨裁撤。除衙署饬运河同知，拨役看守，所存书籍，饬兖沂道敬谨收藏外，其河督银关防一颗，并王命旗牌等件，自应恭缴。抑或就近封存河南藩库之处，相应请旨遵行。此后河工一切公牍，即盖用河南巡抚关防。

一、黄河南北两岸，宜责成开归河北二道，认真督防，并拟将员缺酌量变通也。从前河督专司河务，两道责任较轻，现既归并巡抚兼管，所有河工一切事宜，不得不责成两道，认真督办。嗣后每届伏秋大汛，抚臣仍不时临工查勘，指授机宜，并饬两道分驻工次，协力巡防，遇有应办要工，随时相机策应。但从此两道，尤须得人，庶获指臂之助。查现任开归道穆奇先，河北道冯光元，皆系老成干练之员，倘此后遇有更替，洵非熟习河工者，弗克胜任。而南岸险工林立，尤为吃重，拟请因时变通，将开归陈许道一缺，改为外补要缺。遇有出缺，由抚臣专选熟谙河务人员，不论班次，酌量或升或补，抑或开单请旨简放。应请饬部核议酌定，以重河防。

一、八厅修守，应仍照定章办理也。河工自前河臣许振祎改章后，历年办理，著有成效。嗣经前河臣任道镕，复加厘定，委无流弊，应请一切仍照旧章办理。

一、岁修工款，拟请开单奏销也。查黄河工用，向系每年霜后，奏送清单，奉部核准后，复再题估，准估后，始行题销。夫以已准之案，辄再一估一销，本属重复，况题本现已停止，若逐件改题为奏，亦属烦琐。伏查河防另款，经前河臣许振祎奏准，开单报销，免其具题，历年遵办在案，岁修事同一律。拟请自本年为始，改为与河防另款，一体开单奏销，以省案牍。奴才仍当严加勾稽，实用实销，断不任丝毫浮冒。此外如比较上三年银数多寡，关系稽核钱粮，应仍照章办理。其余一切例案册图，凡属具文，概行删除，用昭核实。所有近年尚未题估题销之案，皆系已奉部臣核准之款，应请一并免其核办：

一、河南河工拟名豫河也。东河河工，现既分隶两省，自应另立名目，拟名河南河工曰豫河，以免混淆。

一、河工候补人员，应分拨两省，并拟酌量推广也。东河、豫河，现即分隶山东、河南各巡抚兼管，所有候补人员，应分拨两省。除例应回避本籍者，山东人专归河南，河南人专归山东外，其籍隶外省人员，应听其于山东、河南两省，自行指定一省，专补河工之缺。惟东河既已裁并，而运河各缺，又复大加裁减，候补人员，殊形拥挤，可否量为广。如有愿改他省归地方者，听其另行改指一省，禀请咨送报部查核。其闸官一项，地方无缺，可否准其对品请改典史等项，按照原班补用。仍免缴离省、指省、指项各银两，以示休恤。应请饬部，一并议覆施行。

一、河工人员补缺，应仍照定章办理也。河工候补各员，向系分隶各道当差，此道当差之员，彼道并无名册，与地方人员，总汇于藩司者不同。是以每遇补缺，向由河臣核定，并不由道具详。现虽改归巡抚兼管，而河工人员，专补河工之缺，仍与地方有别。拟请嗣后豫省河工，遇有缺出，仍由抚臣酌定应补人员，分别奏咨办理。毋庸由该司道等会详，以符定章。至轮补班次，仍应查明上次用至何项，按班接续序补。

一、大挑知县，此后请免发东河也。每遇大挑之年，所有分发东河知县二十员或十六员不等，到工后试用二年，期满分别甄别留工，并将不谙河务者，挑拨地方。查河工并无知县员缺，其留工之员，只能借补佐杂，已属向隅。现在东河既已裁并，嗣后大挑一等人员，应请免其分发山东、河南两省河工，俾人才不致屈抑。

一、运河事宜，应即归山东抚臣接办也。东河、豫河，现既区分为二，河南抚臣专管豫省黄河，其运河一切事宜，应即移交山东抚臣接办。惟巡抚各管一省，与河督兼辖两省者不同，此后东省陈奏运河事件，及请沿河各缺，应请毋庸与河南巡抚会衔，以归简易。①

①《社会研究所抄档》，《再续行水金鉴·黄河卷》，第2696—2699页。

从这份较为详细的清单中可以看出，与“百日维新”期间河南巡抚刘树堂的变革计划类似，改革后东河改称“豫河”，由河南巡抚负责，但是修守等项事务大体“仍照定章办理”。此时对于河督及东河机构裁撤之事，清廷最关心的恐怕只是能为庚子赔款筹措到多少银两。这一点锡良非常清楚，“本年因新约赔款数巨期迫，筹措维艰。奴才督饬工员竭力节省，拟请每年提存银十万两凑作赔款之用”①。相较高达 9.8 亿两的庚子赔款，“十万”两白银可谓九牛一毛，但此时的清廷也就在这样锱铢必较地努力筹集。

综而言之，晚清时期，由于局势急剧动荡，河工事务发生了巨大变化，相关规制也经历了变革。尤其咸丰五年铜瓦厢改道发生后，河工事务一分为二，治河主体也呈现出二元并存的格局，即原河道仍由河督负责，新河道治理则由沿河地方担起。对此局面，虽然屡屡有人主张裁撤河督及相关机构，以节约经费，或者变更河督的职责范围将新河道治理也纳入进来，以符“旧制”，但是仅裁撤了南河以及东河干河部分相关管理机构，以为节省清廷财政支出计。也就是说，这些变革并未根本改变这一二元并存的格局，尽管清廷大幅缩减了东河剩余河段的河工经费，光绪中期也给予新河道治理一定的财政支持。如此久而久之，在屡次抗争无果的情况下，山东巡抚在辖区内设置了地方性治河规制，东河所剩河段则在河督与河南巡抚的坚持下仍照原规制办理。庚子事变后，为筹措赔款苟延残喘，清廷命东河仿照山东“成案”改归河南巡抚负责，至此，黄河治理彻底成为地方性事务，原有治河规制也随之解体。不过，无论山东设置的地方性治河规制，还是东河改归河南巡抚负责后的相关建置，都对原治河规制有颇为明显地模仿或者说“继承”之处。进一步讲，虽然晚清黄河管理逐渐由清廷统一管控变成了沿河地方自行负责，但是相关规制的某些方面得以“延续”。制度变革的内在机理以及外部影响因素的复杂性在此得以彰显。

① 锡良：《锡清弼制军奏稿》第 101 册，第 257 页。

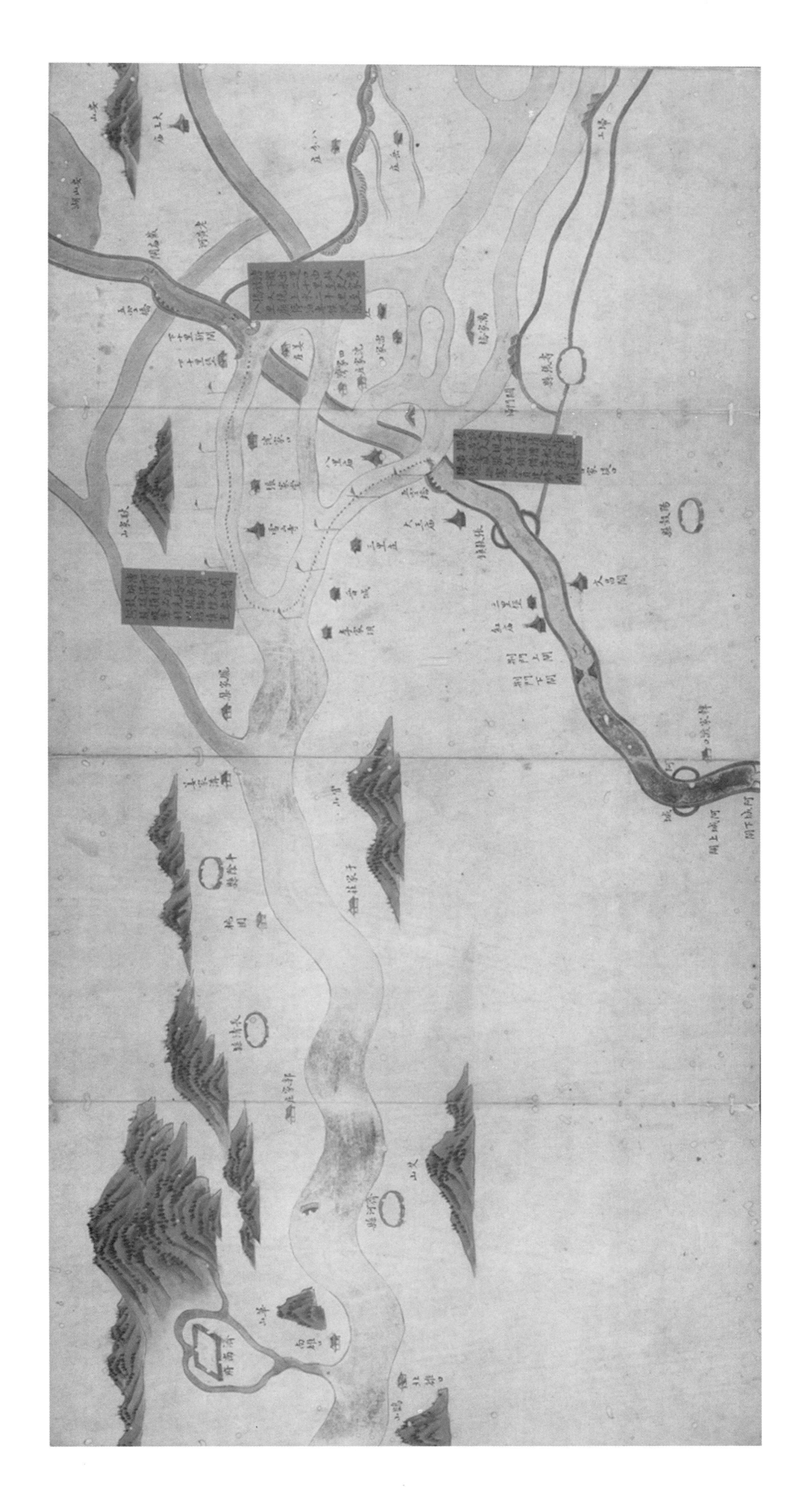

图片来源：世界数字图书馆，https://www.wdl.org/zh/item/17220/。

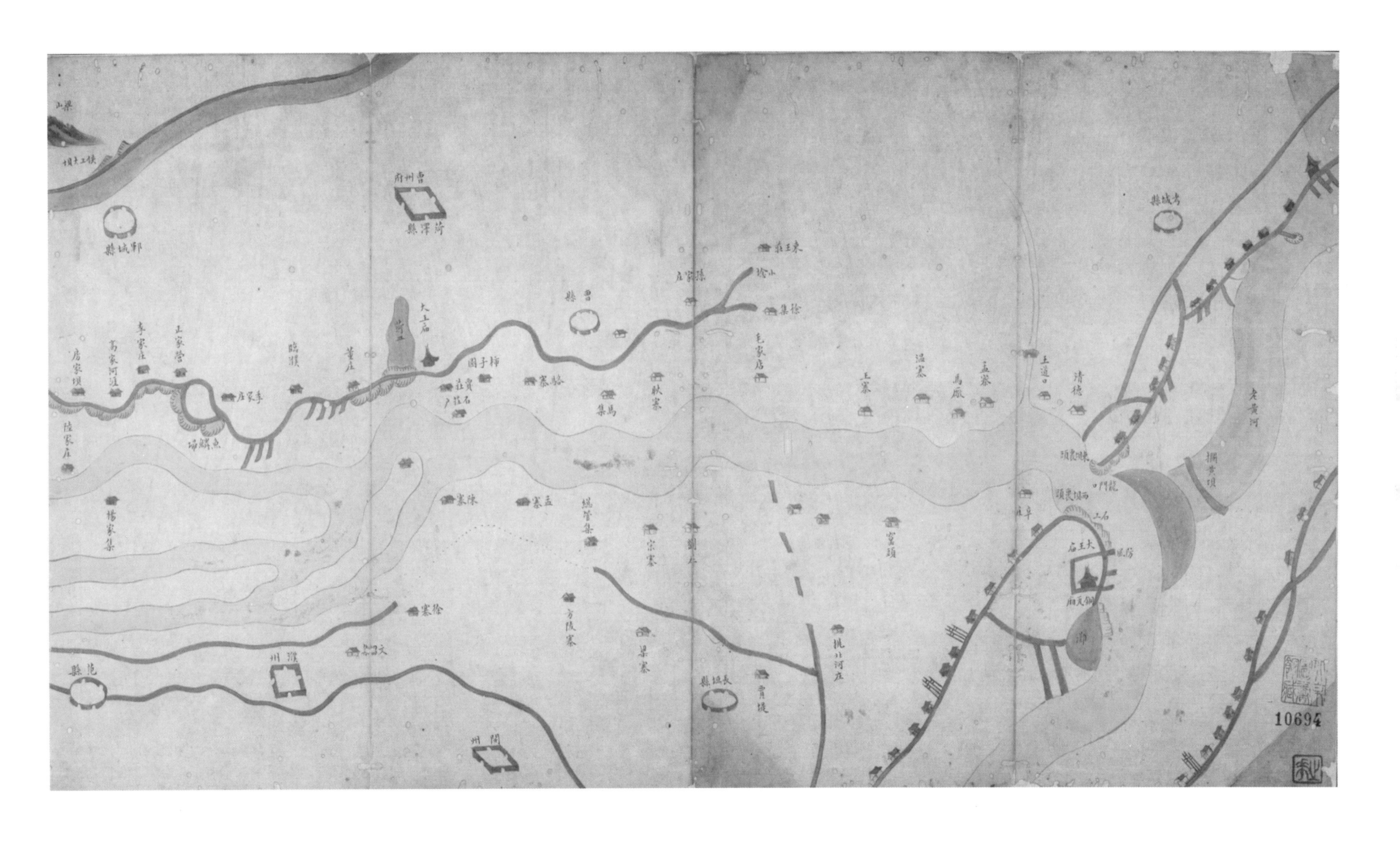
曹州府
菏澤縣
鄆城縣
考城縣
曹縣
老黄河
濮州
長垣縣
10694

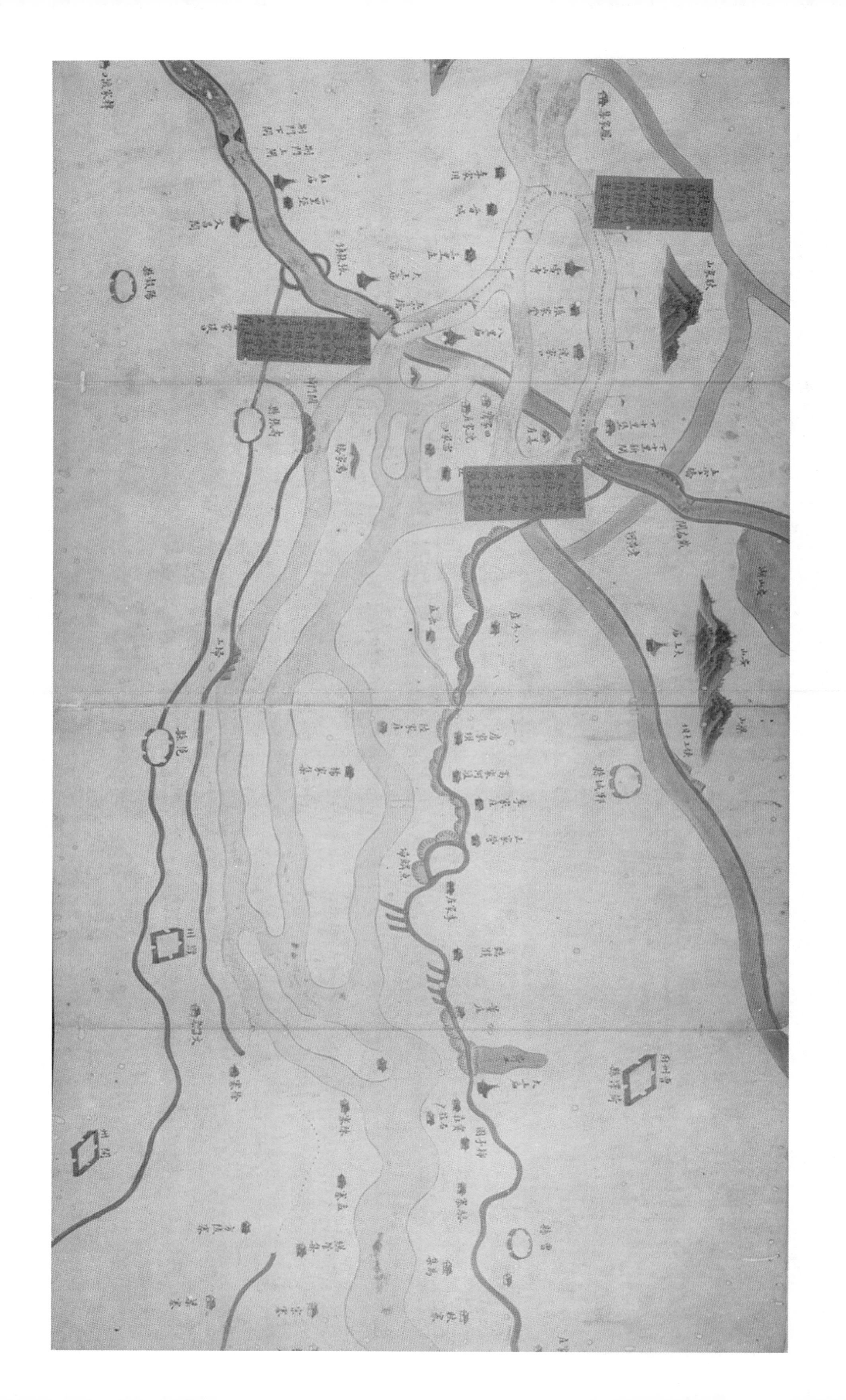

清代黄河河工图（部分）[①]

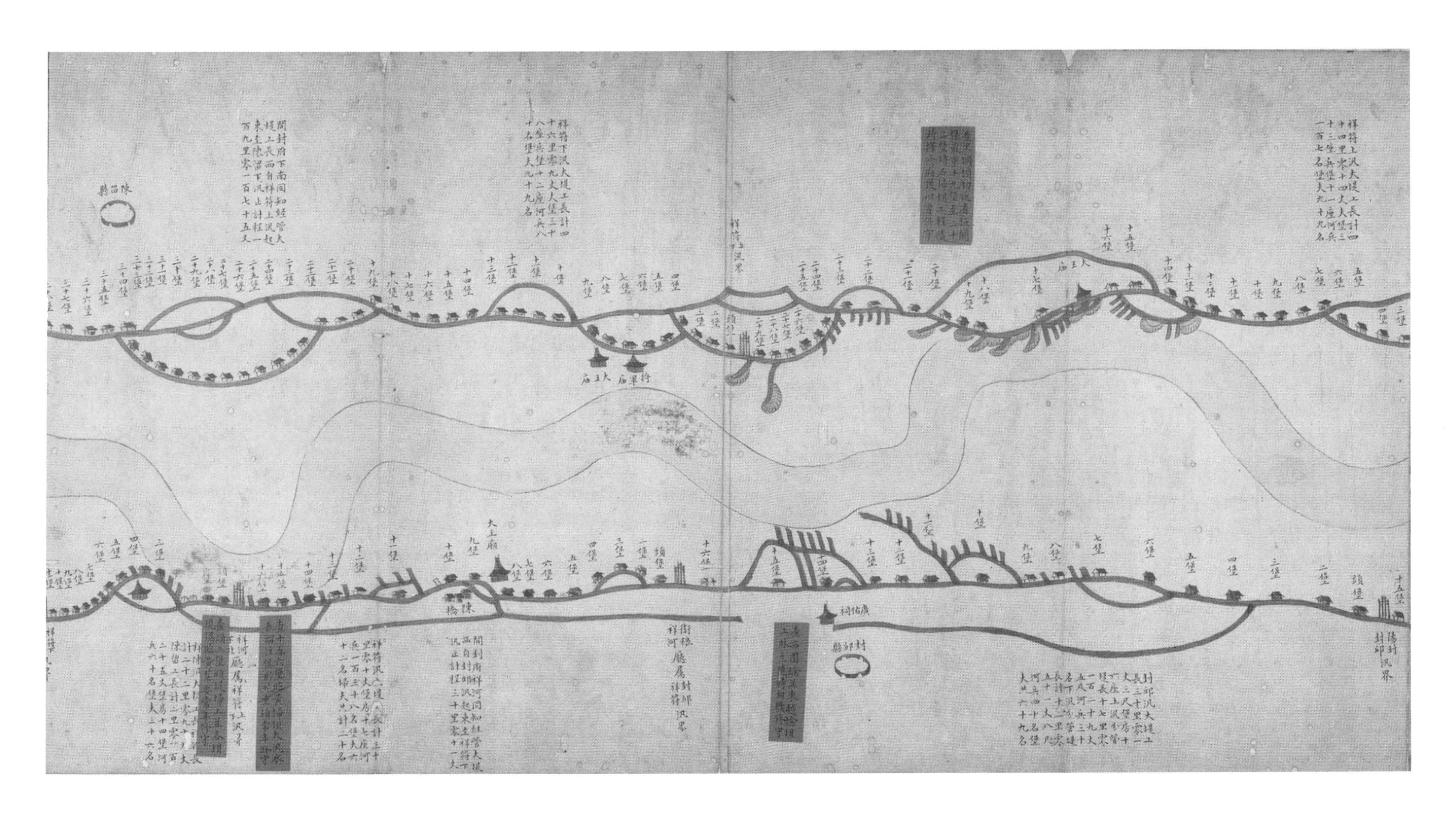

① 作者查筠（卒于1898年1月4日）系清同治年间捕河通判。该图翔实、细致地绘出了同治年间陕西潼关至山东利津段黄河两岸堤坊及沿河府、州、县、村寨等。这里根据需要仅截取了河南封丘至入海口段河工图。

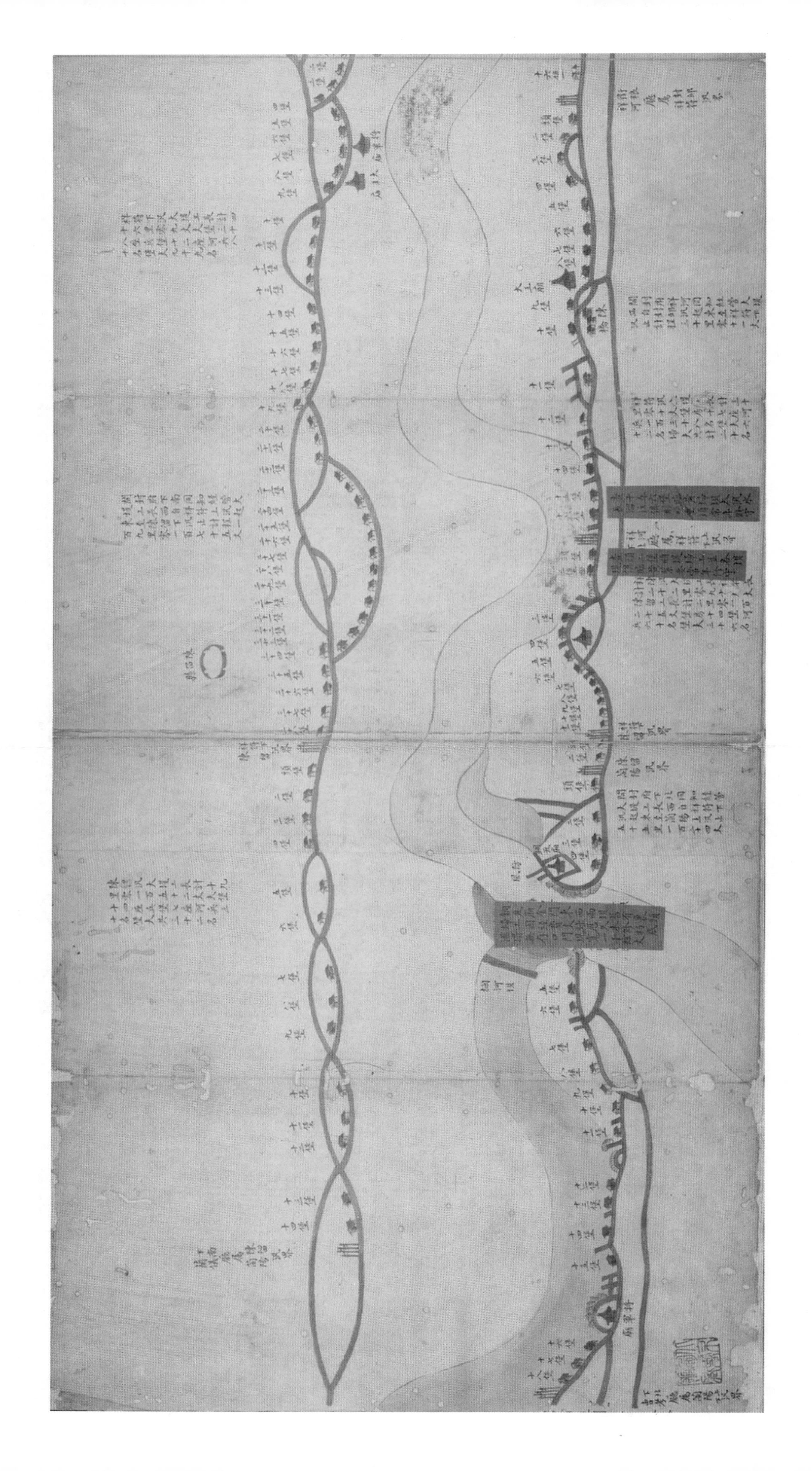

第三章 组织机构及其运行逻辑

陈潢言："谋事者，人心也，赴工者，人力也，储贮者，赀财也，济用者，物料也。夫谋虑未精，不足以成事，然徒谋而人力不集，则讬之空言矣。赀财不贮，不足以图功，然聚而物料不备，则缓急亦无济矣。故欲筹河防，则工力与料物不得不熟计之也。"①

加强黄河管理，组织机构及相关规章制度建设不可或缺。清代，不仅设置了金字塔式的层级管理机构，还制定了考成保固、物料储购等规定，从而形成了一套系统完善的管理体系。本章根据光绪朝《清会典事例·工部》的相关规定，撷取这套制度的几个主要方面，力图在呈现基本史实的基础上，考察其在演变嬗替过程中所表现出的制度逻辑与内在困境。

第一节 管河机构

管河机构大致分为河、道、厅、汛、堡五级②。河下辖道，道下有厅，厅下辖汛，每一汛有堡房若干，整体上呈现与其他管理机构类似的金字塔式的层级结构。在这个体系中，河为最高机构，分为东河与南河，两河之下各机构在数量上呈现逐级扩大的态势。

一 河

（一）机构概况

从第一章已知，顺康时期，置总河（后改称河督）一人负责河工事

---

① （清）张霭生：《河防述言》，第37页。

② 除此文职机构外，还有武职机构，即河标或河营。起初"文官司钱粮，武官司桩埽"，"近则工程全归文官，武官几同虚设"，故对武职机构仅在行文中略有提及，不作专门探讨。（清）包世臣：《中衢一勺》卷2，第28—29页。

务。雍正七年（1729），将全河划分为南河、东河、北河三个部分，分别设置河督进行管理，乾隆十四年（1749），将北河河督裁撤，“以直隶总督兼管总河事”，管河机构中的上层建置基本定型①。咸丰五年，黄河自河南兰仪铜瓦厢改道山东大清河入海后，由于南河全河以及东河部分河段逐渐干涸，负责该段的管河机构遂呈闲置之态。五年后，为应付财政危机，清廷决定裁撤南河总督及相关机构。随后，又裁撤了东河干河部分的管理机构。光绪二十八年（1902），为筹措庚子赔款，清廷裁撤了东河总督及仅存的东河机构，所辖河段改归河南地方政府负责。

起初，管河机构隶属工部，康熙亲政以后，渐呈独立之态势，多由皇帝直接操控。对此，有研究者总结如下：“河工隶属工部，先时一如明制，部权较重。逮至康熙、雍正、乾隆三代，皆英明自负，河臣率直接秉受方略，部臣不敢干涉，因而渐渐放弃矣。”② 在管河机构中，河督为最高负责人，最初袭明制，驻扎济宁，原因在于“治河即所以保漕”，而运河“河道北至天津，南至杭州，西至开封，济宁是适中之地”③。康熙十六年（1677），在靳辅的建议下，河督驻地迁往了江苏北部的黄运交汇处——清江浦。雍正七年，两河分治，南河河督驻地未变，仍为清江浦，东河河督驻地则几经更改，初为济宁，后迁至开封，在济宁并设行署，咸丰以后则常驻开封④。河督驻地设有河督衙门，衙门里由朝廷正式任命的官员仅河督一人，其他如书吏、幕客等，大都由河督自行聘任，协助其处理河工事务。河督提督军务，拥有直属军队，称为“河标”或“河营”，标营制下设有副将、参将、游击、都司、守备、千总、把总等，“参将以下皆掌河工调遣，及守汛防险之事”⑤。

---

①《续行水金鉴》，卷8，第181页，“编者按”；《清会典事例》卷902，工部41，第412页。另据《嘉庆会典》记载：“北河，工之最巨者为永定”，“北河”改由地方政府负责，因其治理难度远小于黄河（《清会典》卷47，工部3，嘉庆二十三年撰，第557页）。

② 申丙：《黄河通考》，第268页。

③《靳文襄公治河书》，《行水金鉴》卷49，第714页。

④ 光绪二十一年，任道镕担任河道总督，“故事河道驻开封，济宁并设行署。咸丰时，常驻开封，山东河事由巡抚专治。至是复改议河督驻济宁，而河南巡抚兼治河道，镕言官吏不相属，则令难行，不如仍旧便。报可”。参见陶希圣、沈任远《明清政治制度》下编《清朝政治制度》，台湾商务印书馆1983年第4版，第89页。

⑤（清）纪昀等撰：《历代职官表》，第1128页。

由于河务关系国家根本，受到空前重视，河督的品级较高。清初，多官居二品，若加兵部尚书、太子太保等衔，则为从一品，高于一省的巡抚和布政司。这无疑有利于加强日常修守，便于在防汛抗洪期间统一调度军队以及地方的人力与物力。延及乾隆时期，随着国家政权趋于稳固，河务问题所承载的政治使命有所减弱，河督品级亦有所降低。乾隆十四年规定："总河总漕同巡抚，授都察院右副都御史，其应否兼兵部尚书侍郎，由部请旨。"① 当然亦有特例。比如，乾隆十六年（1751），由于难觅合适的人选，命高斌"以大学士衔管河道总督事，以示优奖"②。乾隆四十八年（1783）又补充规定："以总河无地方之责，况又有由道员升署及简擢初任之员，嗣后，但给与兵部侍郎右都御史衔"③，其品秩与巡抚等同，为二品或从二品甚至三品④，即便由高一级职衔官员调任亦大体遵循这一规定。比如，嘉庆十四年，"吴璥由刑部尚书补授江南正总河"，应授其兵部尚书衔还是兵部侍郎衔，嘉庆帝批示"照例兼衔"，即兼兵部侍郎衔⑤。至于副总河，则屡置屡罢，变化较大，其中存在时间较长者为雍正二年设置的副总河。如前所述，该职设于武陟，专门负责河南段河工事务，雍正七年两河分隶增置东河河道总督后，遂空置，两年后即雍正九年复为实缺，乾隆元年，"罢河东副总河不设"⑥。此后所设副总河，均旋置旋罢，未成定制。

（二）河督的选任

治河"惟在慎择其人，假以便宜之柄，使得久于其位，而不为浮言众议所摇夺。凡利多而害少者，毅然独断行之，无稍顾忌，建非常之原，以贻千百世生民之福，功孰伟焉"⑦。此语指出了河工事务中的关键问题，即

---

①《钦定大清会典则例》卷6，官制，乾隆二十九年（1764）奉敕撰，文渊阁《四库全书》第620册。

②《乾隆朝上谕档》（二），第523页。

③（清）纪昀等撰：《历代职官表》，第1128页。

④ 比如：乾隆五十年，"黄水倒漾，清口淤平"，"降李奉翰三品顶戴"（《南河成案》，《续行水金鉴》卷22，第486页）。再如：嘉庆十七年，李家楼决口堵筑后，陈凤翔获赏"三品顶戴，仍交部议叙"（《南河成案续编》，《续行水金鉴》卷40，第864页）。

⑤ 题本，南河副总河徐端，档号：02－01－03－08785－012。嘉庆二十年，吴璥在东河总督任上升为兵部尚书，复至从一品（《清仁宗实录》卷302，第5册，第10页）。

⑥《河渠志稿》，《续行水金鉴》卷10，第226页。

⑦（清）张伯行：《居济一得》，原序，文渊阁《四库全书》第579册。

河督的选任至关重要，直接关系治河实践能否取得实际成效。也正是因为这一原因，有清一代，河督的选任标准几经调整，大致经历了从重视操守与德行到看重实践经验与治河能力的变化过程，这既是对河务问题重视程度不断提升的表现，亦体现了清廷对河工事务的认知不断推进。

清初，选任河督看重德行与操守，任命程序有依照吏制而任用者，亦有由皇帝亲自简拔者。第一任河督杨方兴为汉军镶白旗人，“天命七年，太祖取广宁，方兴来归。太宗命直内院，与修太祖实录。崇德元年，试中举人，授牛录额真衔，擢内秘书院学士”，“顺治元年从入关，七月授河道总督”。从杨方兴的出身及经历来看，命其担任河督的基本标准与一般官员并无明显区别，均体现了清入关之初满、汉旗并用及看重德行与操守的特点。杨方兴担任河督一职前后达 14 年之久，几终顺治之世，离任后“还京师，所居仅蔽风雨，布衣蔬食，四壁萧然”①，从一个侧面体现了清初选任河督之标准。顺治十四年，杨方兴卸任，朱之锡继为总河。任命上谕中这样讲道：“吏部右侍郎朱之锡，气度端醇，才品勤敏，著升兵部尚书兼都察院右副都御史，总督河道，提督军务。”② 虽朱之锡婉言推辞，但是未得允准，随即发布的上谕中再次强调：“卿以才品特简河督，著即遵旨任事，不必逊辞。”③ 对于此事，乾嘉年间的河督康基田曾作过如下记述：“故事节钺，皆由廷推，之锡出自特简，盖异数也。”④ 言外之意，朱因为德才兼备而为皇帝所器重，被简拔为河督。一年以后，朱之锡因需丁忧奏请暂时离任，顺治帝以“河道关系重大，卿以才望特简，著即在任守制，不必回籍”⑤。从出身来看，朱之锡纯系汉人，顺治三年中进士后跻身仕途，逐渐受到重用。这亦凸显了清初吏制的特点，满汉皆用，重在观其德行、操守与能力。朱之锡担任河督近十年，没有辜负厚望。康熙五年(1666)，朱之锡卒于任上，墓志铭中这样写道：“经营河上，什一在署，什九在外”，“每当各工并急，则南北交驰，寝食俱废，值盛暑介马暴烈日

① 赵尔巽等纂：《清史稿》卷 285，列传 66，第 1—2 页。
② 《清世祖实录》卷 110，第 866 页。
③ 《朱之锡河防疏略》，《行水金鉴》卷 46，第 664 页。
④ （清）康基田：《河渠纪闻》卷 13，第 34 页。
⑤ 《河防疏略》，《行水金鉴》卷 46，第 665 页。

中，隆冬严寒触冒霜雪”，“曹县石香炉工决，几成大患，赖公驻工筹划夫料，手口卒瘏，凡五阅月”，“积劳日甚，因善疏请告，未拜发，而公遽薨。是时经纪后事，家无余财，其历年所节河帑甚裕”，“岁修额银，为朝廷节省，多至四十六万有奇。即此一端，可以概其官守”。① 朱的治河实践证明这一时期河督的选拔标准具有合理性与可行性。

康熙继位之初，虽然对河务问题的重视程度大幅提升，但是在河督选任问题上仍然沿袭前朝的选拔标准，看重“才品”与“操守”。随着时间的推移，他通过阅读治河书籍积累了比较丰富的治河知识，进而对河务问题的特殊性认识得更为深刻：治河不同于其他事务，自清入关以来，治河难见成效的一个重要原因即河督出自内廷，缺少治河方面的才能与实践经验。鉴于此，康熙帝力行改革，对河督的选拔标准进行了调整，由原来重视德行与操守转为看重治河才能，或者是否具有治理一方的实际经验。综观康熙帝在位61年所任命的11位河督，即卢崇骏、杨茂勋、罗多、王光裕、靳辅、王新命、于成龙、董安国、张鹏翮、赵世显、陈鹏年，有相当部分此前曾任职至一方疆吏。比如，靳辅曾任安徽巡抚，卢崇骏曾任山陕总督，王新命曾任两江总督，于成龙曾任直隶巡抚，张鹏翮曾任两江总督。其中，靳辅与张鹏翮的经历颇具代表性。靳辅担任河督之前，曾在安徽巡抚任上实心任事，颇有建树，并且由于所辖安徽一省毗邻黄河，经常遭受黄水漫溢之灾，他曾屡屡与幕僚陈潢研讨治河之法，积累了一定的实践经验。康熙十六年（1677），在康熙帝力行改革之际，靳辅被提拔为河道总督，前后任职十余年，成为彪炳史册的治河名臣，治河主张多为康熙帝所采纳，在体制建设及治河实践中发挥了重要作用，相关经验多为后任河督所效仿，即便另一治河名臣张鹏翮也不例外。与靳辅相似，张鹏翮亦在担任地方疆吏期间深得康熙帝赏识而被调任河督。其时，康熙帝“任以事务，见其料理明敏，非迟误案件之人”②，又见其“操守好，着调补河道总督”③。对于二人的治绩，《行水金鉴》略例中记载如下：“迨我皇朝唯靳文襄、张文端二公之行水也，不愧前人矣。文襄经理河工八疏，言言硕

① 《李之芳撰宫保尚书梅麓朱公墓志铭节略》，《行水金鉴》卷47，第677页。
② （清）张鹏翮：《治河全书》卷2，上谕，清抄本，《续修四库全书》第847册。
③ 《张文端治河书》，《行水金鉴》卷53，第769页。

画，文端甫下车，首陈三事，切中肯綮，圣祖皆从之，河乃大治。”① 此需要作一点补充，虽然张鹏翮踏实任事，治河亦颇具成效，但缺乏创见，基本循靳辅故事，秉承康熙意旨（详后）。另需关注的是，在11位河督中，陈鹏年有些与众不同。他在担任浙江省西安县知县时被河督张鹏翮相中并调往河工效力，从基层工作做起，积累了非常丰富的治河实践经验，取得了一定的治河成绩，后被提拔为河督②。

至雍乾时期，由于两河分治，河督一分为二，人数增多，但这对延续与贯彻实施前朝的选任标准并无太大影响。在雍正朝担任河督的11人中，有相当部分很早即接触河务，从基层一步步升迁至河督。第一任河督齐苏勒，初“授永定河分司”，曾扈从康熙帝“南巡阅河”“至淮安”，“上谕黄河险要处应下挑水埽坝，命往烟敦九里冈龙窝修筑，齐苏勒回銮前毕工，上嘉之”，“世宗即位，擢山东按察使，兼理运河事，命先往河南筹办黄河堤工”，终以治绩突出，于雍正元年（1723）“授河道总督”③。另一位河督孔毓珣在担任两广总督时，因“素谙河工事务”被调往江南河工，“协同齐苏勒，将河工一切修理事宜，细加商酌妥议”，后被任命为江南河道总督④。最后一任河督高斌“实心任事”，署理河督期间于河务“谙练熟悉”，遂为两江总督所举荐，由两淮盐臣调任南河总督⑤。乾隆帝即位之后，亦颇为留心“通晓河务之大员”，他了解到“河南布政使朱定元由河南厅员出身，历任浙江海防兵备道，于河防事宜素所阅历。今任豫省藩司，所有河道地方皆其统属，而山东为河南下游，事属一体，著朱定元将疏浚保护之法加意讲求，以备将来之任使”⑥。完颜伟在担任浙江海塘兵备道时受命到南河学习河务，深得河督高斌赏识，遂被留任“南河副总河”，高斌之后升任南河总督⑦。综而观之，在乾隆帝在位的60年中，先后有白钟山、高斌、完颜伟等27人担任过河督一职，在历任东河总督的17人次

① 《行水金鉴》，略例，第4页。
② 《张文端治河书》，《行水金鉴》卷54，第784页。
③ 汪胡桢、吴慰祖编：《清代河臣传》卷2，第43页。
④ 《江南通志》，《续行水金鉴》卷6，第159页。
⑤ 朱批奏折，两江总督赵弘恩折，档号：04-01-30-0416-006。
⑥ 《乾隆朝上谕档》（一），第479页。
⑦ 朱批奏折，南河总督高斌折，档号：04-01-12-0015-087、04-01-12-0023-028。

中，完颜伟、顾琮2人选自南河总督，白钟山、嵇璜2人选自江南副总河，李宏因“久任河员，于河务情形素所熟悉”，补授东河总督，后又调补南河总督①，张师载、嵇璜、李奉翰、何裕成4人出自治河世家②，1人选自河南巡抚③，1人出自河库道④，1人出自永定河道⑤。由此不难推算，历任东河总督中近2/3在上任前即具有治河实践经验。至于南河总督的情况，据王英华研究，雍正朝5任南河总督中选自河东总督者仅1人；乾隆朝19任南河总督中选自河东总督者7人，选自江南副总河者1人，另有3人出自江苏、安徽巡抚，1人出自河库道⑥。明显可见，选任河督越来越看重治河实践经验。此外，这一时期还有一个非常突出的特点，即涌现出一批治河世家，他们或父子相承，或祖孙三代相继，均表现出比较卓越的治河能力。比如，嵇曾筠、嵇璜、嵇承志祖孙三人中，嵇曾筠于雍正年间担任河督，其间“治河尤著绩”，其第三子“璜侍曾筠行河，习工事”，因治河有功，先后被授河南副总河、河东河道总督及工部侍郎，可谓倾其一生投身于河工事务⑦。嵇璜之子嵇承志耳濡目染，从小就涉猎河务，为以后从事河务工作奠定了基础，成年之后，曾被委派治理天津海河及永定河，颇有成绩，嘉庆初年，尽管其“年已老，上特以其家世习河事，故任之”为河东河道总督⑧。另如，李宏、李奉翰、李亨特祖孙三人⑨，高斌、高晋

① 《乾隆朝上谕档》（四），第443、638页。

② 参见附表1《清代河道总督任职年表》。

③ 乾隆二十八年十一月，“张师载卒，赐谥悫敬。擢河南巡抚叶存仁为河东河道总督。”《张师载传稿》、《河渠纪闻》，《续行水金鉴》卷15，第340页。

④ 乾隆三十年三月，“调高晋两江总督，命仍总理河务。命李宏调任南河，李清时由淮徐道擢授河东总河。”《高晋传稿》、《河渠纪闻》，《续行水金鉴》卷15，第344页。

⑤ 乾隆四十八年三月，“何裕城调河南巡抚，以永定河道兰第锡为河南、山东河道总督，未到任以前，李奉翰暂为署理。”《河渠纪闻》，《续行水金鉴》卷21，第467页。

⑥ 详见王英华《清前中期（1644—1855年）治河活动研究：清口一带黄淮运的治理》，博士学位论文，中国人民大学，2003，第138—139页。

⑦ 汪胡桢、吴慰祖编：《清代河臣传》卷2，第49—51页。

⑧ 汪胡桢、吴慰祖编：《清代河臣传》卷3，第133页。

⑨ 担任河督之前，李奉翰曾因罪获咎，两江总督高晋惜其才能，上奏道：“现在河工，熟谙机宜之人甚少，求其革除积习实心任事者，亦不可多得，臣与河臣吴嗣爵每论及此，深以为虑”，“可否将李奉翰发往江南河工，令其自备资斧效力。臣与河臣留心察看，果能奋勉自新，学习有成，再行奏恳圣恩，酌量录用。”（录副奏折，两江总督高晋折，档号：03－0144－046）

父子，均担任过河道总督，何煟[①]、何裕城父子，张伯行[②]、张师载父子亦为类似事例。之所以出现上述情况，显然并非嫡亲关系使然，而是在清廷高度重视治河的宏观政治环境下，家风以及自身的勤奋好学促成了家学渊源。

嘉道时期，尽管河政日趋窳败，但是河督的选拔标准仍大体得以延续。据研究，嘉庆朝12任南河总督中，选自东河总督者4人，选自江南副总河者2人，淮扬道1人[③]。在诸多河督中，嵇承志、李亨特二人均得益于家学渊源，颇具治河能力，康基田、黎世序二人则担任河督多年，治河成效明显。至道光时，鉴于河工弊窦丛生难以整治的状况，尝试选用没有任何河工经历者担任河督，任命林则徐及吴邦庆为河督即基于这一考虑。道光十一年（1831），拟任命林则徐为河道总督，闻知此事，林奏称“向未谙习河防形势，及土埽各工做法”，尽管道光帝知其“俱属真情，并非有意推诿”，但仍予以任命，因为这恰恰是其考虑的重点。

> 林则徐由翰林出身，曾任御史，出膺外任，已历十年，品学俱优，办事细心可靠，特畀以总河重任。据称伊于河防工程，未经讲求，朕原恐熟悉河务之员，深知属员弊窦，或意存瞻顾，不肯认真查出，林则徐非河员出身，正可厘剔弊端，毋庸徇隐。该河督惟当不避嫌怨，破除情面，督率所属，于修防要务，悉心讲求，亲历查勘，务合机宜，以副重寄。着即前赴新任，毋得再以不谙河务为辞也。[④]

莅任前，道光帝又勉励林“一切勉力为之，务除河工积习，统归诚

---

① 何煟，虽未担任河督一职，但在江南河工效力多年，乾隆十四年，经南河总督高斌举荐擢河库道。（史科题本，南河总督高斌，档号：02－01－03－04705－007）

② 张伯行，曾任吏部尚书，“操守甚好”，有“天下第一清官”之美誉，虽未担任过河督一职，但康熙三十九年，被河督张鹏翮相中，调往河工效力，任职江苏按察使时亦曾接触河务。其长子“师栻议叙知州，先在河工效力”，次子张师载“原任河库道”，后被调往南河“交与完颜伟差遣委用，俟有河道缺出题补”，终任职至河道总督。（朱批奏折，江宁巡抚吴存礼折，档号：04－01－30－0008－046；题本，南河总督高斌，档号：02－01－03－03634－012；《乾隆朝上谕档》（一），第741页。）

③ 详见王英华《清前中期（1644—1855年）治河活动研究：清口一带黄淮运的治理》，博士学位论文，中国人民大学，2003，第139页。

④《清宣宗实录》卷200，第3册，第1144页。

实，方合任用尽职之道。朕有厚望于汝也，慎勉毋忽”①。林则徐履任后实心任事，据言其查验料物，“从未有如此认真者”，但翌年初的料物被烧一事令其卸职被调，同时另一没有任何河工经历者江西巡抚吴邦庆被命担任河督。与林的情形类似，吴邦庆亦上奏“沥陈不谙河务下情”②，道光帝亦批示其“非河员出身，正可厘剔弊端，毋庸徇隐”③。此可谓用心良苦。问题是，河工弊政乃清朝整个官僚体制运转逐渐失灵的一个缩影，背后隐藏着极为复杂的人事权利纠葛，仅凭河督一人岂能回天！这种希图通过调整河督选拔标准来扭转河政颓势的做法根本不可能取得实际成效。三年后，不仅河工习气未能得到改观，而且吴邦庆本人也被言官指为保举滥冒，浪费钱粮。④

另需要关注的是，河督的任职期限前后差异较大。清前期任职时间较长，比如靳辅、张鹏翮二人均担任河督十余年，这固然与河务工作具有特殊性，需连续任职有关，而更重要的原因在于这一时期清帝对国家事务尤其河务问题具有较强的认知与掌控能力，能够保证人事的连续性。自乾隆之后，任职年限明显缩短，甚至频繁更换。乾隆在位的60年中，任职时间较长者仅白钟山、完颜伟、李奉翰等寥寥几人，时间最长六七年，短则两三年甚至一年一换。嘉庆帝在位的25年中，共有14人担任过河督一职，其中仅黎世序一人在南河总督任职近十年，其他则更调频繁（详见附表一）。究其原因，当与这一时期河务弊坏，黄河难治，以及治河人才难以觅寻有关。乾隆帝曾不无感慨地讲道：“治河非他政务可比，必卓识远虑，明于全局，又不执己见，广咨博采而能应机决策。其委用河汛员弁，则一本大公，好恶毫无偏徇。备此数者，庶或有济，顾安得斯人而授之重任耶?”⑤ 此外，还应与该时期皇权逐渐势微有关，尤其嘉道两位皇帝，往往于河务心有余而力不逮，除延续祖宗遗训，竭力维持现状，难以有所作为。

---

①《清宣宗实录》卷201，第3册，第1164页。

② 录副奏折，江西巡抚吴邦庆折，档号：03-2621-058。

③《清宣宗实录》，《再续行水金鉴·黄河卷》，第543页。

④ 同上书，第650—651页。

⑤《乾隆朝上谕档》（三），第26页。

（三）河督的职责

《清会典》言："顺治初年，设河道总督一人，驻扎济宁州，综理黄运两河事务。"① 这一时期发布的上谕中也提道："河道设立总督，原宜总核属官，稽察工程，俾无冒滥。"② 明显可见，河督的职责为负责黄运两河的修守事务，这显然仅就整体而言，具体任务可从康熙年间授安徽巡抚靳辅为河道总督中略见一斑。康熙十六年（1677）三月，发布上谕，赋予其职责权限如下：

> 兹以总河关漕运大计，特命尔总督河道，提督军务，驻扎济宁州。凡山东曹、濮、临清、沂州，河南睢、陈，直隶大名、天津，江南淮、扬、徐、颍各该地方，俱照旧督理。尔督率原设管河、管闸、郎中、员外、主事及守巡河道官，将各该地方新旧漕河，及河南、山东等处上源，往来经理。遇有浅涩冲决，堤岸单薄，应该帮筑挑浚者，皆先事预图，免致淤塞，有碍运道。合用人夫，照常于河道项下附近有司、军卫衙门调取应用。其各省直岁修河工钱粮，但系河道工程，俱照近日新行事例，通融计处支放，务要规划停当，毋得糜费。若所属大小官员果能尽心河务，即据实举荐，有侵渔溺职怠玩误事，及权豪势要之家侵占阻截，并违例盗取河防，应拿问者，径行拿问，应参奏者，指名参奏。其河道紧要机宜，有干漕运督抚衙门，会同计议施行，若有重大事情，奏请定夺，年终将修理过河道人夫钱粮，照例备细造册，图画贴说奏缴。或有土贼不时窃发，虑河运为梗，尔当精选将领，严核兵马，勤加训练，申明纪律。如遇贼寇窥窃，即督发镇将官兵剿灭，勿使蔓延。如有将领临阵退缩，杀良冒功，及粮运稽迟，失误军机者，武官自四品以下，文官自六品以下，会同提督巡抚，准以军法从事。镇道等官，飞章参处，务期消弭乱萌，保安地方，其山东、河南各巡抚，悉听尔节制。河道军务有开载未尽者，许以便宜举行，不从中制。尔以才望简用，须殚竭忠猷，不避劳怨，斯

① 《清会典事例》卷901，工部40，第403页。

② 《河防疏略》，《行水金鉴》卷46，第671页。

称委任，毋或因循怠忽，及处置乖方，有负委托，尔其勖之。特谕。①

为警勉河督实心任事，康熙帝还写下《河臣箴》，其中亦涉及河督的职责问题：

自古水患，惟河为大，治之有方，民乃无害。禹疏而九，平成攸赖，降及汉唐，决复未艾，渐徙而南，宋元滋溢。今河昔河，议不可一。昔止河防，今兼漕法，即弥其患，复资其力，矧此一方，耕凿失职，泽国波臣，恫瘝已极，肩兹巨任，曷容怠佚。毋俾金堤溃于蚁穴，毋使田庐沦为蛟窟，毋徒糜国帑而势难终日，毋虚劳畚筑而功鲜核实，务图先事尽利导策，莫悔后时饰补苴术，勿即私而背公，勿辞劳而就逸。惟洁清以自持，兼集思而广益，则患无不除，绩可光册，示我河臣敬哉以勖。②

从这两条材料可以看出，河督的职责权限大致包括以下几个方面：第一，管辖范围除黄河外，还负责山东曹、濮、临清、沂州，河南睢、陈，直隶大名、天津，江南淮、扬、徐、颍等地新旧运河的日常修守；第二，调用河工所需夫役，管理河工钱粮；第三，考核河官，并可举荐与参奏；第四，提督军务，维护黄运地区的社会秩序；第五，监督漕粮运输；第六，对于未尽事宜，给以便宜行事之权。综合而言，河督的职责为黄运兼顾，以黄为主。

延及雍正年间，这一状况发生了些微变化。雍正七年，两河分治，并“授总河为总督江南河道，提督军务，授副总河为总督河南、山东河道，提督军务，分管南、北两河”③，还规定河东河道总督“将山东境内运河一

① 《靳文襄治河全书》，《行水金鉴》卷47，第683—684页。

② 《河臣箴》，清圣祖御制，张玉书等奉敕编：《圣祖仁皇帝御制文集》第2集，卷35，第6—7页。

③ 《清会典事例》卷901，工部40，第406页。“时称北河即指河南、山东，对江南言之也”，翌年，“设直隶河道水利总督，后人别于东河、南河，称直隶为北河，始有三河”（《续行水金鉴》卷8，第181页，“编者按”）。

并兼管”，“南河总督，驻清江浦，东河总督，驻济宁”①。其中虽然没有过多涉及河道总督的职责权限问题，但是“兼管”一词说明这一时期河督的职责主要为负责黄河事务。这一变化又从一个侧面表明，清廷对黄河的治理力度仍在不断加大，黄河管理体系形成以后逐渐脱离“漕运副产品”这一角色实乃大势所趋。

二　河以下各级机构

（一）机构概况

河下辖道。清代的道按职责不同可分为两类：其一是掌管一事的道，其二是掌管一地的道。就黄河机构中的道而言，起初应属于前者。比如，顺治二年（1645）设置的管河道，负责河南河道工程钱粮。再如河库道，雍正八年（1730）设置，驻扎清江浦，掌河帑出纳。随着时间的推移，清廷加大了黄河管控力度，将河段作了更为细致的划分，设置了道、厅、汛等机构，进行分级管理，其中所及之道在很大程度上属于后者。雍正八年增置四道，分别为江南淮徐道，驻徐州，山东兖沂曹兼管黄河道，驻兖州，河南开归陈道，驻开封，彰卫怀道，驻武陟，各道设道员一人，掌管辖区河务及河帑之出纳，并且由于道员往往加兵备职衔，一般权责较重。各道下辖同知、通判、州同、县丞、巡检、主簿等，分责河务事宜，具体情况因地而异。大致如下：

> 江南淮徐河道辖铜、沛、邳、睢、宿、虹、桃源同知四人，丰、萧、砀、宿迁运河通判二人，二十四汛州同、州判各一人，县丞五人，巡检七人（内大灞运河二汛各巡检二人），主簿十有二人。
>
> 兖沂曹道辖曹、单黄河同知一人，四汛县丞一人，主簿二人，巡检一人。
>
> 河南开归道辖上南河、下南河同知二人，仪、考、商虞通判二人，十二汛州判一人，县丞七人，主簿四人。
>
> 彰卫怀道辖怀庆黄河、开封上北河、下北河同知三人，彰德河

---

①《河渠纪闻》，《续行水金鉴》卷8，第181页。

务、卫辉监河、怀庆河务、曹仪河务通判四人，二十汛县丞八人，主簿十人，巡检二人。①

至嘉庆年间，管河道增至6个，分别为：河北道、开归陈许道、兖沂曹道、徐州道、淮扬道、淮海道。仿照此前的设置，各道设有道员，道员督修河务工程，兼掌钱粮出纳。六道之下共有31厅，其中南岸16厅，北岸15厅，东河13厅，南河18厅。厅级长官为同知或通判，武职则有守备或协办守备，统领河营兵。厅下辖汛，每一汛所辖范围几千丈至上万丈不等，各汛的长官为主簿、县丞。汛级武职有千总、把总、分防外委和协防，其中，千总品级最高，把总次之，分防外委又次之，协防最低，均为直接统领河兵的武官。而主簿和县丞则是沿河地方知县的佐官，将其纳入河官体系，可调动地方力量协同办理河务。每一汛设堡房若干，每堡相隔约二里②。（详见附表二）

各级管河机构中的河官均由朝廷正式任命，任职期限，起初，仿明制三年一换，后考虑“六部司官轮流升转，又兼满汉并差，议将管河分司亦改为一年更替之例”，但是这一做法仍然欠妥，因为“河工关系既重，水性变迁，争在呼吸，又与他事不同，若一年一换，初则生手未谙，茫然无措，及至稍知头绪，而差期已满，年复一年，岂免贻误”，遂定满族官员任职期限不变，汉族官员则“三年一换，差内暂停迁转，俟其回部考核之后，准与叙升，既于新例无碍，而国计民生可以收驾轻就熟之效，所裨河政非浅显也”③。此后又补充规定，新旧人员在更替时，须将“河上事体转相传告”，“除不系专司各道不便更议外，其河南管河道，并各省府州县管河佐贰官，合无查照往例，升调降用，俱令候代”④。

（二）河官的选任

河督朱之锡言：“因材器使用人所亟，独治河之事，非澹泊无以耐风

① （清）纪昀等撰：《历代职官表》，第1129页。

② 此处主要依据《续行水金鉴》中的相关记述，并参考了颜元亮的《清代黄河的管理》一文（《水利史研究室五十周年学术论文集》，水利电力出版社1986年版）。

③《河防疏略》，《行水金鉴》卷47，第676页。

④《河防疏略》，《行水金鉴》卷46，第670页。

雨之劳，非精细无以察防护之理，非慈断兼行无以尽群夫之力，非勇往直前无以应仓猝之机，故非预选河员不可。”① 陈潢亦有言：治河一事“惟得公忠大臣深明河务者，信任不疑，俾之久于其职，督率属员，惟怀永图，再简贤能副其官，讲习有素。即属员俱宜永任，有过则降黜，若勤劳著绩者，增其秩，毋迁其官，一如钦天监太医院之员，皆专习其事，自必熟谙其理”②。意即不仅河督的选任至为关键，而且河督以下河官的选任也极为重要。

总而言之，河官“预选之法有二：一曰荐用。若所属大小官员，果能尽心河务，即指实荐举擢用”，“二曰储才，凡河官悬缺，吏部升补之日，准于臣岁终题荐官员内，照其本等职级循序升转，庶始终练达，驾轻就熟，而河防有恃”③。至于满汉问题，因“河工关系漕运，满汉自宜同差”，“将满汉司官一并差遣”④。

1. 荐用

河官主要由河督举荐，辅之以抚臣及部臣等。顺治年间，此法即得推行。比如：方大猷因“练习河务”受到河督杨方兴赏识，遂被举荐第一任河南管河道⑤。康熙年间，委任河官多“荷蒙皇上谕允，坐名题补”⑥。张鹏翮莅任河督之初，即举荐十人前往河工效力，均得康熙帝允准：

> 现任陕西甘山道王谦，才守超卓，堪任河务，请将王谦补受淮扬道，则其守可以清理钱粮，其才可以赞襄河务。原任陕西咸宁县知县陈明绶，居官廉洁，百姓爱戴，原任四川潼川知州刘可聘，前任浙江泰顺知县，系臣属员，臣见其操守谨饬，才干优长，两人俱因公革职，废弃可惜，请取用河工，以励后效。原任江苏按察司赵世显，现任刑部员外丁易，现任徐州知州孔毓珣，此三员俱臣江南属员，才守兼优，办事勤敏。现任工部郎中王进楫，现任浙江湖州府同知赵泰

① 赵尔巽等纂：《清史河渠志》卷1，第3页。

② （清）张霭生：《河防述言》，第45页。

③《河防疏略》，《行水金鉴》卷46，第669页；引文中的“臣”指河督。

④《清圣祖实录》卷8，第1册，第135页。

⑤《清世祖实录》卷20，第1册，第181页。

⑥ 题本，河道总督赵世显折，档号：02－01－02－2247－014。

> 蛙，此二员俱臣浙江属员，操守谨饬，才能办事。现任礼部员外蒋陈锡，前任富平知县，士民称其有守有才，臣奉差陕西审事，亲闻最确。候补守备纪之慧，前任江西守备，不扣兵响则有守，整饬营伍则有才，会经军政卓异。①

不仅如此，康熙帝还命人前往河督驻地，将“这次各省行取知县职名抄出，问他此知县内”，“有曾经认识，居官优为人好者，著明白开写折子”，进行举荐，张鹏翮又在其中筛选了“浙江西安县知县陈鹏年、候补内阁中书舍人张伯行等一十四人，调往河工，以便分派工程，遇有相当员缺，保题升补”②。

与河督选任标准相类，河官荐举最初看重操守，其中之缘由或如河督张鹏翮所言“河臣有守，必须属员人人有守，而后钱粮皆归实用，可杜冒破之弊”③。在清廷看来，河官操守好的基本保障为“身家殷实”，因此，在选取河官时重点考察其家境。而随着时间的推移，如同河督的选任标准发生了变化一样，河官的选任亦由原来偏重操守调整为重视治河才能。因为清廷发现，尽管在河官员“非淡泊无以耐烦劳而实销用”，但是“非熟悉机宜无以善修防”④，治河“贵乎有守，而尤贵乎有才”⑤。至于具体选拔标准与途径，大致如下：

第一，“河工厅汛有才守兼优者，准河臣会同抚臣保题”⑥。比如，雍正八年，田文镜由河南巡抚调任东河总督后举荐河北道朱藻协理河务，不仅得到允准，而且谕旨中还提到给“朱藻加佥都御史衔，协理河务”⑦。

第二，“沿河州县中有应升者，果能平日留心河务，遇有紧要工程，办料拨夫，不致贻误，准河道总督会同该督抚具疏保题署理，不必专于河

---

①《张文端治河书》，《行水金鉴》卷53，第770—771页。
②《张文端治河书》，《行水金鉴》卷54，第783—784页。
③《张文端治河书》，《行水金鉴》卷53，第770页。
④（清）康基田：《河渠纪闻》卷16，第45页。
⑤《张文端治河书》，《行水金鉴》卷53，第770页。
⑥《清会典事例》卷137，吏部121，第761页。
⑦《朱批谕旨》，《续行水金鉴》卷8，第193页。

员内选补。其河工汛员，亦准该督抚以应升之缺，题升沿河州县”①。比如，雍正二年，副总河嵇曾筠以“河务浩繁，固非臣所能独办，亦非寥寥十数河员便能分理”，适遇“候补州同周溥、顾安上等，纷纷具呈，情愿河工效力”，一次性举荐“五十余人，即委令分任督工防险诸事”②。再如，雍正四年（1726），副总河嵇曾筠举荐怀庆府知府靳树贤、归德府知府祝兆鹏、上南河同知托克托海、下南河同知刘永锡四人前往河南段河工效力，后来又将祝兆鹏简拔为管河道③。

第三，对于一些熟谙河务之人，则直接任命。比如，雍正元年，河南段黄河决口，嵇曾筠受命前往治河，除“将家道殷实，人材可用者，挑选十人引见”外，雍正帝还亲自“派出四、五人，亦交与嵇曾筠带往”④。再如，雍正三年（1725），简拔靳辅之子靳治豫，“以其父靳辅，向任总河，着有劳绩，靳治豫亦明晰河务”，给加“工部侍郎衔，协理江南河工事务”⑤。乾隆年间安徽学政吴瑍，“系原任总河吴嗣爵之子”，于河务情形“甚为谙悉，人亦明白晓事，以之补放河道，可期得力”，遂“着补授河南开归陈许道”⑥。

2. 储才

顺治年间，即认识到人才储备对于加强治河实践的重要性。顺治帝曾颁布上谕：“不论内外文武大小诸臣，并绅衿庶民，有能周知河形，善识河性，约略可行者，在内许工部臣，在外许抚臣，虚心体访得实，即行咨拨河臣，相机料理河事，试有成绩，授以所待之爵，如是则予爵。惟功不系滥觞之举，真才乐出，得收治河之效矣。”⑦ 康熙继位之后，对治河人才的获取途径有了更为深刻全面的认识：河督荐贤固然重要，而有意识地进行人才储备也势所必须，因为“在工之人，必年久谙练，方能办理。譬如

①《清会典事例》卷64，吏部48，第817页。

②《副总河嵇曾筠奏请造就河工人才折》，《雍正朝汉文朱批奏折汇编》，雍正二年八月十五日。

③《副总河嵇曾筠奏遵旨举荐熟谙河工官员四人请简拔一员任豫省河道折》，《雍正朝汉文朱批奏折汇编》，雍正四年十月十五日。

④《清世宗实录》卷8，第1册，第157页。

⑤《清世宗实录》卷39，第1册，第581页。

⑥《清高宗实录》卷1334，第17册，第1080页。

⑦ 题本，山东御史王秉乾，档号：02-01-02-1973-011。

行军，务须曾经出征者，始于营伍熟谙。况黄河之水，迁徙不常，最难疏治，如下埽、筑堤、建挑水坝，非久于其地之人，不能熟悉”①，只有保证在河官员“始终练达，驾轻就熟”，才能令“河防有恃”②。比如，康熙四十年，曾命“总河转行直隶各省督抚，将进士、举人中情愿效力，年力精敏者，该督抚遴选发往河工，学习效力，著有劳绩，遇有相当员缺，该督题补可也”③。即便如此，真正有计划地实施这一举措则始于雍正时期。雍正十一年（1733）颁布上谕，令各地往河工输送人才，大致如下：

> 河防关系重大，将来河务，必得通晓熟练之人，遵循分理，斯克继前功，而全河形势，非平日讲求，亲身阅历，必不能胸有成算，洞晓机宜，即修防堵筑，以及估工查料等事，亦非经练熟谙，备悉利弊，必不能随时损益，有裨工程。是通晓河务之员，不可不预为储备也。著每年在各部院，拣选贤能勤慎司官二员，带领引见，派往南河，学习河务，酌量委办估工查料等事，以二年为期，出具考语，咨回本任。如有操守才具，实堪任用者，即行保奏留工，酌量题补。其不堪学习者，不必拘定二年，于试用数月后，即咨回原任，另行派员，前往学习。如此数年后，通晓熟练者，自不乏员，于河工诸务，大有裨益矣。④

毫无疑问，这一举措对于提高河官的综合素质意义重大。由看重出身、操守到以实践技术与经验为选拔标准，在当时重人文轻技术的社会环境下尤属难能可贵。以此为契机，派往学习河务人员的途径多样化，河官选拔的范围随之扩大。被选派人员除前面所提“著每年在各部院，拣选贤能勤慎司官二员，带领引见，派往南河，学习河务”外，还于“在京满汉小京堂内，若有平时粗谙河务，情愿前往河工，协助河道总督办事者，著

①《圣祖仁皇帝圣训》卷34，第23页。

②《河防疏略》，《行水金鉴》卷46，第669页。

③（清）张鹏翮：《治河全书》卷1，清抄本。

④ 中国第一历史档案馆编：《雍正朝汉文谕旨汇编》第10册，《大清世宗宪皇帝圣训》卷27，治河。

自行举报"[①]，各地亦可"拣选引见发往"[②]。但是这一政策亦存有某些先天不足。

首先，河官选任并不像其他部门官员铨选"皆总汇于吏部"[③]，而是"自道员及同知以下，黜陟考核，皆掌于河道总督"[④]。河督权责重大，犹如一把双刃剑。一方面，河督可以凭借这一人事操控权为自己选拔得力助手，正如河督张鹏翮所言："河工在于得人，能得其人，而使人乐为之用者，仍在于用人之人，如文襄之用陈天一。"[⑤]他举荐的河官陈鹏年随其治河多年，鞠躬尽瘁，颇有成绩，康熙六十年（1721）被授为河督，雍正元年，卒于任上，雍正帝发布上谕，"赐谥恪勤"[⑥]。另一方面，在封建官僚体制下，难免造成河督利用职权徇私舞弊等问题。如前文所提，张鹏翮担任河督期间，保荐人员甚多，起初尚能秉公举荐，久而久之则多系情面，为人察觉后遭多次奏参[⑦]。康熙帝亦曾斥责："尔之所保举者，十之七八皆徇情面，如索额图家人，尔曾保举，可云无此事乎？"[⑧]"治河莫要于得人，观尔所用之人，每多有失，岂可倚任此辈分守此堤耶？"[⑨]本来，康熙任命张鹏翮担任河督一职，主要看其操守好，然而一位享此"美誉"的河督却屡徇私情，为人诟病！由此不难推知，像王新命等操守较差的河督以权谋私之状况会严重到何种程度！为了尽可能地规避这些问题，康熙曾三令五申，"果有真知确见，方可入告，凡举一人，务使千万人知劝，劾一人，务使千万人知惩"[⑩]。但是在人情关系盘根错节的封建官僚体制下，即便清帝屡屡申斥，利用职务之便拉拢逢迎之事也难以避免。

---

①《清世宗实录》卷137，第2册，第751页；《清世宗实录》卷150，第2册，第858页。

②《清会典事例》卷64，吏部48，第821页。

③《清高宗实录》卷20，第1册，第496页。

④《清朝文献通考》卷85，职官考，文渊阁《四库全书》第633册。

⑤（清）康基田：《河渠纪闻》卷16，第46页。

⑥《陈鹏年传稿》，《续行水金鉴》卷5，第113页。

⑦《清圣祖实录》中有这样的记载："今张鹏翮所用之人，皆不可用，河工甚要，尔等当留意。马齐奏曰，张鹏翮所用之人，并不谙河务，紧要之事，仍须殷实旗员始能仓卒立办"（《清圣祖实录》卷221，第3册，第232页）；山安同知佟世禄告张鹏翮一案，经查"河工恃乎用人，用人善，则何事不成，张鹏翮所用之人，皆不胜事，始至如此也"（《清圣祖实录》卷223，第3册，第243页）。

⑧《清圣祖实录》卷214，第3册，第169页。

⑨《圣祖仁皇帝圣训》卷34，第9页。

⑩《清圣祖实录》卷119，第2册，第253页。

其次，由于清廷并无数量与质量方面的明确规定，前往投效人员“人数众多”，但素质参差不齐，有“以兴办大工，为伊等终南捷经，甚或有不肖之徒，偷将完善堤防，有意残毁，希冀兴工渔利，糜帑殃民”①。据乾隆五年（1740）吏部左侍郎蒋溥奏报：“现今每年河工具体效力之员，一本内或百余员，或数十员不等，递年积笃箕，各至数百员之多。即如本年五月内管理江南水利德尔敏、汪灈提请留工之员，多至一百二十九人”，尽管按照规定需报吏部审批，但结果“仅不合例数人”。此类人员跻身河务机构不仅不能发挥预期作用，反而会污染风气，制造事端，因为“投效各员内，科甲正途最少，而由捐职考职等虚衔者居多。虽实在身家殷实者，亦有其人，而诡称殷实，希图冒滥名器，侵蚀钱粮者，正复不少，所取印结亦未深足凭信。若拥挤多员，势难一时分遣”，缘此，他认为“河工效用人员宜核实定额”。后经审议，大学士兼吏部尚书张廷玉认为应将“需用人数，酌量定额”，“嗣后止许照数收录，以备差委。每逢三年，请照外官三年大计例，将在工效力人员分别勤堕，及曾否委办河务，详注明白具题，交部查核。并请饬下各省督抚转行各属，凡遇咨取投工人员印甘各结时，务须再三慎重，查明身家，实在殷实，方许结送。如并非身家殷实，滥行出结，一经发觉，该河道总督即行指参，将出结官员照例议处”②。此办法得到了乾隆帝嘉许：“著为定例，唯是遵行。”③ 尽管河工投效之事已有例可循，但并未自此步入正常轨道，乾隆后期，乾隆帝一再申令应“陆续酌量奏请发往”④ 即是明证。

延及嘉道时期，由于清廷为应对黄河淤决日趋严重之局面，不断加大经费投入，河务这一场域更成为各色人等捞取利益的绝佳之所，以致前往投效人员趋之若鹜，河官选拔流于形式，相关规定浮于纸面。虽然仍有选自普通河员的河官，比如，嘉庆初年的徐州河务道徐端“本河工出身”，自擢升河官，“于查料估工等事无不洞悉弊窦，工员不能蒙混，又能力矢

①《清会典事例》卷64，吏部48，第821页。
② 题本，大学士兼管吏部尚书事张廷玉，档号：02－01－03－03791－022。
③ 题本，大学士兼管吏部尚书事张廷玉，档号：02－01－03－03824－004。
④《清会典事例》卷64，吏部48，第821页。

廉隅，不避劳怨”①，但是此已非主流，绝大多数直接取自并无治河实践经验的前来投效之人，这在嘉庆二十一年的一次选拔中体现得非常明显。该年，有治河实践经验的候补人员为300人，其中仅15人被选中，而前来投效的30人中竟有29人被保举②。此外，由于清中期以降，河工迭开捐例，捐纳成为一些闲杂人员跻身河政机构的重要途径。嘉庆二十五年的一次调查显示，由河督举荐的“题补题升之缺，则自道厅以及佐杂，无一不由捐纳出身”③。对此现象，嘉道二帝均曾严令申饬，“严行禁止，以挽颓风”④。然而终嘉道两朝，这一状况并未得到多大程度的改善。大量闲杂人员跻身管河机构，不仅易于滋生冗员充斥、人浮于事等弊病，还会导致贪冒舞弊等腐败行为的泛滥。

诚然，在河官选拔问题上，并非仅循上述两条途径。比如，康熙末年，河督陈鹏年“请定河工铨补官弁之制，以杜钻营”，其意大体为：“每道员、同知、通判、守备等官缺出，择合例三员具题引见，候上钦点。千总杂职等官缺出，亦择合例三员咨部验看掣签”，“后遂为例”⑤。

（三）河兵与河夫

河官之下，设有河兵、河夫，负责修防堤埽工程，有时还负担物料筹备等任务。清初规定：“每夫每年纳柳梢一百束，檾麻十斤，芰三十套，缆二十条。”⑥ 至雍乾时期，由于大力推行苇柳种植，二者担此任务成为常态。河兵与河夫的来源大体为，如“有缺出，募民顶补”，但二者又存有不同之处，概而言之，“河兵系武弁管辖，力作守兵每名给饷米银十四两，桩埽战兵二十两，堡夫系文员管辖，工食银六两。同属修防劳苦，所得饷米工食数大相悬。且河兵由守拔战，拔外委，拔分防，递升至千把以上，进身有阶，堡夫，工食外，别无寸进。是以，河兵缺出不待招募，即报充有人，堡夫缺出，多观望不前”⑦。

① 朱批奏折，两江总督陈大文、南河总督吴璥折，档号：04－01－05－0092－026。
②《清仁宗实录》卷324，第5册，第279页。
③《清宣宗实录》卷7，第1册，第164页。
④《清宣宗实录》卷101，第2册，第661页。
⑤（清）萧奭：《永宪录》卷1，中华书局1959年版，第20页。
⑥《河南通志》卷39，艺文，康熙三十四年刻本。
⑦《清高宗实录》卷618，第8册，第956页。

1. 河兵

“河防之法，按里设兵，住堤看守。”① 清初，黄河修守主要由堡夫负责，顺治十二年（1655），添设江南河兵②，“以增堡夫之不足”③，而大规模地扩充则始于康熙朝靳辅担任河督之时。靳辅上任后，就如何添建河兵制订了较为详细的方案，在经理河工第八疏中呈奏。康熙帝采纳这一建言，于十七年议准，“江南省凤、淮、徐、扬四府，裁去浅溜等夫，设兵五千八百六十名”，翌年，又“增兵五百余名，令各营弁督率防守浚筑”④。后于成龙继续拓展，他发现“各属士民咸以岁夫苦累，纷纷见告。访闻百姓，每派岁夫一名，终年约费银至二十两，及至到工，非老幼充数，即旋到旋逃，揆厥所由，多系河棍人等包折肥己，徒有岁夫之累，终无岁夫之实”，“莫若将徐属等州县岁夫尽行裁免”，“添设战守兵三千三十名，以游击一员，守备二员，千总二员，把总四员管理”⑤。至于河南、山东段，雍正初年始有河兵。起初，出于治河实践之需要主要从南河抽调，其中雍正二年（1724），“拨江南省河兵一千名，赴河南省防守”⑥。翌年，河南巡抚田文镜奏请：“令堡夫跟随河兵学习桩埽镶垫等事，于每年南兵将换之时，试验得实，即准其拔作河兵，以免淮兵远涉之劳。”⑦ 雍正帝表示赞可并作补充：“俟数满五百名，将江南河兵停其调补。”⑧ 雍正五年（1727），鉴于拨江南河兵，“往返需时”，又“将两岸堡夫，挑拔五百名充代，但工长汛险，不敷驱策，请仍照一千名之数，于堡夫内拔补足额”⑨。

如何对所添河兵进行管理以使其真正发挥作用，乃问题的关键所在。靳辅认为应设置河营，“营领以守备，递为千把总，一以军政部署之。令其亡故除补有报，逐日力作有程，各划疆而守，计功而作，视其勤惰而赏

① 录副奏折，大学士曹振庸等折，档号：03－2108－051。

②《清会典事例》卷903，工部42，第423页。

③《河南通志》，《续行水金鉴》卷6，第139页。

④《清会典事例》卷903，工部42，第423页。

⑤《河防志》，《行水金鉴》卷52，第762页。

⑥ 同上。

⑦《河南巡抚田文镜奏请宜命河道兼管河兵折》，《雍正朝汉文朱批奏折汇编》，雍正三年六月二十一日。

⑧《清会典事例》卷903，工部42，第423页。

⑨《清世宗实录》卷53，第1册，第799页。

罚行焉。有事则东西并力，彼此相援，无事则索绹艺柳，巡视狐獾窟穴。较额夫旧制有条而不紊，有实而可核”①。此建言为康熙帝所采纳。康熙十三年（1674）闰三月，正式设置河营②。乾隆元年将河兵分为战、守两类，比例为战二守八，其中守兵“专供力作修护工程”，具体分工有桩手、看守柳株船只者、担运土方者，等等，战守之兵待遇稍有差别，战粮月给银一两五，守粮月给银一两③。随着管河机构建置的拓展，河营与河兵的数量呈现明显的上升势头。据统计，雍正六年（1728），江南河营已由原来的七个增加至二十个，“设参将一人”，“每营设守备一人”④；乾隆元年（1736），“江南河工额设二十河营，兵丁九千一百四十五名”⑤。此后为加强巡守，又“于夫堡二座之间，添设兵堡一处，派兵二名，常川住守，汛期昼夜巡防”⑥。据晚清官员王庆云考察：“国初，河标兵仅三千名，康熙初，又裁减十之二，而岁夫愈困，其改编夫银，广增兵额，则始于辅，而继以成龙，遂使民脱佥派之苦，而工获修防之益。乾隆二年，定东西两河兵为战二守八。四十六年，大学士公阿桂奏，南河二十一河营额兵一万五百，东河三河营额兵一千七百。”⑦ 河兵人数之多、增长之快由此可见一斑。

河兵常川驻工，每里“或六名或四名或二三名，每兵管堤或三四十丈或五六十丈，每段或二里半或五里建一墩堡，每兵十五名栖宿于是”，其职责除“堤根栽柳务活，堤旁蓄草务茂”，“各堡房宜整葺”⑧，以及“桃伏秋汛，不时巡查，遇有险要，竭力抢护，以保无虞”外⑨，还肩负着维持黄河沿岸地区社会秩序以保障漕粮运输顺利进行，以及在大规模工程进行期间防范河夫发生动乱等重任。因此，具有准军事性质。这在任命靳辅

① （清）靳辅：《治河奏绩书》卷4，第4页。
② 题本，两江总督白钟山，档号：02－01－02－2247－016。
③《清会典事例》卷903，工部42，第424页。
④《清会典事例》卷901，工部40，第406页。
⑤《清会典事例》卷903，工部42，第424页。
⑥ 同上书，第425页。
⑦《纪河夫河兵》，（清）王庆云：《石渠余纪》卷1，第25页，《近代中国史料丛刊》第8辑，第75册，第89—96页。
⑧ （清）宗源瀚：《筹河论中》，盛康辑：《清经世文编续编》卷108，工政5，河防4。
⑨《今水学》，《行水金鉴》卷173，第2530页。

与张鹏翮两位河督的上谕中均有提及："或有土贼不时窃发，虑河运为梗，尔尚精选将领，严核兵马，勤加训练，申明纪律。如遇贼寇窥犯，即督发镇将官兵剿灭，勿使蔓延。如有将领临阵退缩，杀良冒功，及粮运稽迟，失误军机者，武官自四品以下，文官自六品以下，会同巡抚提督准以军法从事，镇道等官飞章参处，务期消弭乱萌，保安地方。其山东、河南各巡抚悉听尔节制，河道军务有开载未尽者，许以便宜举行，不从中制。"① 也正是出于这一原因，清廷对河兵的奖惩措施大体参照军功例定。其中雍正五年议定："嗣后，黄河下埽之官兵，如在事遭险入坎幸生者，照军功保守在事有功例，官加一级，兵夫以一等军功伤例给赏。身故者，官不论衔级大小，照军功阵亡例，以现在职分准荫加赠给祭葬银，外委官弁以及兵丁夫役，亦照军功阵亡例，分别给以祭葬银。"②

对于河兵制，清人王庆云予以了高度评价，可"使民脱佥派之苦，而工获修防之益"，并指出此为"本朝兵制之超出前代"的一个主要原因③。

2. 河夫

"防河之要，全在于堤，有堤而无夫以守之，犹无堤也，有夫而无房以居之，犹无夫也。"④ 与河兵同时驻守河工的还有非军事性质的河夫。按照职责不同，河夫大致可分为堡夫、闸夫、浅夫、坝夫、桥夫、渡夫数类，有常川驻工与临时招募之分，其数量因每年工程情况不同而有别，少则几千，多则数十万，其待遇起初基于工种之别而有所不同，后来统一规定，"每名岁给银六两"⑤，"工食系各州县于额设各役工食内拨给"⑥。

河夫募集之法有二："曰佥派，曰招募。佥派皆按田起夫，招募则量给雇值。"⑦ 清初采取佥派的办法，大致为"自二三月起，直至十月终止，俱按地亩起派"，这看似合理，"其实弊窦有不可罄言者。如狡猾之徒，将

---

①（清）张鹏翮：《治河全书》卷2，上谕，清抄本。

②《清会典事例》卷903，工部42，第423页。

③《纪河夫河兵》，（清）王庆云：《石渠余纪》卷1，第25页，

④（清）崔维雅：《河防刍议》卷4，第24页，清康熙刻本，《续修四库全书》第847册。

⑤《运河道册》，《续行水金鉴》卷7，第172页。另见《仪封县志》卷4，民国二十四年（1935）铅印本。

⑥《河南通志》，《续行水金鉴》卷6，第139页。

⑦ 赵尔巽等纂：《清史稿》卷127，食货志2，第11页。

自己田土，飞洒于人，豪势之家，将他人地亩，包揽于己，甚至绅衿衙役，借题优免，如有不肖有司，或碍于情面，不能秉公持正，以致懦弱乡愚者，愈累愈贫”①，“近河贫民，奔走穷年，不得休息”②。如此一来，“谁肯应募？应募者，必无赖贫民，工食入手，难保不逃”③。鉴于存在诸多实际问题，内政大臣、河道总督以及沿河地方督抚无不呼吁停止佥派，改为雇佣④。康熙帝将此交给工部筹议，结果认为，二者并行较为切实，因为“佥派夫役，恐道远民艰，不便准行”，而“时近冬寒，势不容缓，倘临期应募无人，复行佥派，必致迟误。着该督先行竭力召募，尽所得人夫供役，如万不能得，就近量行佥派协济”⑤。康熙十二年，正式改佥派为雇募，用河道钱粮“召募”河夫⑥，但真正推行则是在靳辅担任河督期间。

靳辅担任河督之时，大兴工程，所用夫役甚多，其中一次即“令江南之凤阳府属募夫一万五千名，江宁府属募夫一万名，苏、常二府属各募夫八千名，镇、太二府属各募夫四千名，徐州并属募夫五千名，滁州、和州并属各募夫二千名，山东兖州府属募夫一万四千名，济南府属募夫九千名，东昌、青州二府属各募夫五千名，河南开封府属募夫一万三千名，归德府属募夫八千名，尚少夫一万一千七百余名，应于淮属之邳、海、睢、宿、赣、沭六州县地方招募”⑦。据靳辅初步估算，在治河所需的各项工作中，仅运输料物一项每日竟“用夫十二万”，尽管为了尽可能地节减用工人次，减轻募集工作的负担，改用驴子运输料物，但仅能将数量压缩至“三万余名”，“其余各工，每日亦需夫七八万”⑧。不难想见，募集民夫乃

---

①《河南管河道治河档案》，《行水金鉴》卷173，第2517页。

②《纪河夫河兵》，（清）王庆云：《石渠余纪》卷1，第27页。

③《河南管河道治河档案》，《行水金鉴》卷172，第2509页。

④ 靳辅在《治河奏绩书》改派募为雇募一节中提到，当时“廷议谓，军兴饷绌，并未预征，不便准行，并用夫太多，若派募隔省，恐不肖官役借端扰民，亦未可定”［（清）靳辅：《治河奏绩书》卷3，第1—2页］。康熙十年，河道总督王光裕奏请：“旧例派调人夫，今淮、扬、庐、凤，民生困苦，若再派调，民何以堪。查有河库节省银十万两，可为雇募人夫之用”（《清圣祖实录》卷37，第1册，第499页）；康熙十二年（1673），河南巡抚佟凤彩奏请：“河工派夫，贻累地方，请动支钱粮，雇夫供役”（《清圣祖实录》卷41，第1册，第552页）。

⑤《圣祖仁皇帝圣训》卷33，第1页。

⑥《清会典事例》卷903，工部42，第428页。

⑦《靳文襄公经理八疏摘抄》，《行水金鉴》卷48，第692页。

⑧《靳文襄公奏疏》，《行水金鉴》卷49，第705页。

治河实践中的重要问题之一，它不仅关涉沿河百姓的生产与生活稳定，更关系河务工程能否正常高效地展开。问题是，如何进行招募，才能避免因官吏趁机欺压勒索而造成的沿河百姓怨声载道。经过多方调查，“体访舆情，无不以官雇称便”①，“其募夫之法，各该府州就所属州县之大小近便，酌量派募，务募二十岁以外，四十岁以内，精壮强健之夫，赴工常川供役，不许以老弱塞责及往来更换，以致旷误工程”②。虑及大规模招募尤其“远派各省，恐不肖官役借端扰民”，清廷决定“多加工食，以鼓舞招徕之”，并且还允许河夫用“工价抵纳钱粮”③。这种招募河夫的办法，不仅能够在一定程度上减轻贫苦农民繁重的差役负担，还能够为河务工程提供良好保障，因此，为民众“一时称便”。靳辅亦肯定这一做法：“若循派募之旧章，必半壁号呼矣。自易派募为雇募，多方鼓舞，遂使大工告成，而民不扰。”④ 身为河督，靳辅此言或许主要基于对河务工程的体察，而对于雇募河夫这一工作本身则无详细了解。事实上，“河官无地方专司”，雇募工作主要由地方官吏负责，而地方官吏往往于河务不甚了解，难以体会改佥派为雇募的真正意涵，仅出于完成任务计，仍施类似佥派的办法，以致雇募工作在实际运作过程中严重走样，造成了诸多问题。据两江总督董讷奏报：“皇上虽费金钱雇夫，其实地方都是派夫。每处派夫五千名，其帮贴银皆费至一二万金。夫到河工，报死者又多，甚为地方之累。”⑤ 在封建官僚体制下，这一矛盾很难真正得到解决，“管夫河官，侵蚀河夫工食，每处仅存夫头数名，遇有工役，临时雇募乡民，充数塞责”⑥ 等弊病屡见不鲜。

虽然河兵与河夫分别归属武、文管辖系统，但是由于所承担任务相近甚至存有交叉，二者又各有所长。比如“堡夫一项，皆系永远土著，水势缓急，堤岸情形，无不深知熟悉，且搜寻獾洞、鼠穴、狼窝蛰陷，尤其所长，即或猝有险要，搬运泥土，竭力填塞，非堡夫不能胜任。至于新设河

①《河南管河道治河档案》，《行水金鉴》卷173，第2518页。

②《靳文襄公经理八疏摘抄》，《行水金鉴》卷48，第692页。

③《靳文襄公奏疏》，《行水金鉴》卷49，第705页。

④《纪河夫河兵》，（清）王庆云：《石渠余纪》卷1，第26页。

⑤《康熙起居注》，第1735页。

⑥《清世宗实录》卷9，第1册，第174页。

兵，虽镶填、钉桩、卷埽、下埽固所熟谙，然而风防雨守，寒暑无间，昼夜巡视，不辞辛劳，若者，总不如堡夫之足供驱策”，所以在日常工作中尤其大规模治河工程进行期间，“须兵夫兼用，协力防御，方有实效”①。

第二节　工程与经费

一　工程

要而言之，清代的黄河治理工程分为岁修、抢修、另案、大工四类，即《清会典》所载：

> 凡旧有埽工处所，或系迎溜顶冲，或因年久旧埽腐坏，每岁酌加镶筑，曰岁修。河流间有迁徙，及大汛经临，迎溜生险，多备料物，昼夜巡防抢护，曰抢修。各办其桃汛、伏汛、秋汛而御之，每岁清明节后二十日为桃汛，自桃汛至立秋前为伏汛，自立秋至霜降为秋汛。岁修于冬令水落后兴工，次年桃汛后完竣，春修后间有蛰刷，随时镶筑，抢修则视工之平险无定期。
>
> 岁修、抢修所不及者，曰另案，曰大工。凡新生埽工，接添埽段，不在岁修、抢修常例者，曰另案。其堵筑漫口，启闭闸坝，事非恒有者，曰大工。均临时相度情形，先行具奏，次将工段丈尺开单汇奏，照例题估题销。②

而在治河实践中，由于堵筑决口之大工常伴有另案工程，所以清人在谈及黄河工程时常将二者混称另案大工，依此将黄河工程分作岁修、抢修、另案三类：

> 岁修者，以岁定额款，兴通常工程之谓也。因系冬勘春修，亦曰春工。

①《世宗宪皇帝朱批谕旨》卷126，文渊阁《四库全书》第421册。

②《清会典》卷47，工部3，嘉庆二十三年撰，第560—561页。

抢修者，工须亟办，于抢修项下提出经费，无论何时，赶紧兴修之要工也。河工经费，原定有岁修、抢修之二项，岁修费为通工常修之用而设，抢修费专备要工抢做之需焉。其性质异，因之其办法亦不同，岁修宜早，抢修则贵乎神速。神速云者，必须迅即估工，克日储料，撒手抢办，一气呵成，稍有松懈，即失抢修之名义矣。

另案，遇有工程紧要，需款浩繁，非常年岁抢修经费所能办到，因而勘估工需，专请奏咨拨款兴修者，谓之另案。另案工程，非岁抢修之可比，悬工待款，准驳未能预必，不准固宜另筹补救善法，即或邀准，而辗转行文，亦须久稽时日，及至明文饬修，已恐赶办不及。此另案工程，尤较岁抢修之为困难者也。①

关于治黄工程的分类、性质及其经费来源，目前学界依据《清会典》及相关史料基本达成了一致意见：岁修、抢修为计划内工程，所需经费一般由中央财政提前预算拨付，而另案与大工或者说另案大工，则由于多系突发事件，且工程的规模与强度远在岁修与抢修之上，所需经费数额较大，除由中央财政拨付外，还经常从各省临时调拨，或者通过开捐等途径筹集。至于责权归属，岁、抢修工程一般为在河官员分内之事，而另案大工有所不同，如为堤岸决口，除河督亲临现场指挥外，清廷还往往选派钦差大臣前往河干，与河督一道完成堵筑事宜。正是因为另案工程具有特殊之处，学界对其所需属于预算内经费还是预算外经费认识不一。

王英华将另案经费视为预算外财政支出②。李德楠认为另案经费与岁、抢修经费一样均属于经常性开支③。而颜元亮则将另案工程加以细分，在其看来，在报销章程上可分为“常年另案”和“专款另案”。前者一般指工程量稍大者，与岁、抢修没有明显的区分，诸如修砌砖石，增培堤埝，抛筑碎石，挑河切滩等，甚至清口各闸坝的堵闭以及盛涨抢厢新埽等均属

① （清）章晋墀、王乔年述：《河工要义》，第89—90页；沈云龙主编：《中国水利要籍丛编》第4集，第36册。

② 王英华：《清前中期（1644—1855年）治河活动研究：清口一带黄淮运的治理》，博士学位论文，中国人民大学，2003，第153页。

③ 李德楠：《工程、环境、社会：明清黄运地区的河工及其影响研究》，博士学位论文，复旦大学，2008年，第159页。

常年另案，随时附折奏明办理。专款另案指特别拨款的大工，包括堵闭决口，挑河筑堤及创建拆造闸坝等①。据此，常年另案经费与专款另案即大工经费均属预算外。

除可从技术层面对另案工程进行更为细致的划分外，还可从时间序列中考察另案工程在清代所经历的变化过程，以界定其属于预算内还是预算外。清前期尤其康熙年间，空前重视黄河治理，并于实践中兴举了一些较大规模的常年另案工程。比如，靳辅担任河督期间，曾聚焦南河，推出了一系列治河举措，在岁抢修之外大兴治河工程，虽历时数年才完成，但此后很长一段时间黄河安澜证明了这些工程的价值与意义。所举工程须事先报中央审批，获得允可后所需经费才拨付到位，其中包括南河大修用费250万两以及萧家渡工程120万两，即颜元亮所言“随时附折奏明办理”。明显可见，这类工程具有一定的计划性，但所需经费多在年度预算之外。自靳辅以后，类似有计划大规模的河务工程越来越少。尤其清中期，由于河道淤积严重，河工弊病迭出，黄河漫溢决口频繁发生，临时出现的大工或曰另案工程明显增加，而此多属于计划外工程，所需经费亦在预算之外。对于二者之间的差别，时人曾从经费的角度予以区分：“另案工程则有常年、专款之分，常年另案在防汛一百五十万内报销，专款另案则自为报销，不入年终清单。”② 这说明需要根据实际情况进行认定，不能将另案工程经费一概归为预算之外，因为常年另案中有相当部分属预算之内。延及晚清，困于内忧外患，清廷在河务问题上的投入急剧缩减，黄河日常修守逐渐松弛甚至几近瘫痪，几无常年另案工程可言，即便像堵筑决口这样的专款另案工程，也常因经费短缺而陷入困境，其中发生于光绪十三年的郑州决口颇具代表性。决口发生之初，面对堵口工程所需的上千万两经费，清廷慌乱不堪，几无计可施③。

---

① 颜元亮：《清代黄河的管理》，中国科学院、水利电力部水利水电科学研究院：《水利史研究室五十周年学术论文集》，水利电力出版社1986年版。

②《河防巨款》，（清）欧阳兆熊、金安清：《水窗春呓》，第64页。

③ 详见朱浒的《地方社会与国家的跨地方互补——光绪十三年黄河郑州决口与晚清义赈的新发展》（《史学月刊》2007年第2期）和申学锋的《光绪十三至十四年——黄河郑州决口堵筑工程述略》（《历史档案》2003年第1期）。

二　预算内经费

岁、抢修来源有常，为预算内经费，其数额前后相差较大，大致经历了一个由少到多进而骤然缩减的变化过程。

《豫河续志》载：常年经费“清时先少后多，其递增之数，相差甚巨”①。康熙年间的河工经费，靳辅上奏时提道：“自康熙六年至今，十载之间，岁岁兴工，费过钱粮三百余万”②；康熙十六年后的十余年时间里，大举兴工，先后两次请帑，共用银370万两左右，由此不难推算平均每年约30万两，而这个数字显然包括另案大工经费。据河督张鹏翮奏报：康熙三十八年“岁修银八万四千七百四十五两四分零，抢修银六万四千四百三十三两五钱四分零”③，合计约15万两，与靳辅所奏大体一致。也就是说，康熙年间的岁抢修经费约15万两。至雍乾时期，有所攀升，大体保持在50万两上下。比如，雍正八年，解南河“六十七万五百三十六两有奇，以供岁修、抢修及兵饷役食之用”，减去“兵饷役食之用”，再加以东河费用，当在五十万两左右④。再如，乾隆三年（1738）议定，山东一省每年“预拨银一万八千七百两，永为定额。又奏准，豫省南北两岸黄沁两河岁修、抢修工程每年预拨银七万两，永为定额”。十三年（1748）议准：“嗣后江南黄运两河岁修、抢修工程，所有钱粮不得过四十万两上下”⑤，东河与南河岁抢修经费相加仍保持在50万两上下。延及嘉庆中期，由于南河淤垫严重，治理难度加大，再加以物价上涨等因素影响，清廷不断加大财政投入力度，岁、抢修等计划内经费数目呈明显上升趋势。其中，嘉庆十九年（1814）规定：“南河岁、抢修经费，旧例每年动用银五十万两，自嘉庆十二年加增料价以两倍为止，总不得过一百五十万两之数”。二十一年（1816）又议准：“山东省黄河抢修每年不得过四万五千两，河南省黄河抢修每年不得过二十三万两”，两河相加达一百七十七万五千余两⑥，比较雍

①《豫河续志》，《再续行水金鉴·黄河卷》附编13，第3208页。

②（清）平汉英辑：《国朝名世宏文》卷8，六疏，清康熙刻本。

③ 题本，兵部尚书张鹏翮，档号：02－01－02－2247－018。

④《清会典事例》卷904，工部43，第435页。

⑤ 同上书，第438—439页。

⑥《清会典事例》卷905，工部44，第447—448页。

乾时期增加了三倍左右。另需关注的是，这一态势仍在延续。根据道光年间的一份上谕可知："自道光元年以来，每年约共需银五、六百万余两"①，较嘉庆时期又增加了三倍有余。此即如《豫河续志》所载：仅乾隆元年至道光初"上下数十年间，增至十倍。"② 这一势头在道光后期得到了一定程度的遏制。比如道光二十八年奏准："南河每年工用以三百万两为率"③，与二十年前相较缩减近半。究其原因，并非清廷重新获得了较强的掌控能力，而在很大程度上为当时的政治大局所左右。如前所述，道光后期，清廷所面临的政治局面严峻而复杂，内乱外患纷至沓来，军费与赔款等项支出骤增，成为清廷沉重的财政负担，在这种情况下，缩减河工等项开支成为清廷缓解财政困境的重要途径。晚清以降，军费、赔款、兴办洋务等项开支越来越大，清廷财政因此而发生了结构性变化：军费与赔款取代河工及漕务成为清廷财政支出之大宗。黄河铜瓦厢改道后，清廷甚至为了筹集军费将南河与东河干河部分的管河机构裁撤，河工经费顿然缩减到了一个更小的数额。其中同治二年议准：东河所剩河段"每年修守及一切防险工程，以二十万两实银为率，不得再有另行抢险异常工程名目"④。

以上岁、抢修经费属于常例支出，主要由国家财政直接拨付，至于所占比例，魏源的记述有所涉及。他在《圣武记》中记述了乾隆朝的常例支出情况，大体如下：

> 岁出之数，则满、汉兵八十余万，实支饷、米、草、豆银一千七百三万七千一百两有奇。王公百官俸九十三万八千七百两。文职养廉三百四十七万三千两，武职养廉八十余万两。满、汉兵赏恤银三十余万两。八旗添设养育兵额缺银四十二万二千余两。各省学校廪粮、学租银十四万两。驿站钱粮银二百万两。漕船五千六百八十八号，十年更造一次，每船开销料银二百八两，每十年约需银百二十万两。赎回旗丁屯卫田，官佃收租津贴疲丁，岁不下数十百万。赎回旗人旧圈

①《清会典事例》卷906，工部45，第454页。

②《豫河续志》，《再续行水金鉴·黄河卷》附编13，第3208页。

③《清会典事例》卷906，工部45，第457页。

④ 同上书，第459页。

> 田，归官收租，于岁终分赏旗兵一月钱粮，约岁需三十八万两。河工岁修银，东河八十余万，南河三百余万。宗室俸米无定额。京官各衙门公费饭食银十四万三千有奇。外藩王公俸银十二万八千两。内务府、工部、太常寺、光禄寺、理藩院祭祀、宾客等备用银五十六万两，采办颜料、木、铜、布等银十二万一千十四两，织造银十四万五十余两，宝泉、宝源局料银十万七千六百七十两。在京各衙门胥役工食银八万三千三百三十两。京师官牧马、牛、羊、象刍秣银八万三千五百六十两。宫殿苑囿内监二千四百余人，所食钱粮五两至一两有差。此岁出之大数。①

据此计算，当时清政府的常例支出大体在每年3200万两左右，其中，河工经费约380余万两，占常例支出的12%，仅次于兵饷及养廉银支出。

除中央财政拨款外，一些省份的额征河银亦为重要来源，即“稽经费之多寡而储其备，凡河银之岁解者定以额”，大体为：“东河河银，河南额设银九万八百八十二两四钱有奇，山东额设银四万五千四百三十八两五钱有奇。南河河银，安徽布政司属额征银二万二千六百二十一两五钱有奇，江宁布政司属额征银八万六百九十二两，河湖滩租并升科地租银六千六百六十五两二钱有奇，苏州布政司属额征银二万六百一十七两一钱有奇。又司库每年拨解银九万九千八百二十八两有奇，淮关并由闸额征河银三万四千四百九十一两四钱有奇，两淮盐运司认解节省银五万两，两浙盐运司认解节省银一万两，长芦盐运司认解节省银一万两，山东盐运司认解节省银七千两，福建盐道认解节省银三千两，两淮盐政额拨银三十万两”②。对于具体额征数目，还往往根据情况进行调整。其中雍正八年（1730）奏准：“江南省河库钱粮，江苏每年征解河银十一万二千二百三十七两有奇，安徽每年征解河银二万三千四百五十三两有奇，浙江每年征解河银一万五百二十五两二钱有奇，淮关每年额解河银二万六千八百二十四两八钱有奇，瓜仪由闸每年额解河银七千六百六十六两六钱有奇，两淮盐政每年额拨银

① 魏源：《圣武记》卷11，武事余记，兵制兵饷，岳麓书社2011年版，第475—476页。

②《清会典》卷47，工部3，嘉庆二十三年撰，第563页。

三十万两，两淮盐运使司每年额解节省银五万两，广东盐运使司额解节省银一万两，两浙盐运使司额解节省银一万两，长芦盐运使司额解节省银一万两，山东盐运使司额解节省银七千两，福建盐运使司额解节省银三千两，又苏州布政使司每年拨解河库银九万九千八百二十八两有奇。以上存库银六十七万五百三十六两有奇，以供岁修、抢修及兵饷役食之用。"① 此外，则是一些数目相对较小的贴补。比如，靳辅治河期间，曾将涸出的滩地分与沿河居民耕种，征收一定的赋税作为河工经费。再如，乾隆五十一年（1786）奏准，"豫东二省黄河大堤内外滩地，招垦征租，解交河库，以裨工用"；五十三年（1788）覆准，"江南省沛县所属邵阳湖边旧运河废堤，两岸居民添盖房屋三百六十九间半，照河房纳租之例，每间岁征银三分，每年同旧征房租银两，解运河道库交纳，按年造册报部"②。

三　预算外经费

与预算内经费相比较，预算外河工经费数额较大，往往为前者的数倍甚至数十倍，并且整体上呈现曲线式上升的态势，即清前期数目较小，清中期明显增大，至清晚期，亦有花费甚巨的抢堵工程。

根据靳辅记载："国初，封丘荆隆口大王庙之决，前河臣杨方兴塞之，工六、七年而始竣，费帑者八十万。近则宿迁杨家庄之塞，亦二十二万。若萧家渡一工，止旁决，非顶冲，然犹费帑十万两有奇，而徐家湾因在南岸，费仅三万，徐州花山之役，则以马陵山之阻，骆马湖之汇，费一万余而已。"③ 至乾隆后期，此项工程所需大幅上升。其中，乾隆四十七年"豫省堵筑青龙冈漫工，及筑堤浚渠，历次酌增夫料，价值银九百四十五万三千九百余两"④。自此以后，大工经费基本保持在一千万两上下，即《清史稿》所言："大率兴一次大工，多者千余万，少亦数百万。"⑤ 即便在晚清财政极为匮乏的情况下，除了咸丰五年铜瓦厢决口清廷予以放弃之外，其

①《清会典事例》卷904，工部43，第435页。

② 同上书，第444页。

③（清）靳辅：《治河余论》，贺长龄辑：《清经世文编》卷98，工政4，河防3。

④《乾隆朝上谕档》（十一），第668页。

⑤ 赵尔巽等纂：《清史稿》卷131，食货志6，第24页。

他大工所费帑金数额仍然较大。比如，道光二十一年河南祥符决口，“查祥工堵合之费，连善后共请拨过银六百五十八万二千余两，南河奏拨挑河等费银一百六十万两，赈恤款项不在此内”①；道光二十三年河南中牟决口，“统计臣等所办各工，除动用捐输钱文外，实共用去正项银六百四十四万余两”②。

在不同时期，大工经费的来源有所不同。前期主要来自户部及各省藩库，捐输等所占比例有限，乾隆以后由于迭开捐例，通过捐输、报效等方式筹集的经费所占比例逐渐增大。以商捐为例：

清代两淮盐商的报效情况③　　　　（单位：万两）

报效数量 报效事由	康熙朝	雍正朝	乾隆朝	嘉庆朝	总计
军需	13.5	10	1510	1200（收900）	2433.5
河工			201.76	300	501.76
赈济			242.47	30	272.47
备公		24	927	30	981
总计	13.5	34	2881.23	1260	4188.73

从上表明显可见，自乾隆朝开商捐以后，商捐数目较大且呈明显增长势头。其中嘉庆二十五年，黄河一次决口的堵筑工程，两淮商人就“捐银二百万两，以佐工需”④。道光以降，政治局势急剧变动，清廷财政日显紧张，大工经费来源多样化。以道光二十三年的河南中牟决口为例，“统查此次工需，奉拨各省关解到饷银五百一十九万九千余两，京饷银一百五十万两，又各员捐交麻橛价银三万四千两，又借提开封府属发当生息本银九万六千九百二十两，又收工员缴回买料节省银二万一千八百四十两，又收捐输银四千两，以上共收银六百八十五万五千七百余两”⑤。此外，还需关

①《中牟大工奏稿》，《再续行水金鉴·黄河卷》，第933页。

② 同上书，第1005页。

③ 嘉庆朝《两淮盐法志》卷42《捐输》；转引自王英华《清前中期（1644—1855年）治河活动研究：清口一带黄淮运的治理》，博士学位论文，中国人民大学，2003，第157页。

④《清宣宗实录》卷2，第1册，第94页。

⑤《中牟大工奏稿》，《再续行水金鉴·黄河卷》，第1004页。

注另一明显变化，即西人逐渐参与到河工事务之中，比如，道光九年“洋商再次捐输东河工费银三十万两”①。

四　经费管理

由于河工经费数额巨大，如何进行管理成为一项重要而复杂的工作。对此，王英华根据《清会典》的记载进行过归纳②，此处拟在此基础上稍作补充，大致如下。

（1）起初，由河督自主管理，各管河道、河库道及各厅分理，后来由于河工弊政凸显等问题，由沿河地方督抚负责监督。康熙三十五年（1696）题准：“江南设管河道，一应河工钱粮，均归道库支收。”三十七年（1698）题准：“大工、岁修钱粮，均交与总河自行经营。”三十八年（1699）覆准：“江南省裁管河道，钱粮仍照旧例，归于各厅收放。”四十八年（1709）覆准：“河道钱粮，令淮徐道管理，应于淮安府城内建库收存，仍令道役看守巡查。”乾隆元年（1736）议准：“江南省徐属等各厅一应额收外解河银，自乾隆二年为始，悉令改归河库道收存”。乾隆三十年（1765）奏准：“江南省河工，每年岁修、抢修、加高土工、另案大工并苇荡营地一切修防，以及采办料物，三汛大工银两，三道十七厅一并详报两江总督查考，仍由江南总河主核，如有应行参酌之处，随事商办。”

（2）规定常规经费每年可用的最高限额，并定期盘查河库存银。为掌握河库存银状况，康熙五十二年（1713）议准：“嗣后山东、河南河库每年令各该抚盘查，江南河库每年令总河盘查，出具并无亏空印结，送部存案。出结后有亏空者，除责令赔补外，仍将该督抚照徇庇例议处。”乾隆三十三年（1768）奏准：“江南河库道钱粮，每年盘查，据实保题。”乾隆十三年（1748）议准：“嗣后江南黄运两河岁修、抢修工程，所有钱粮不得过四十万两上下。”嘉庆十二年（1807）加增料价后规定，南河岁、抢修经费“不得超过150万两之数”。超额部分责令总河及各承办官员按比例分赔，比如嘉庆十九年（1814）“逾额银九万余两，即着黎世序及承办

① 《清宣宗实录》卷156，第3册，第389页。

② 王英华：《清代河工经费及其管理》，中国水利水电科学研究院水利史研究室编：《历史的探索与研究 水利史研究文集》，黄河水利电力出版社2006年版。

各工员，按数分赔，不许再藉词声覆”。道光二十八年（1848）奏准，南河河工经费以每年300万两为基准。

（3）根据实际情况制定河工经费奏销程序。雍正二年（1724）议准：“嗣后岁修工程，于本年十月内题估，次年四月内题销，逾限不销者，令授受各官赔偿工费。至抢修工程，将冲决丈尺，动用何项钱粮报部，工完之日，汇册题销，迟至次年四月不题销者，如前赔偿。其岁修及别项大工，动用何项钱粮，于题估日一并声明。”乾隆二十八年（1763）补充规定：“岁修工程，除与常年报销银数不相上下者，照常办理外，倘该年需费倍加，应令该督抚将该年必需倍费情形，专折奏请。”① 至清中期，有的河督在预算报告中用“一带”等字样替代抢险工段起止地名，以为“影射浮开及事后增添”。因此，为慎重起见，嘉庆八年（1803）规定：“嗣后，凡有添筑埽坝等工，如勘明实系紧要处所，万难稍缓者，仍著各河臣一面上紧抢护，一面于兴工后即将新工地名段落确实声明，并各工长宽高厚，丈尺若干，约需银数若干，逐一分开详晰具奏，以凭交部查核，不得仍称一带等处，语涉含混。”② 嘉庆十五年（1810），针对河官将旧埽腐朽、沉陷、蛰塌等应属于岁修的工程作为另案报销的弊病，责令河督将各厅汛新旧埽工，已经合龙的，或正在修防的，分别注明其起止地名、长度，报送工部，作为日后核查的凭证。

（4）将另案工程费用进行年际比较，以遏制其增长态势，此举实属无奈，亦未能取得实际效果。嘉庆二十一年（1816）在进行此项工作时，命河督将东西两河每年的另案工程费用加以汇总，并与前三年的数据进行比较，以备核查。道光年间，大工所费繁巨。其中道光“六年，拨南河王营开坝及堰、盱大堤银，合为五百一十七万两。二十一年，东河祥工拨银五百五十万两。二十二年，南河扬工拨六百万两。二十三年，东河牟工拨五百十八万两，后又有加”③。由于这一时期另案工程中的常年另案基本缺失，在进行此项工作时，常将另案与大工混合使用，纳入年际比较范围的多为大工，而大工所需难有定数，大体以堵筑决口为目标，所以，此项工

①《清会典事例》卷904，工部43，第434、440页。

②《嘉庆朝上谕档》（八），第200页。

③ 赵尔巽等纂：《清史稿》卷131，食货志6，第24页。

作逐渐失去了意义。

第三节 考成保固

靳辅言："两河襟带数千里，赞襄戮力，全在大小群有司。必使人如臂指，而后其令行，必使人无观望，而后其心一，必使人知惩劝，而后其力殚。"① 意即欲保证河务工程的顺利展开，须对管河人员进行考核并据其功过得失予以奖惩。再者，与其他河流相比，黄河决溢具有特殊性，受季节降雨、气候变化以及自身泥沙含量大等自然因素影响较大，尽管清廷每年投入大量的人力、物力用于日常修守，但是仍然频繁发生。一般堤岸决口发生后，清廷不仅组织紧急抢险，还对出事原因进行深入调查，而结果往往认定为人祸，这时在河官员罪责难逃，将受到相应的处罚。因此，如何对事件进行定性以及如何对相关人员进行奖惩至为重要，需要以制度形式予以规范。综合而言，清代制定的河工考成保固条例，主要针对的是堤岸工程的保固期限，期限内外如果堤岸冲决应如何对在河官员进行处罚，以及如何对在堤岸修筑过程中不尽职责甚至贪冒舞弊的河官进行处罚等问题。由于"清人治河，大致以'有决必塞，维持故道'为原则，朝廷方面拿这点来做定针"②，所以针对前面两个问题的规定尤为突出，且前后相沿，不断调整细化。其中对河官的处罚大致经历了从罚修到赔修的变化过程。

一 罚修

顺治初年，规定：

> 黄运两河堤岸修筑不坚，一年内冲决者，管河同知、通判、州县等官，降三级调用，分管道员降一级调用，总河降一级留任。如异常水灾冲决者，专修、督修官俱住俸修筑，完日开复。本汛堤岸冲决，隐匿不报，另指别处申报者，加倍议处。如一年外冲决者，管河等官

---

①（清）靳辅：《治河奏绩书》卷4，第3页。

② 岑仲勉：《黄河变迁史》，第556页。

> 革职，戴罪修筑，分管道员住俸，督修完日开复。本汛堤岸冲决，隐匿不报，另指别处申报者，管河等官降二级调用，分管道员降一级调用，总河不行详确具题，罚俸一年。如地方冲决少而申报多者，具报官降三级调用，转详官降二级调用，总河不行详查具题，降一级留任。至冲决地方，限十日申报，过期始报者，降二级调用。其沿河堤岸，豫先不行修筑，以致漕船阻滞者，经管官降一级调用，该管上司罚俸一年，总河罚俸六月。①

不难看出，该条例主要针对河工失事后如何对在河官员进行处罚作了规定，大致包括两个方面：一是堤防在一年之内失事的，处罚较重，一年以外者处罚相对较轻；二是对在河官员的处罚力度因职衔不同而有所区别，对处于治河一线的同知、通判的处罚力度较大，而对分管道员及总河的处罚相对较轻。毋庸置疑，这能够在一定程度上增强在河官员尤其是一线河官的责任意识，但亦存有“不周”之处，即如果官员调离后堤岸出现质量问题则很难执行此条例。有鉴于此，顺治十六年（1659）作了如下修订：“河工各官，遇有升迁降调事故，将任内修防事宜造册交代，离任后有堤岸冲决者，该管官参处。”②

延及康熙年间，在“漕粮、河道关系国家根本，甚为重大，事缘漕粮、河道情罪，俱在不赦”③ 这一思想的指导下，不仅重视河督与河官的选任，拓展管河机构，而且不断调整完善相关规定。体现在考成保固方面为申令“河道关系甚大，堤岸冲决，皆由修筑不坚防守怠玩所致，宜严定处分之例”，将堤岸的保固期限由一年改为半年，如果半年内冲决，对经修防守等官的处罚由原来的降级调用改为“革职”，对分管道员与河督的处罚由降一级改为降四级、三级调用或革职留任；如果半年之外冲决，对经修防守等官的处罚由原来的革职戴罪修筑改为降三级调用，对分管道员与河督的处罚则由住俸追督修完开复改为降二级调用、一级留任④。较之

①《清会典事例》卷137，吏部121，第756页。

②《清会典事例》卷917，工部56，第551页。

③《康熙起居注》，第795页。

④《清会典事例》卷917，工部56，第551页。

此前，处罚力度明显加大，这能够在一定程度上增强在河官员的责守意识，但严厉的处罚措施往往令在河官员不寒而栗，并且将黄河冲决完全归咎于河官失职亦显然有失偏颇。更何况该规定没有区分堤岸冲决程度，仅笼统言之。为了应对现实问题，康熙二十三年（1684）议定："堤岸冲决河流迁徙者，照旧例处分。止于漫决河流不移者，若在限年之内，令经修官赔修。如过年限，令防守官赔修。永为定例。"① 康熙三十三年（1694），又对上述条例进行了修订："嗣后，堤岸冲决河流迁徙者，照定例处分。若堤岸漫决河流不移者，免其革职，责令赔修。年限内漫决者，经修官赔修。年限外漫决者，防守官赔修。"② 这一改革最大的亮点在于引入了赔修处罚办法，此为清代河工赔修制度之滥觞，亦是清代河工考成保固制度的重大改革③。

赔修措施的出台给在河官员因堤岸冲决而遭受重罚留下了回旋余地，甚至可以说提供了一个赎罪的机会，这无疑能够在一定程度上缓和堤岸冲决之时河务这一场域的紧张气氛，亦可为朝廷减少河帑损失。但是其中的漏洞也颇为明显，即没有规定赔修期限，这令该措施执行起来颇有难度，因为被罚以赔修的河官极有可能钻制度的空子，想方设法无限期拖延，以致赔修制度难以真正落实。比如，康熙三十九年（1700），御史廖腾煃参"原任河道总督董安国，糜费岁修及各案大工帑金不下四五百万，于成龙任内又几及二三百万，河工无一案报竣，追赔及款亦无一案还项"④。有鉴于此，清廷将赔修期限限定为半年，如果半年内不能完成，则对管河各官严加惩罚，"分司道员各降四级督赔，工完开复，如限内不完，承修官革职，分司道员降四级调用，总河降一级留任，未完工程，仍令赔修"⑤。至于河南段黄河，由于管理上存有特殊之处，康熙四十九年（1710）议定："河南堤系巡抚就近料理，如遇水长，即饬管河等官协同地方官合力抢护，

① 《清圣祖实录》卷118，第2册，第242页。

② 《清会典事例》卷917，工部56，第552—553页。

③ 早在靳辅治河期间，就有"赔修"这一提法，比如：康熙二十一年萧家渡决口时，曾有人主张"应令靳辅赔修"（《康熙起居注》，第912页），但是在清廷颁布的河工考成保固条例中正式出现却迟至康熙三十三年。

④ 《清圣祖实录》卷197，第3册，第1页。

⑤ 《清会典事例》卷917，工部56，第553页。

如有仍前怠玩，贻误河工者，将管河地方官照黄河例议处，仍查明年限，著其赔修。”①

综观这一时期的治河实践，尽管屡次修订赔修制度，但并未真正贯彻实施。河督张鹏翮曾在奏陈中提道“河工赔修，俱系从前旧案，甚属繁多。”② 一般情况下，仍施以罚修。比如，康熙四十四年（1705），堤岸冲决，清廷认为河督张鹏翮“于河工事务，并不尽心预为筹划，以致堤岸冲决，殊属溺职”，遂给予革职留任的惩罚③。出现这一状况的原因或许在于，这一时期受整体环境影响，河政状况良好，治河实践中尚不至于发生严重的赔修案件，抑或由于康熙帝深知“黄河万里而来，势大水深，矶嵴加长，一遇水发，易致冲坏，河官惟恐赔修，不敢接长”④，而未予严审。

二　赔修

赔修制度真正推行并不断细化是在雍乾时期。雍正二年（1724），申令：“嗣后给发钱粮，交与谙练河务之人修筑，如修筑不坚致有冲决者，委官督令赔修。不能赔修者，题参革职，别委贤员，给发钱粮修筑，将所用钱粮，勒限一年赔完，准其开复，逾限不完，交刑部治罪，仍著落家属赔完。”⑤ 与康熙年间的赔修规定相比较，这次修订明显细化了很多，但是雍正帝很快发现了其中存在的问题。雍正五年（1727）的一份上谕中讲道：“河工追赔之项，其中情由不一。有该员侵蚀入已者。有修筑草率，本不坚固，易致冲决，应当赔修者。有当溃决之时，该员预知例当赔修，而以少报多，先留地步者。甚至有故意损坏工程，以便兴修开销者”，“但亦有经手之员本无情弊，而照例则应分赔者，在该员情稍可原，而承追之时，无力全完”。⑥ 鉴于诸多实际情况，雍正帝开始考虑对赔修制度进行修订，并于雍正五年推出了“赔四销六”的举措。大体为：

① 《河南通志》，《续行水金鉴》卷 4，第 93 页。
② 《清圣祖实录》卷 202，第 3 册，第 64 页。
③ 《清圣祖实录》卷 222，第 3 册，第 235—236 页。
④ 《清圣祖实录》卷 211，第 3 册，第 141 页。
⑤ 《清会典事例》卷 917，工部 56，第 554 页。
⑥ 《清世宗实录》卷 61，第 1 册，第 928 页。

> 黄河一年之内，运河三年之内，堤工陡遇冲决，所修工程原系坚固，于工完之日已经总河督抚保题者，承修官止赔修四分，其余六分准其开销。如该员修筑钱粮均归实用，工程已完，未及题报而陡遇冲决者，该总河督抚据实保题，亦令赔修四分，其余均准其开销。如黄河一年之外，运河三年之外，堤工陡遇冲决，该管各官实系防守谨慎者，该总河督抚察实具题，止令防守该管各官共赔四分，内河道知府共赔二分，同知、通判、州县、守备共赔分半，县丞、主簿、千总、把总共赔半分，其余六分准其开销。其承修防守各官，皆革职留任，戴罪效力，工完之日，准其开复。倘总河督抚保题不实，照徇庇例议处，仍照定例，勒限分赔还项。①

这一调整不仅加大了对河官办事的稽核力度，所定“赔四销六”的办法也减轻了河官的赔修压力。此后河工赔修制度真正推行开来②，但其中仍然存有问题。首先，赔修条例只规定了各河官的分赔比例，没有涉及赔修的具体数目。其次，分赔人员均系具体承办之人，河督作为河务场域的最高负责人并未列于分赔之列，在赔修问题上其职责为与督抚一起进行稽核，如果稽核不实，才“照徇庇例议处”，而条例中对如何监督其稽查工作是否属实则并无相应规定。因此，他们几近在赔修制度之外。

由上文可知，赔修条例只规定了各河官的分赔比例，没有涉及赔修的具体数目，这或许缘于该时期河工经费整体数额有限，河官可以在一定期限内赔修完毕，抑或因为分赔案例较少。而随着时间的推移，清廷在河务问题上的投入力度越来越大，赔修数额相应呈现上涨态势。据东河总督张师载奏报，他调任该职后仍在缴纳在南河协办河务时的赔修款项，其中“第四限银”自乾隆二十三年五月十七日起扣至二十四年五月十七日止，应缴七千六百三十一两，已全数缴清③。张的情况算好的，因为有“实在

---

① 《清会典事例》卷917，工部56，第555页。

② 乾隆二十八年的一份上谕中曾提及：“惟河工分赔例，定于雍正五年。”（《清高宗实录》卷701，第9册，第839页）

③ 朱批奏折，东河总督张师载折，档号：04-01-35-0720-033。

不能即行全数追赔者”[1]，更“多有力不能完者”[2]。再者，如果被罚以赔修的官员极力抵制或者一再拖延，相关规定也难以落实。这一状况为乾隆帝所悉知，他曾感慨：“水利工程，久经完竣，其所用款项，经部驳查者，应销应赔，自应速为查办，何至历年沉搁累积如此之多？”[3] 此外，如何执行赔修规定亦为非常棘手的问题，因为按照洪水暴发规律，应确实存有无法临时抢护的情况，一味命河官赔修，则不近情理。缘此种种，“此等案件，降旨豁免者甚多”[4]。即便有执行之例，亦多为寻常之外。比如，乾隆十一年（1746）查出，河督白钟山应赔之款累积数额较大，欲以其在京房产作抵押，然“所值不过数千金”，续经调查发现，其与盐商勾结，请代为营运“已有十万之数”，遂将其贪污所得“一一追出”，以补“应赔之项”[5]。鉴于“全河积年陋弊，尽行败露，若不极力整顿，将来仍不过革职留任，勒限着赔，则国家之功令不行，不但河员视侵亏为分所当然，将各省督抚瞻徇属员通同舞弊之恶习，何所底止耶？”[6] 乾隆二十三年（1758）议准：

> 现任江南河工文武员弁，凡有应追核减分赔等项银两，除承追官催追不力，仍照向例按限查参议处外，其欠帑人员，无论文职、武职银数在三百两以上者，勒限一年全完，三百两以下者，勒限六个月全完。应支廉俸人员，于应得廉俸内扣抵，倘扣不足数，或系不支廉俸之员，勒令自行完缴，逾限不完，现任人员停其升调，效力人员停其补授，再限一年及六个月完缴，俟完缴后升调补授。再逾限不完，现任人员暂行解任，效力人员暂革职衔，仍留工比追，再限一年及六个月完缴开复，如仍无完缴，题参监追治罪，查封财产变抵，承追不力之员，初参复参，照承追杂项钱粮例议处。[7]

---

① 《清高宗实录》卷448，第6册，第829页。
② 《清高宗实录》卷468，第6册，第1061页。
③ 《清高宗实录》卷453，第6册，第906页。
④ 《清高宗实录》卷268，第4册，第481页。
⑤ 《清高宗实录》卷270，第4册，第526页。
⑥ 《清高宗实录》卷445，第6册，第791页。
⑦ 《清会典事例》卷917，工部56，第557页。

这里不仅根据赔修数目制定了不同的赔修期限，而且就如何执行此规定作了较为详细的规定。乾隆三十九年（1774），又对“销六赔四”中应赔的四分按照河官责任轻重进行了划分：

> 嗣后，遇有堤岸保固限外，陡坡被冲决，查明该管各员实系防守谨慎，并无疏虞懈驰者，将用过钱粮，除照例准销十分之六外，其余应赔四分银两，按其责任重轻，酌定应赔多寡，总分作十成计算。河臣总理河务，一切董率机宜，是其专责，应著赔二成，督抚兼管河防，责成甚重，应著赔一成，河道系专司河务大员，修防乃其职守，应著赔二成，厅员驻扎河干，工程钱粮皆所经手，应著赔一成，知府州县均系地方正印官员，例有协守之责，应分赔二成，参游专司估计，督率防护，守备协办工程，应分赔一成半，文武汛员驻工防守，责亦难辞，应分赔半成，如无兼管督抚及额设参游等官省分，即将应赔银两在总河以下文武各官名下，按照应赔成数，分别摊赔。①

与雍正时期相比较，此次修订最明显的变化为将河督与督抚也纳入了分赔范围，并且河督与各道专司河务的河官分赔比例最高，各为两成，这一调整凸显了乾隆时期强化责任归属的趋势。此外，还有一点值得关注，即在考成条例中增加了激励措施。比如，乾隆二十一年（1756）议定，对于所修堤岸质量较好的河官给予晋级加衔的奖励，这与之前仅有惩罚措施相较更为完善。

乾隆年间不断调整赔修规定，以增强实践层面的可操作性，实际却往往难以真正发挥作用。尤其一些规模较大的河务工程所需甚巨，一旦在保固期限内出事，按照相关规定，承修官员将被罚以赔修且数额较大。比如，按照“销六赔四”这一规定，有的官员“应赔银至十余万之多，即微末员弁，亦有应赔银一万数千两不等”者②。众所周知，清代官员俸禄较低，应赔数额往往超出在河官员的承受能力。更何况由于河床淤垫严重，决溢发生频率渐趋走高，在河官员被处以赔修的概率相应大为增加。再

① 《清会典事例》卷917，工部56，第558页。

② 《南河成案》，《续行水金鉴》卷22，第485页。

者，“此等赔项，应与侵蚀者有间”①，并非所有在河官员都应承担责任。不难推知，在越发严密的制度条文面前，河官多使出浑身解数寻找漏洞以逃避处罚。针对这一问题，乾隆帝进一步调整，或给予全部豁免，或部分豁免，不予豁免的部分则按定例严格追缴。乾隆五十年（1785）在处理一宗赔修事件时作出如下批示：

> 此案韩鑅应赔银两较多，著加恩免其十分之七，其余银两，著照所请以廉俸徐徐完缴。康基田、归朝煦未完银两，亦著加恩，免其一半，余著分限完缴。忠德业经身故，所有未完银两，著免其一半，其余银两，令伊弟忠泰、伊子扎拉丰阿，坐扣廉俸，徐徐完缴。葛其英业经勒休，其未完银两，亦著免其一半，仍交直隶总督确查原籍，取具保结，据实奏闻……其千总吴士祥、把总杜克贤，因抢筑埽工落水淹毙，其未完银两，著照所请，全行豁免，毋庸咨查原籍，以示体恤。至朱岐应赔银两，前据刘峩奏，委员查明该家属名下资产，不敷赔项十分之一，并请将伊子朱玉衡待诏衔斥革，银两于原赔各官名下摊赔。朱岐现已病故，除将现在查出资产扣抵外，其余未完银两，竟著加恩宽免，毋庸摊赔，家属照例免其究办。至荣桂、王兆棠、穆克登，俱系现任，且银数无多，张德履已经捐复，非无力者可比，所有未完银两，均应令即行完缴，无任迟延。②

从这个案例可以看出，乾隆帝除采取“豁免”“徐徐完缴”等措施外，还将赔修人员的亲属给以连带处罚，如果河官本人未能完成赔修任务，那么亲属将以被扣廉俸等方式代其受罚，或者以其家产进行抵扣。这一“连坐式”的处罚方式或许能够在一定程度上“追回流失”的河帑，但该举措无疑令人毛骨悚然，同时亦将封建体制下的人际关系进一步复杂化。

至嘉道时期，受物价上涨等因素影响，抢修经费动辄以百万两计，赔修数额亦相应增加。在这种情况下，原有赔修条例已经不合时宜，因应时势进行调整势所必须。嘉庆七年，仿照乾隆时以三百两为界的规定，对各

① 《南河成案》，《续行水金鉴》卷22，第485页。

② 同上书，第485—486页。

层次人员的赔修数额及时限作了新的调整，以三百两、一千两、五千两、万两为界，应赔数额越大追赔年限越长，除此之外，还辅之以升补、调用、革职等奖惩措施。大体如下：

> 河工堵筑事竣，例应分赔银两，数在三百两以下者，定限半年，三百两以上者，定限一年。数在千两至五千两者，定限四年，五千两以上者，定限五年，勒令完交。若数至万两以上者，以十分计算，于五年限满日，完至七分者，其余准照未完银数，按例起限完交。如限满不完，及万两以上限内完不及七分者，即由该承追衙门查参，现任人员停其升调，效力人员停其补授，勒限完纳。其应升调及补授各河员，并曾任河工地方别经升调人员，吏兵二部于题请到日，移咨工部查明有无逾限未完欠项，核覆办理。如有逾限不完之项，该督抚率行题请升补者，将督抚一并查参，如系升调候补及丁忧告病人员，通查原籍任所，实无家产隐寄者，准其于补官日完交。如系革职及已故人员，由该旗籍查明该员子孙并无官服，实系家产尽绝，别无隐寄者，该旗籍及任所官，出具印甘各结咨部，年终汇题豁免，不得率议分摊。①

不难看出，经过此次修订，赔修条例越发详细，将多种可能出现的情况均包括在内，以增强分赔制度在实践层面的可操作性，但实际情况却往往事与愿违，越发细致的规条背后隐藏着更为复杂的问题，可操作性愈来愈差。比如，河督徐端在任时清正廉洁，勤于河务，去世之后，“贫无以殓，而所积赔项至十余万，妻子无以为活，识者悲之”②。再如，另一河督陈凤翔由于“赔项较多”，自知“无力完徵”，遂“恳将每年应支河道总督养廉银六千两全数扣抵”，然“若将每年养廉全数扣抵，恐办公亦未免竭蹶，着加恩每年扣抵四千两，将所有赔项分作十一年缴清”③。河官“嵇承志、罗正墀各应分赔河工例价银一十七万一千七百一十两零，为数较

① 《清会典事例》卷917，工部56，第559—560页。

② 《徐端》，（清）昭梿撰：《啸亭杂录》，第214—215页。

③ 《嘉庆朝上谕档》（十五），第238页。

多，著加恩各予限二十年，按限完徼”①。这貌似解决了问题，实际上将赔修年限延长至十余年甚至二十年，执行起来颇有难度。即便如此，制度层面不断“调整完善”的趋势仍在延续。道光十九年，又将分赔数额调整至以数千两、十万两为界，追赔年限亦延长至十五年。为了赔付帑金，河官除在预算时将赔修数额计划在内之外，还往往将赔修任务转嫁他人，或者通过贪冒舞弊的方式筹措赔项，以致赔修制度在实践层面上失去了意义。对此，嘉庆五年（1800）的一份上谕中讲道：“闻近来遇有堵筑挑浚大工，多藉帮办为名，调派州县，令其贴解银两，并将上司应赔工程，亦令州县代赔，以致派累百姓，挪移仓库。”② 嘉庆十一年的一份上谕中也有类似表述：“该督等每奏报一险工，必称他处尚有应办之工，罗列若干，是报险者止一处，而预为将来增工之地者，即不止一处。”③ 事实表明，制度与实践愈行愈远。

除不断修订赔修制度之外，清廷还加大了对在河官员的处罚力度，一旦发生较大规模的决口，河督或被处以枷号河干，戴罪修筑决口，或被罢免，乃至发配边疆，其他河官则被降级或者革职。制定这些措施的初衷毋庸置疑，但于治河实践而言一味处罚并不能解决问题，尤其在河工失事的关头，若将相关河官罢免，“转得置身事外，反令他人代为补救乎？”④ 再者，严厉的处罚亦令在河官员不寒而栗，为了逃避责任，或捏报或谎报，将决口说成漫溢，有工之处说成无工之所，人为增加了考成制度的实施难度。诚然，由于河务这一场域关系错综复杂，上及皇帝，下涉百姓，难免出现因为皇帝误听误信而令河官蒙冤的案件，发生于嘉庆五年的料物被烧案件即为一例。该年，由于囤积在河岸的料物被烧，河督康基田被处以“革职留工，效力赎罪，所有此次焚毁秸料等项，并著落康基田赔偿十分之五，余著在工该管各员，分股摊赔，统俟该处河工全行办竣，康基田应赔银两，全数交清，再行加恩录用”。但随即又考虑河工宿弊，“向来河工员弁，弊窦甚多，往往于无事时，故将堤工偷挖穿漏，生出新工，以为开

① 《嘉庆朝上谕档》（十一），第135页。

② 《睿皇帝圣训》，《续行水金鉴》卷29，第626页。

③ 《清仁宗实录》卷167，第3册，第178页。

④ 朱批奏折，南河总督张井、南河副总督潘锡恩折，档号：04-01-12-0395-106。

销侵冒地步，此次料船失火，安知非该处坝工所存料物多有亏缺，工员等恐被查出获罪，私行放火焚毁，捏称料船失火延烧，以为掩饰诡避之计。康基田即为其所愚，均未可定”，命新任河督吴璥到任后对此事进行严查[①]。调查结果显示，“康基田性虽刚愎，不理人口，而皆知其并不要钱，且在工半年有余，劳瘁忧愤，属员亦颇道其苦，尚无积怨，似不至有倾陷情事。惟料户因欠银未偿，怨者颇众”，所以焚料泄愤。闻此，嘉庆帝又“免其枷号”，命康基田随同继任河督吴璥筹办河务，“何处紧要，即令康基田前往承办，如果认真出力，俟坝工合龙后，吴璥不妨据实保奏”[②]。

综而观之，经过不断调整，河工考成保固制度在制度层面愈显完善，而与实践却愈行愈远，至嘉道时期，则明显呈现出制度层面的繁密化与治河实践中难以贯彻实施这一矛盾。即便如此，在应对现实问题时，清帝仍在寻求制度层面的条文修订以进行规范，并且这种惯性一直延续到清末。比如：咸丰七年（1857）议准，“冲决堤工，如系上年原塌处所，除堤工照例赔修四成外，其余挑坝引河等工，统令赔修四成”。光绪十一年（1885）又议准：“河工分赔逾限未完银两，奏明催追之日，按照例限减半，立限追缴。三百两以下勒限三个月，三百两以上勒限半年，一千两至五千两勒限两年，五千两以上勒限二年半，一万两以上勒限三年，二万两以上勒限三年半，三万两以上，勒限四年，以次递加。有银数在十余万两外，仍照每万两加限半年完缴，均由该管上司承追，再有迟逾，本员参处，承追官照不力例开参。”[③] 由于晚清政局急剧动荡，黄河决口改道，河务走向边缘化并最终成为地方性事务，上述规定几近一纸空文。

第四节　料物制度

靳辅言：“水土之工，料物最急。虽有经划之总理，又有谙练之属员与子来之兵役，而所需不给，以致万夫束手以待，其误事非浅浅也。”[④] 意

---

① 《嘉庆朝上谕档》（五），第52—53页。

② 《南河成案续编》，《续行水金鉴》卷29，第626页。

③ 《清会典事例》卷917，工部56，第561—562页。

④ （清）靳辅：《治河奏绩书》卷4，第60页。

即保障料物供应为治河过程中的关键一环。大体而言，河工所需料物包括柳苇、桩木、土方、石头等，其中“埽、柳、苇、䕸，近河颇饶，惟需及时采运，贮于各险，至桩木来自江浙，甃石采于南湖诸山，而灰砖钉铁悉事陶冶”①。由于料物筹备环节牵涉面较广，办理起来颇为繁杂，容易滋生累民扰民、克价肥私、中饱私囊等弊病，清廷对如何采购、运输、存储，如何鼓励种植苇柳以及补偿地价等问题均作了明确规定。

一　筹集物料

物料筹备包括采购、运输、储存等几个环节，在此过程中，加强稽核避免漏弊亦非常重要，正如陈潢所言：“袪弊之法，所当勤其稽核，信其惩究，则弊方不至太甚也，而其要尤在预为储备，不使缓急无藉。”②

靳辅言：“物料非难，采办为难”，采办之法，“河工旧例，一曰官办，所需之物，行文于各出产地方，有司给价买解。一曰商办，听各商人赴工领银，送料交官”。对于这两种采办之法可能存在的弊病，靳辅非常清楚。他指出：在采办过程中，“地方有司，必皆假手于胥吏，由胥吏而及各行户，层层剥食。至料户或分文不给，及运料到工，所专管之官贪婪不职者，更复式外，苛求勒贿，致小民不堪其命，此官办之害也。工料之大，莫如桩木，而商人领买，大抵真伪相半。其真，商领银入，已分派各小行，其值必亏，伪者，实无资本，夤缘冒领，花费拖欠，此商办之害也。在大工方急如星火，而文檄追比，催督不前，常至四五年，种种误工”③。为了规避采办环节可能出现的各种问题，清廷颇费心力。比如：“康熙十二年题准，大工需柳，先从本地采办，再有不敷，于近省协济。”④ 随后又鉴于料物多出自地方，采办料物需要与地方社会频繁交易，如果命河员专办，可能因为对地方事务无权责也不甚熟悉而感到棘手，如果命地方官员全权负责，则又难免出现假手胥吏勒索百姓等问题，清廷对上述条例进行了补充规定，令河员与地方官一起亲赴民间采购料物，意在使二者互相监

① （清）张霭生：《河防述言》，第39页。
② 同上。
③ （清）靳辅：《治河奏绩书》卷4，第60页。
④《清会典事例》卷907，工部46，第463页。

督相互牵制，以尽可能地减少弊病[①]。但在实际运作过程中，则往往采取由河官主办，“发州县承办，依限交工”[②] 的办法，或者根据一定的标准“派民”，令其“自行交工”[③]。

为了保证采购工作进展有序，雍正十三年（1735）将河南沿河地方进行了划分，定点供应临近厅汛，具体如下：

> 豫省需用杨桩，上北、上南二厅，在洛阳、济源等县采办。洛阳与济源相对，运至上北河厅属原武汛，以百五十里为则；阳武汛，以二百里为则；封邱汛，以二百五十里为则；运至上南河厅属荥泽汛，以百五十里为则；郑州汛，以二百里为则；阳武汛南岸堤工，在中牟县工段之内，以二百五十里为则。下北、下南二厅，在巩、孟、孟津等县采办。孟津与孟县斜对，在洛阳县之下，运至下北、下南二厅属祥符汛，以二百五十里为则；陈留汛，以三百里为则；自陈留至兰阳，河道无多，亦以三百里为则；仪封汛，以三百五十里为则。沁河、黄河、归河三厅，在温、偃师等县采办。偃师与温县相对，在巩、孟之下，运至沁河、黄河二厅属武陟汛，以五十里为则。[④]

与其他规定类似，尽管清廷为保障物料供应不断调整相关规定，但是其中的各种弊病却难以真正规避，这可从乾隆五年河南巡抚的奏报中窥见一斑：

> 该员等各有公事，安能亲身办理，其势不得不令胥役采购，又无脚费，安能为之运送，其势不得不令料户交工。是以州县承办之料，有发里书，按里派买者，里书协同差役，不论户之大小，家之贫富，沿门求索，按户追呼，于是田少无料之家，零星窎远之户，价外贴银，免其代办。伊等倍所折价，包揽交工，亦有差役赴乡，见料买料者，胥役人等，恣意需索，如饱其欲壑，即行卖放，虽有料，亦不过

① 《清会典事例》卷907，工部46，第464页。
② （清）康基田：《河渠纪闻》卷21，第39页。
③ 《清会典事例》卷907，工部46，第465页。
④ 同上书，第467—468页。

问，如索诈不遂，即硬行强买，短给价值，料户吞声莫诉，此小民困与胥役之诛求者，其弊一也。至若料户自行运送交工，收料之河员，惟图多收，以掩盖其自办料物之短少，于是重秤收取，稍不遂欲，即百计刁蹬，料户苦于守候失业，只得俯首听命，任其鱼肉。虽定例令不管河务之厅员监收，但沿河仅止二员，而收料之处不知凡几，该员不但不能亲身遍历，即耳目亦难周到，虽令出结，不过具文有名无实，此小民困于交纳之苦难者，其弊二也。总因徒循公平买运之名，而不拨其理势之难行，空有厅汛监收之例，而不求其遵奉之实际，以致私派强买，帑项徒归于中饱亏折，守候价值半费于留难。①

至于料物的采办价格，一般由政府根据市场情况事先确定，如遇物价上涨，则适时予以调整，以调动百姓缴纳的积极性。比如，乾隆二年（1737），由于物价上涨，十年前制定的木柴、秫秸“每斤价值，抢修给银九毫，岁修给银六毫”的价格明显过低，如果不予调整，采购工作将难以进展，清廷决定加价，“概给九毫”②。再如，嘉庆五年（1800），由于“料物价值，较前昂贵”，清廷决定调整收购价格③；嘉庆十二年（1807），鉴于“南河物料时价，历年俱有增无减”，决定将料价“加至两倍”，而这仍远低于市场价格，经过再三权衡，清廷再度调整，但是如果加价至三倍半或者四倍，政府财政负担将过于沉重，故取适中之价，定为增加至原有料价的三倍④。上述办法适用于筹备日常修守所需，如遇另案大工则不可行，因为像堵筑决口这样的另案大工，不仅所需料物数量巨大，而且需时紧迫。因此，为了在较短的时间内筹集到所需物料，清廷往往采取临时加价的办法。比如，乾隆四十三年（1778），黄河在河南仪封、考城一带决口后，清廷命河官迅速赶往各地采购物料，但不巧的是，沿河州县因遭遇旱灾而歉收，不仅所能提供的料物数量较为有限，受灾百姓在卖出自己的料物时也期望能够获得些许糊口之资，面对此情此景，如果再按照以往定

① 朱批奏折，河南巡抚雅尔图折，档号：04－01－01－0056－057。
②《清会典事例》卷907，工部46，第468—469页。
③《嘉庆朝上谕档》（五），第350页。
④《清会典事例》卷908，工部47，第476—477页。

价进行采购将极为困难，调整料价势所必然，清廷遂规定："无论道路远近，于正价之外，每百斤加价银五分。"① 对于普通百姓而言，加价与否在多数情况下仅意味着是否被更大程度地调动了积极性，并非可否缴纳的问题。相较之下，旗人略有不同，由于他们享有一定的特殊权益，往往拖沓敷衍，而稍有行动即邀功请赏。对于这一情况，河督想尽办法，有时甚至采取近乎欺骗的方式，先"鼓舞旗员，两三日内运致物料完工，许以事成定行保奏，后仍保举汉官"，此举可收一时之益，却引起了旗人的不满，甚至传到了康熙的耳中②。

"河防岁修，全在物料预备，而物料充足，又在稽核有方。"③ 由于在采办料物的过程中，河官往往利用职务之便营私舞弊，"营弁利其省运，中途售卖，厅员利其价重，易柴为秸"④，"夫工运脚碎石等项，融入库贮报销，则影射假冒之弊生，转难分析厘剔"⑤ 等现象屡屡发生，所以加强稽核尤属必要。前述康熙年间命河官与地方印官一同办料，除基于办事方便的考虑外，更有让二者相互监督之意。至雍正年间，则明确谕令办料之人互相监察以保证稽核无误。其中，雍正五年（1727）规定："嗣后豫省采买岁修、抢修物料，厅汛各官互相秤收，印官分办者，亦令厅官秤收，取具并无短少印甘各结存案，如有徇隐，即将该厅汛官题参，加倍治罪"，料物办完之后，令"近贤员盘查，具结申送，如有短少，著落承办秤收之官分赔，傥盘查之人瞻徇情面，照徇庇例议处，短少物料，仍照盘查仓库例分赔，傥盘查原系实存，以后该员私自挪移变卖，照侵蚀钱粮例治罪"⑥。该举措无疑能够在一定程度上预防河员趁办料之机贪冒舞弊。而随着时间的推移，河政如同整个封建官僚制度一样日趋窳败，乾隆年间对上述规定进行了多次调整。

本来，命地方印官参与办料能够在一定程度上增加稽核力度，以尽可能地防止贪冒等腐败现象发生，但是在实际工作中却又出现了问题。以

①《清会典事例》卷908，工部47，，第472页。
②《康熙起居注》，第1974页。
③（清）崔维雅：《河防刍议》卷4，"条议"。
④《河渠纪闻》，《续行水金鉴》卷13，第303页。
⑤《河渠纪闻》，《续行水金鉴》卷10，第227页。
⑥《清会典事例》卷907，工部46，第464页。

“秫秸、苇柴二项”的筹备为例，“先期动帑，交各厅采办，以备次年修防之用。而秫料有交州县分办者，五月发办之料，名为盐河，上游七八月发办，名为头关，九十月发办，名为二关。至交工有限十月完，半岁内全完者，有限十一月完半，次年正月全完者，更有限正月完半，三月全完者。款项名目，既参差不一，到工亦迟速不齐，旧料未清，复领新帑，料未到齐，即以开工，致贮工料，挪新掩旧，牵混滋弊”。有鉴于此，清廷对完工时间予以严格限定：“如逾限不完，即将承办之厅州县，照降三级调用例，严行参处，该管道府罚俸一年，仍将未完料物查明。如实欠在民在荡，接任之员，押令参员催追完报，倘有侵挪亏空，即照亏空钱粮例，严参治罪。”① 官办如此，民办亦不尽如人意，因为地方官往往从中作梗，令其实际意义大打折扣。据清廷调查：“民间领银，运料交厅，遂有浮收折干之弊，大为民累”，为了规避这一问题，曾尝试“改民办为官办，地方州县无预料事，陋弊悉除，责成各厅领银采办，如期儹运到工”②。为加强稽核力度，还将看守料物之人纳入稽核环节，以令不同岗位的在河官员互相监察，避免储存环节出现问题。其中，乾隆二十八年（1763）规定：“河工办理岁修、抢修料物，以厅员为专管，守备为兼管。稽查做工，以守备为专管，厅员为兼管。傥厅员守备互相容隐，查出分别议处。如有侵亏偷减扶同捏隐等弊，一并严参审究，按律拟罪。”③ 推出这一举措的初衷毋庸置疑，然而问题在于，尽管厅员与守备岗位不同责守有别，但二者毕竟共事于河工衙门，难免互相包庇，“管河各道往往不能实力逐处亲验，或但委员代查，据文率报，徒成具文”④。有鉴于此，翌年又将“河工办料，责成道员稽查。”⑤

购办河工料物，时机极为关键，如果选对时机不仅事半功倍，而且节约河帑。以购办秸料为例，“在登场之时，所在皆有，价廉用省。秸本粗重之物，购易运难，秋末冬初，农工已毕，车牛空闲，取用便宜。若迟至

①《皇清奏议》，《续行水金鉴》卷15，第339—340页。

②《南河成案》，《续行水金鉴》卷15，第340页。

③《清会典事例》卷907，工部46，第471页。

④《乾隆朝上谕档》（四），第351页。

⑤《清会典事例》卷907，工部46，第471页。

春初，存秸已少，又当农事方兴，车牛不暇，购运价倍于前，恐备不如数。至遇伏汛抢险用缺，近地秸料，搜括已尽，往往采办在一二百里外，运值不啻十倍，又不能及时济用"①。至于办料周期，起初，没有明确规定，仅粗略地限定了办理期限，比如雍正五年规定："百万斤限十日，二百万斤限二十日。"② 至乾隆年间，则给予了限定。乾隆三年（1738）规定："每年所备岁修、抢修物料，均于八月以前，布政使司照额拨银，移解道库，该道于八月内给厅印各官，分投采办，承办之官，务于十二月内全数交工备用。"③ 此后，鉴于河工所需物料种类较多，而每一种物料的收获季节有所差异，又针对各类物料规定了不同的办理时间。比如，乾隆二十二年（1757）规定，"柴秸等料，总于七月内发办，其秸料限十月内完半，年内全完。柴料限十一月完半，次年正月内全完。二关秸料于九月内发办，十一月内完半，次年正月内全完。二关柴料于十月内发办，次年正月内完半，三月内全完"④。

河工办料，"储料自属第一要务"⑤。对于采购到工的物料，如何进行储存极为重要。对此，雍正五年（1727）规定："堆储险工上游，编立字号，每堆以五万斤为率。"⑥ 嘉庆十七年（1812），又根据物料的不同调整为："每垛青料应重五万七千斤，温料应重四万九千四百斤，枯料应重四万一千八百斤。照青、温、枯牵算，称足斤重，均以五万斤为率，各堆样垛一座，柴料每垛长三丈，宽一丈二尺，檐高一丈，脊高一丈五尺，计四十五方，秸料每垛长六丈，宽一丈三尺，檐高一丈，脊高一丈五尺，计九十七方五分。"⑦

二　种植苇柳

靳辅言："河防之法，全资柳料，若树艺不繁，即使钱粮不乏，人力

① 《河渠纪闻》，《续行水金鉴》卷 8，第 193 页。
② 《清会典事例》卷 907，工部 46，第 464 页。
③ 同上书，第 469 页。
④ 《清会典事例》卷 907，工部 46，第 470 页。
⑤ 《纯皇帝圣训》，《续行水金鉴》卷 14，第 314 页。
⑥ 《清会典事例》卷 907，工部 46，第 464 页。
⑦ 《清会典事例》卷 908，工部 47，第 480—481 页。

众多，亦终于束手无策耳。”① 柳料之重要性可见一斑。此项物料除从民间采购外，还可由在河官员利用空闲时间在河岸种植，“既以保护堤根，亦以供埽簋之用，如果物力充足，或遇工程着重之时，埽料现成，呼吸之间可以转危为安，即万一有决，而料物在手，旋决旋塞，旁口不致口豁，收拾亦易为力”②。因此，这一办法自顺治年间就有施行。比如，顺治十三年（1656）规定，“滨河州县新旧堤岸，皆种榆柳，严禁放牧。各官栽柳，自万株至三万株以上者，分别叙录，不及三千株并不栽种者，分别参处”③。延及康熙年间，清廷大力推广，并规定在河文武职官均负有种柳的责任，且“于沿河州县择闲散人，授以委官名色，专管栽柳，三年分别劝惩”，为了调动积极性，还辅之以奖励措施，“成活万株以上者，纪录一次，二万株以上者，纪录二次，三万株以上者纪录三次，四万株以上者加一级，多者照数议叙。分司道员，各计所属官员内，有一半议叙者，纪录一次，全议叙者，加一级，均令年终题报”④。此举成效显著。据靳辅言：“自康熙二十年始，令各官种柳，已得若干株，自二十六年以来，所用之柳半取诸此。”⑤ 顺此情势，清廷将奖励标准提高了一倍，即纪录一次者，由原来的万株以上提高至二万株以上，纪录二次者，由二万株以上提高至四万株以上，以此类推，“其分司道员，因属员栽柳，议叙之例停止”⑥。但至康熙后期，由于河务渐弛，鼓励种植多有名无实。据河督齐苏勒回忆，其上任以来，“沿河两岸柳株寥寥，历年虽有栽补之名，每多春报栽植，而秋报枯损，虽近有条陈捐栽议叙之例，至今未见有具呈捐栽之人”⑦。

雍正继位之后，采纳河督齐苏勒“柳株之广为栽种，诚不容缓”的意见，奖惩并施，大力推广官柳种植。除了降低奖励标准以鼓励在河官员及沿河百姓广植柳株外，雍正帝还制定了惩罚措施。其中，雍正三年（1725）规定如下：

---

①《河防疏略》，《行水金鉴》卷46，第673页。
② 录副奏折，大学士曹振庸等折，档号：03－2108－051。
③《清会典事例》卷918，工部57，第562页。
④ 同上。
⑤（清）靳辅：《治河奏绩书》卷4，第59页。
⑥《清会典事例》卷918，工部57，第562页。
⑦《朱批谕旨》，《续行水金鉴》卷6，第148页。

> 管河之分司、道员、同知、通判、州县等官，于各该管沿河地方栽柳，成活五千株者，纪录一次，万株者，纪录二次，万五千株者，纪录三次，二万株者，加一级。种苇一顷，纪录一次，二顷，纪录二次，三顷，纪录三次，四顷，加一级。其有殷实之民，栽柳二万株，或种苇四顷者，给予九品顶戴荣身。至效力各官，有情愿捐栽柳苇者，亦照此例议叙。倘有不肖河官，希图议叙，占种民地者，题参从重治罪。再，各处河营，每兵一名，每年种柳百株，若不能如数栽植者，将专汛之千把总罚俸一年，守备罚俸半年。倘栽植不及一半者，专汛之千把总降一级暂留原任，戴罪补栽，守备罚俸一年。①

这一举措对推广柳株种植无疑大有助益，但是随着时间的推移，善于钻营者很快发现，仅以种植数量为标准进行考核奖惩的做法存有漏洞，即没有将栽种的柳株是否能够成活考虑在内，可以敷衍了事应付差事。有鉴于此，乾隆时期进行了调整，将种植成活率也纳入了奖惩标准。其中，乾隆十九年（1754）议准："广栽柳树，如有劝捐无术，培养失时，致有枯损缺少一千株以上者，将厅官一并查参议处，庶几厅官汛员，均有考成。"② 与此同时，还不断扩大种植范围，乾隆十年（1745），除了将原河督嵇曾筠清查出的"柳园成熟地三千三百余顷，责令河兵栽柳，版荒地八百六十余顷，给堡夫垦种，并招民领垦，成熟归营栽柳"③，还清查"新淤涸出地亩"，栽种柳株。乾隆二十四年（1759）又指出："黄河越格等堤内外，宜广为栽种"。"南岸滩地支河，宜劝民栽种。"④ 为了调动沿河百姓种植柳树的积极性，清廷还采取了奖励办法。其中，乾隆三年（1738）规定："沿河居民，有情愿出赀在官地栽成二千株，或在自己地内栽成千株者，给以九品顶戴荣身。每年春间栽种，次年秋间核验栽成数目，题明议叙。"⑤ 除大力推广柳株种植之外，还鼓励种植杨树。乾隆十九年议定：

---

①《清会典事例》卷918，工部57，第563页。

②《河南通志》，《续行水金鉴》卷13，第302页。

③（清）康基田：《河渠纪闻》卷21，第60页。

④《续河南通志》，《续行水金鉴》卷14，第329页。

⑤《清会典事例》卷918，工部57，第563页。

“监生捐栽杨树，在官地内栽成四千株，及自己地内栽成二千株者，免其考试，给与主簿职衔。”① 乾隆二十四年（1759）议定，鼓励印河各官、监生以及沿河百姓于“年远废堤”进行捐种，并适当给予奖惩②。这些措施对于保障河工所需无疑颇具意义。

“治河物料，苇柳为先”，“埽以柳为骨，多则工坚而帑省，若柳不敷用，势必以苇代之。”③ 因此，清廷在大力推行柳杨树种植的同时还倡导种植芦苇。其方式与种柳类似，主要由在河文武员弁具体负责，并鼓励沿河居民种植，政府酌情给予奖励，但不同的是，为了保障芦苇种植的数量与质量，康熙中期成立了专门负责种植与采割事宜的机构——苇荡营。该营于康熙末期裁撤，雍正四年（1726），复于芦苇丛生的江苏海州、山阳两地设置，并规定采割数量“除照旧额一百二十万束外，再增采三十万束”④。十二年（1734）又“加增苇柴二十万束”，十三年（1735）“增采正柴五十五万束，按年清额，永为定例”⑤。据李德楠研究，随着芦苇种植力度的加大，康雍间芦苇逐渐取代柳枝成为主要的治河材料⑥。随着芦苇成为河工物料之大宗，嘉庆十七年（1812）还对芦苇的采割时限以及奖惩措施作了更为详细的规定。其中采割时限“自霜降后开采起，至次年清明止，委员住荡监督趱采，照额清完。如逾限不完，照所欠柴数，千把总分赔六分，守备分赔三分，参将分赔一分，完日开复。如果实力督采，余柴五万束以上者，该督酌量分别记功奖赏，十万束以上者纪录一次，再有加增，照数递加纪录”，采割好的芦苇由“苇荡营船只到荡，定限三日内装完开行，到厂定限两日内卸完放回，具报该督衙门查考，如逾限迟延，即行提究”，完成期限，“右营柴束，于正月初旬勒限运清，至迟不得过五月，左营柴束，于五月内勒限运清，至迟不得过十月。倘逾限未完，罚令该管备弁，自备水脚，雇募民船，再限一月全运清完，如再不完，照未完

①《河南通志》，《续行水金鉴》卷13，第302页。

②《续河南通志》，《续行水金鉴》卷14，第329页。

③《朱批谕旨》，《续行水金鉴》卷6，第147页。

④《清会典事例》卷907，工部46，第464页。

⑤ 同上书，第466—467页。

⑥ 李德楠：《工程、环境、社会：明清黄运地区的河工及其影响研究》，博士学位论文，复旦大学，第62页。

苇柴之例，分别参处”①。

三　土方则例

土是治河工程的基础材料。靳辅言：“浚河筑堤之迟速，一视运土之迟速而已。”② 土看似为就地可得的普通料物，但是在河工事务中存有诸多区分，“土以方一丈高一尺为一方，然有上方下方之别焉，有专挑兼筑之分焉。至挑河，又有起土浅深之不同焉。筑堤，亦有运土主客之不同焉。其土方工值，更有人力强弱之不同焉。”③ 并且治河所需之土非凡土即可，而是有着特别要求。河督嵇曾筠言：“河工筑堤，选土为上，近地沙土难用，不妨涉远，论远近亦论土色，又以食用米粮之平减贵费，定役值之高下”，“若论其常，则必予以定规，俾有遵守。”④ 因此种种，为了保障河务工程的顺利开展，对土方进行定价实属必要。其中，康熙十七年（1678）议定，江苏“宿、桃、山、清、安等县，每土一方，给银一钱三分，徐、庐、泰、睢、邳等府州，每土一方，给银一钱四分，永为定例”⑤。土质不同，取土的距离不同，价格当有所差别，这种不区分土质和距离而一概定价的做法难免在实践中遭遇困难。至雍正时期，鉴于实际需要，将取土标准厘为八则，以取土远近、干土与湿土等为标准分别定价。大体为：“一曰近取干土，二曰远取干土，三、四曰泞地取土，分远近，五曰绕越坑塘取干土，六曰绕越坑塘取泞土，七曰隔堤隔河干地取土，八曰隔堤隔河泞地取土。方价一钱至二钱不等，至二钱五分而止，计方以高一尺方一丈曰方，按方论价造报。嗣以徐属邳睢、宿、虹三厅，壤地宽广，取土便宜，方价再减十分之二，桃源、外河、海防、山安、运河、桃清六厅，贴临河湖一面，取土方价亦可再减十分之一”，“此为河工土方定价之始”。⑥ 距离河堤远近，直接决定了土料运输的难易与成本，进而决定土方价格，所以笼统地以远与近来制定土方价格仍然难以满足现实需要。

---

①《清会典事例》卷908，工部47，第481页。

②（清）靳辅：《治河奏绩书》卷4，第58页。

③ 同上书，第53页。

④《河渠纪闻》，《续行水金鉴》卷9，第201页。

⑤《清会典事例》卷907，工部46，第463页。

⑥《河渠纪闻》，《续行水金鉴》卷9，第201页。

几年以后，雍正帝对上述规定再次进行补充，将与河堤距离的远近也纳入了土方价格标准。具体规定如下：

> 江南省所属各厅近处干地取土，离堤十五丈至五十丈，每方银一钱二分五厘。远处干地取土，离堤五十丈以外至百丈，及近处泞地取土，离堤十五丈至五十丈，每方银一钱三分六厘。远处泞地取土，离堤五十丈以外至百丈，每方银一钱五分。堤根有积水坑塘，绕越干地取土，离堤五十丈以外至百五十丈，每方银一钱七分。绕越泞地取土，离堤五十丈以外至百五十丈，每方银一钱八分。隔堤隔河远处干地取土，离堤二百丈以外至三百丈，每方银一钱九分。隔堤隔河远处泞地取土，离堤二百丈以外至三百丈，每方银二钱。水底取土，离堤三十丈至五十丈，每方银二钱五分。按款刊榜，永为定例遵行。①

即便如此，问题仍然源源不断。因为清廷着力治理的黄河下游长一千里有余，跨越河南、山东、江苏三省，如果整齐划一地进行补偿，难免令沿岸居民不满，更何况受自然环境的影响，获取的土料质地不尽相同。有鉴于此，乾隆十九年（1754）决定根据土质进行补偿，规定“旱土每方银八分，水土每方银九分五厘，今据该督等将淤土各项，分为六则，淤土每方定价银一钱三分六厘，稀淤土、小沙礓土、瓦砾土，每方定价银一钱五分，大砂礓土每方给银二钱，罱南捞土每方给银一钱七分五厘”②。

总之，作为“修防第一要件”③，物料问题受到高度重视，相关制度不断调整细化，以为治河实践的顺利展开提供保障，但是毋庸置疑，调整细化的背后往往是难以遏制的贪腐问题。尤其是在筹集物料的过程中，河员利用职务之便中饱私囊的现象屡见不鲜，为了规避这一弊病，清廷可谓殚精竭虑，比如命河员与地方印官一同办料且互相秤收，但是如同封建制度下无法消除剥削与腐败一样，这些努力收效甚微。随着国势衰败，整个封

---

① 《清会典事例》卷907，工部46，第466页。

② 同上书，第470页。

③ 林则徐：《查验豫东各厅垛完竣疏》，葛士浚辑：《清经世文续编》卷89，工政2，河防上。

建制度病入膏肓，苇柳种植与补偿地价等相关规定成为一纸空文，物料筹备过程中仍问题重重。

总而言之，黄河管理制度的各个组成部分表现出大体相同的演变逻辑，即制定之初颇具实效，能够在治河实践的具体环节发挥效用，但是随着系统化与制度化水平的不断提升，越来越脱离实际，久而久之，甚至陷于机械。换句话说，制度调整成为一种惯性，越来越缺乏实践意义，越发频繁地调整细化不但未能在治河实践中发挥既定作用，规避现实问题，反而在制度层面造成了更大程度的繁密化。并且经过修订的规章条文往往很快就暴露出新的问题，甚至前后矛盾，造成制度的结构性缺陷，以致在另一层面使得河务这一场域本就弊政丛生的局面进一步恶化。延及晚清时期，受急剧动荡的政治局势影响，南河机构很快裁撤，各项规章制度更成为浮于纸面的空文。

第四章　河督与皇权政治

——制度中的人与事

作为清代实现统治的重要环节，黄河治理受到了前所未有的重视，为此而创制的系统完善的管理制度即为一个重要明证，这在很大程度上意味着，在河务这一场域存有复杂的利益纷争与权力角逐。皇帝、河督、内政大臣、沿河地方疆吏等各色人等纷纷在这一舞台登场，围绕河务及其相关问题产生了错综复杂的关系。他们或协调合作，或互相推诿，甚至诋毁攻讦，共同演绎了一场场精彩纷呈的政治戏剧，其中折射着清代皇权政治文化传统。本章主要以河务这一场域的核心人物——河督为中心，围绕一些典型事件探讨制度蕴含的权利关系。

第一节　河督、皇帝与内政大臣

——以清前期靳辅治河为中心

清初，随着皇权的不断加强，清帝往往事必躬亲，对于关涉甚重的河工事务更是如此。作为专责河务的最高官员，河督不仅需要经常上呈或者面奏治河事宜，还须频频听从皇帝的指授。这在一定程度上意味着，河督及其治河实践会受到朝野上下的广泛关注，而与其他事务不同，河务工程技术性较强，非博览群书乃至亲历实践难以把握其要义。因此，它在受到广泛关注的同时还往往因不被理解而引发争论甚至产生矛盾，尤其一些重大的河务工程，由于牵涉甚广，动辄引发清廷内部大范围的讨论。在此过程中，官员之间纷争不已，甚至诋毁倾轧，这在靳辅治河期间体现得非常明显。

一　萧家渡决口与波澜初现

靳辅接任河督可谓受命于危难之际。当时“清江浦以下，河身原阔一二里至四五里者，今则止宽一二十丈，原深二三丈至五六丈者，今则止深数尺，当日之大溜宽河，今皆淤成陆地”①。然而面对这一局面，深得皇帝赏识与信任的靳辅并未感到畏惧。上任之后，他考察形势，勇于任事，大刀阔斧地开展治河工作，兴修水利工程，表现出卓越的治河能力。在诸多亟待进行的工作中，靳辅认为“今日治河之最宜先者，无过于挑清江浦以下河身之土，以筑两岸之堤”②，由于高家堰大堤“全淮系之，全黄亦系之”③，关涉甚重，应首先提上日程。兴举大工势所必需，于全黄治理意义重大，但由于耗资甚巨，对本不宽裕的清廷财政而言无疑为一大负担，治河工程极有可能因此而遭遇诸多困难。即便如此，经过深思熟虑，他仍然决定请帑250万两，大举兴工。250万两对于当时的清廷而言数目不菲，可谓有清以来河工支出之大宗，对此，康熙帝很快作出批复，并将所需款项及时拨付到位。得到康熙帝的如此信任与支持，靳辅铭感五内，他立下军令状，表示力争三年之内完成一切工程④。然而，这位刚刚真正涉足河务问题的河督显然过于乐观。因为治河不同于其他事务，仅就治河工程本身而言，不仅需时甚长，而且成效难现，黄河安澜被视为理所当然，泛滥决溢则往往被认为治理不善。更何况其中还夹杂着复杂的人情世故等问题，诚如其后来所言“循常守故为无誉无毁之良图”⑤。尽管靳辅竭尽全力投身到兴修治河工程之中，但迟迟未能取得明显成效，这难免招致朝臣的质疑与不满。康熙十八年，都察院左都御史魏象枢上奏道：“河臣动用钱粮二百余万，为一劳永逸之计，前奏修筑堤坝，已成七分，今又欲另开河道，岂不复滋烦扰，不知所为一劳永逸者安在？”⑥

---

①《河防疏略》，《行水金鉴》卷48，第689页。

②（清）靳辅：《治河奏绩书》卷3，第11页

③《靳文襄公治河书》，《行水金鉴》卷51，第750页。

④《清圣祖实录》卷105，第2册，第67页。

⑤（清）靳辅：《治河奏绩书》卷4，第49页。

⑥《康熙起居注》，第455页。

康熙十九年（1680）闰八月，“山阳、清河等五县，河水冲决堤岸”①。按照河工律例，在大工兴举期间发生决口，河督当受处分，但在灾难已成的情况下，究竟该如何应对以及应如何处罚靳辅，清廷内部议论纷纷，其中包括一些对靳辅大举兴工不理解甚至心存不满的大臣。这一情形可从《康熙起居注》中窥见一斑。据记载：

> 九卿、詹事、科、道奏：“河臣靳辅因河决引罪，今会议，河堤决口，仍责令靳辅修筑，俟工竣之日，请遣大臣往阅。如修筑坚固则已，不则另行议处。”……吏部尚书郝惟讷奏曰：“今欲更置河臣，必得深谙河道，才优于靳辅者而后可，一时不得其人，不若仍责令靳辅修筑为便。”左都御史魏象枢奏曰：“河工钱粮二百五十万，靳辅具已用尽，而河工未成，纵有堪用治河之人，谁肯承靳辅之敝而任其事者？故必仍责辅修筑。”上曰：“若此后更有雨水冲决，奈何？”工部尚书马喇奏曰：“靳辅原疏，以明年三月为限，若过三月，河仍不治，当再议处分。”……伊桑阿奏曰：“臣见亦与诸臣同”。②

除材料中所提外，朝廷重臣大学士明珠也提出了质疑：“先估二百五十万银两，已将用完，今修筑各处决口，又不知所用几何矣！”③ 由于对河工事务有一定掌握，康熙帝没有将靳辅治罪，而是命其继续治河，但是这一局面多少给靳辅的治河实践制造了压力。然而，天公不作美，两年之后黄河再次决口，靳辅又一次面临众人非议。

康熙二十一年（1682）五月，黄河在江苏北部的宿迁萧家渡发生决口。此次决口口门宽约“九十余丈，宿迁沭阳等处田地淹没”，漕运亦深受其害④。本来，靳辅已因治河工程规模较大请帑较多招致众臣不满，在工程进行期间再次发生决口更是授人把柄。据上谕记载，本就持怀疑态度的内政大臣纷纷将这一决口事件归咎于靳辅治河不力，“所修工程多有不

① 《清圣祖实录》卷91，第1册，第1155页；《清圣祖实录》卷96，第1册，第1206—1207页。

② 《康熙起居注》，第594页。

③ 同上书，第587页。

④ 《清圣祖实录》卷105，第2册，第66页。

坚固不合式之处，与一劳永逸之言，大不相符”。户部尚书伊桑阿、工部尚书萨穆哈等人甚至主张令靳辅赔修，并非常武断地认为，靳辅“系专管治河之人，限期已满，迄无成效，其言难以再信”①。面对朝臣的诸多不满与质疑，康熙帝仍比较淡定，但这并不意味着其对靳辅的治河实践坚信不疑，毕竟任命靳辅治河已五年有余而未显成效。为深入了解靳辅治河的进展情况，考察其治河能力，抑或为了让众臣了解治河之不易，消解他们对靳辅存有的诸多不解与猜疑，康熙帝曾于萧家渡决口前夕派伊桑阿、候补布政使崔维雅等人前往河干进行勘察，并叮嘱二人“淮安等处河道频年冲溃，靳辅作何修筑，工程坚否，特遣尔等往勘”，“治河最为难事，崔维雅所奏款项，尔等带往，会同靳辅详加确议，务期坚久，以济河工除河患，勿视为寻常玩忽贻误也”②。二人心存疑问来到河督驻地之后，对靳辅的治河方略提出了质疑，尤其是崔维雅的治河之策与靳辅相去甚远，二人分歧严重。由此亦不难想见，伊、崔二人回京面奏所言当对靳辅极为不利。二人认为：“河道若从靳辅修治，必不能成功，其所建各减水坝，当尽行拆毁，别图良策，大加挑筑，方可奏绩。”③ 此言几乎全盘否定了靳辅的治河实践。治河无方、无治河能力等言辞不断传入康熙帝耳中，难免令其心生狐疑，而就在此时，黄河决口再次发生，更令他心存疑虑：自己亲自提拔的河督治河能力到底如何？即便如此，面对众人的不满与质疑，康熙帝仍然极力维护靳辅。比如，他在上谕中批评九卿，“修治河工，所需钱粮甚多，靳辅果能赔修耶？如必令赔修，万一贻误漕运，奈何？朕思河工一事，治淮尚易，黄河身高于岸，施工甚难，先是崔维雅条奏二十四款，朕初览时，似有可取，及览靳辅回奏，则崔维雅所奏事宜，甚属难行”④。对于靳辅本人，则以略带责备的口吻予以勉励，“河道关系重大，事本极难，朕代尔担忧，尔反看得容易。从今当小心谨慎，凡源流缓急之间，细心采访，时时看作难治之事，方可奏绩，戒之，戒之”⑤。言辞之间仍然可见对

①《清圣祖实录》卷105，第2册，第66页。
②《康熙起居注》，第847页。
③《靳文襄公治河书》，《行水金鉴》卷49，第709页。
④《清圣祖实录》卷105，第2册，第69页。
⑤《靳文襄公治河书》，《行水金鉴》卷49，第710页。

靳辅治河的信任与支持，但是面对萧家渡决口事件引来的各方责难，康熙帝不能置若罔闻，决定召靳辅进京面奏，以便做出回应。

作为专责河务的朝廷重臣，靳辅对于纷至沓来的责难表现得异常淡定，他坚信自己的治河事业虽然仍未能取得预期成效，但稳中有进。当康熙帝问及萧家渡事件时，靳辅回答得非常自信："萧家渡工程，至来岁正月，必可告竣，其余堤工，须银一百二十万，可以全完。"康熙帝闻此追问："尔从前所筑决口，杨家庄报完，复有徐家沟，徐家沟报完，复有萧家渡，河道冲决，尔总不能预料。今萧家渡既筑之后，他处尔能保其不决乎？前此既不足凭，将来岂复可信？"并再次强调："河工事理重大，乃民生运道所关，自当始终酌算，备收成效，不可恃一己之见！"靳辅久历官场，自然能够听出康熙帝对其治河能力的些许怀疑，但是他仍然坚持立场，回答道："总之，人事未尽，若人事尽，则天意亦或可回"。当康熙帝问及"前崔维雅条奏等事，亦有可行者否？"靳辅再次给予了全盘否定①，并坚持"河工次第告竣，海口大辟，下流疏通，腹心之患已除，萧家渡决口堵塞亦易，不宜有所更张"②。靳辅这种直言不讳的方式尽显其刚直不阿之性格，但也对其本人造成了些许不利影响，更何况康熙帝对河工事务颇有研究。通过此次谈话，康熙帝感到其"为人似乎轻躁，恐其难以成功"③，迨靳辅退出之后，又对身边的大学士言及"靳辅胸无成算，仅以口辩取给，且执一己之见，所见甚小，其何能底绩？"④ 对靳辅治河能力的怀疑程度有所增加。即便如此，他仍然坚持重用靳辅，一则在堵筑决口的关头实不宜换人，二则通过阅读大量的治河史籍，坚信治河与其他事务不同，短时难现成效，必须保持人事与治河方略的连续性，靳辅治河虽历经五年仍未见成效，但仍然在情理之中，至于靳辅治河能力到底如何，需要继续考察。因此，在萧家渡决口问题上，康熙帝仅将"靳辅革职，戴罪督修"，不仅未令赔修，还允准了他的续请款项。此外，为保障靳辅的治河工作能够顺利开展，康熙帝全盘否决了崔维雅的治河二十四策，以清理潜

---

①《清圣祖实录》卷106，第2册，第73页。

② 王钟翰点校：《清史列传》卷8，靳辅，第562页。

③《清圣祖实录》卷111，第2册，第136页。

④《康熙起居注》，第920页。

在的障碍①。正是得力于康熙帝的大力支持，萧家渡堵口工程顺利完成，正如靳辅面奏时所预计的那样，翌年年初决口堵筑工程完竣，“河流得归故道”。康熙帝闻之大悦②，“特命复总河原职”③。对此成绩，大学士明珠上奏表示：“河道既深，挽运无阻，往来商贾皆得通行，真国家之福!”④此言虽为逢迎康熙，但是言辞之中亦透露出对靳辅治河的赞可。明珠的这一转变从一个侧面表明，靳辅通过一系列治河实践向众臣证明了自己的治河能力，逐渐赢取了众人的认可。

康熙二十三年（1684），三藩平定，天下一统，清廷得以将更多精力与财力投入河务之中。该年十月，康熙帝“以黄河屡岁冲决，久为民害，欲亲至其地，相度形势，察视河工，命驾南巡”⑤，由此开启了新一轮大规模治河的序幕。此时，靳辅担任河督已达九年之久，多年的辛劳以及官场的险恶令其身心俱疲，他请求辞去河督一职。尽管康熙帝听闻靳辅“颜色憔悴”，但是虑及河务，仍“严饬靳辅，令其留任，限期修筑”⑥，并于南巡途中，“躬历河道”，“阅视河工”，“指授河臣方略”⑦，勉励靳辅，“尔数年以来，修治河工，著有成效，勤勉尽力，朕已悉知，此后当益加勉励，早告成功，使百姓各安旧业，庶不负朕委任至意，因以御书阅河堤诗赐之”⑧。为表此情，还将“自通州带来佳哈船，于大江、黄河并不耽迟，甚好，着将一只赏给总河，以便紧急行走”。其中所赐阅河堤诗如下：

防河纾旰食，
六御出深宫；
缓辔求民隐，
临流叹俗穷；
何年乐稼穑，

①《清圣祖实录》卷106，第2册，第74页。
②《清圣祖实录》卷111，第2册，第136页。
③《靳文襄公治河书》，《行水金鉴》卷49，第712页。
④《康熙起居注》，第1037页。
⑤ 同上书，第1241页。
⑥《清圣祖实录》卷116，第2册，第206页。
⑦《清会典事例》卷310，礼部21，第650、652页。
⑧《清圣祖实录》卷117，第2册，第230页。

此日是疏通；
已着勤劳意，
安澜蚤奏功。①

靳辅受此勉励与恩赐，自是感激涕零，不再提及辞职一事，继续勤勉治河。康熙帝为留住靳辅恩威并施，不仅体现了其高度重视河务之精神，还表明其对靳辅治河才能的极大信任。毋庸置疑，康熙帝此行此举将令靳辅及其治河实践受到更为广泛的关注，诸内政大臣有的对靳辅极尽拉拢逢迎之能事，有的则妒贤嫉能竭力扰乱其治河活动。就靳辅本人而言，身在封建官场，又负责关系国家根本的河工事务，难免卷入复杂的政治纷争。

随着治河实践一步步推进，河工事务中出现了诸多新问题。比如，开减水坝一项，本来为治河所必需，但是亦不可避免地造成了大片民田被淹，这令靳辅再一次遭到众臣谴责。工部上奏弹劾："河道总督靳辅，修理河工，已经九年，并无成功，虚糜钱粮，应交该部严加议处。"② 九卿更是直言："河道总督靳辅，应革职留任。"面对朝中更为强大的谴责声势，康熙帝深悉其中的玄机，一针见血地指出，"与靳辅善者，为之称美，与靳辅不善者，言其过失，大臣等似此挟私意，纵偏论"，"暂免其革职，仍令督修"。③ 康熙帝对靳辅治河的理解与体谅，还可从其对靳辅之子靳治豫的话语中窥知一二。康熙二十四年九月，他召见靳治豫，对其讲道："朕去年阅工，亲看黄河两岸堤工，在尔父人力已尽，无可再加，倘或更有疏虞，亦是异常之天灾矣。"④

尽管康熙帝对靳辅百般保护，但是随着治河实践的深入展开，事情变得更为复杂，最终在处理下河及屯田问题时，靳辅遭遇数名官僚诋毁，众口铄金，终遭罢免。

二　招民屯田与靳辅被黜

康熙帝于南巡途中经过高邮、宝应等地时，亲眼看见了下河百姓田庐

①《靳文襄公治河书》，《行水金鉴》卷49，第716页。
②《清圣祖实录》卷126，第2册，第347页。
③ 同上书，第348—349页。
④《靳文襄公治河书》，《行水金鉴》卷50，第726页。

被淹的凄惨情形，遂决心开浚下河。或许虑及靳辅治理黄河任务繁重，而“海口及下河事务应差官专任”，他将此事交与安徽按察使于成龙负责，“但黄河海口，虽在两处，必彼此协同，方能有济。总河靳辅治河年久，水势地形，其所熟悉，应将一切事宜，均申详靳辅具题”①。

对于如何挑浚下河，陈潢认为：“夫下河高、宝、兴、泰七州县之被淹也，非淹于雨泽之区，多实淹于运河溢出之水也。夫溢出之水，由高堰而来，白马、汜光诸湖不能容，运河不能泄，乃溢注于下河，源源不穷也。若无一渠以达之于海，则日积于七州县之区矣。此七州县之所以被淹，下河之所以议开也。”此言颇得靳辅认可，不料在靳辅决定采纳之时却引起了轩然大波。时“议者哗然，以筑堤于地面，架水而行，非水由地中之意。且河形既高，则田反在其下，被淹之田，潴积之波，安能归于堤内，以泻入于海耶？闻其说者，皆不能无疑于长堤之策也”②。作为开浚下河的负责人，于成龙也不赞同。他认为应该“开浚海口故道”，引水入海③。面对这一局面，康熙帝决定召靳辅和于成龙二人进京，并命内政大臣筹议，结果大学士“与九卿俱从靳辅议，通政使司参议成其范、科道王又旦、钱珏等从于成龙议”，筹议未果，康熙帝又决定“传问高、宝、兴、盐、山、江、泰七州县见任京官，此两说孰是，伊等系本地人，所见必确，若因产业有碍，或徇私不以实对，虽掩饰一时，将来朕必知之，务令直言无隐”，并命工部尚书萨穆哈、学士穆称额等人“速往淮安、高邮等处，会同徐旭龄、汤斌，详问地方父老”④。

调查归来，众臣奏曰：“臣等遍历海口，各州县人众言杂，不能画一，即州县水道海口，亦不相同。大约其言，以开海口，积水可泄，但今年荒歉，四分工银，恐不足用。惟高邮、兴化之民，闻筑堤开河，恐毁其坟墓庐舍，甚言不便”⑤。其实此前就认为“从于成龙议，则工易成，百姓有利无害，若从靳辅议，则工难成，百姓田庐坟墓，伤损必多。且堤高一丈五

---

①《清圣祖实录》卷118，第2册，第241页。

②（清）张霭生：《河防述言》，第55页。

③《清圣祖实录》卷123，第2册，第304页。

④ 同上书，第304—305页。

⑤《清圣祖实录》卷126，第2册，第339页。

尺，束水一丈，比民间屋檐更高，伏秋时，一旦溃决，为害不浅矣。”据此，康熙帝也认为“于成龙之议便民”，且其“所请钱粮不多，又不害百姓，姑从其议，着往兴工。如工不成，再议未迟”①。靳辅的建言最终因众臣反对而遭遇否决。

下河之事未息，屯田之争又起。这一次，靳辅遭遇了数人围攻最终被罢免。随着治河成效逐步显现，黄水渐归正流，大片膏腴之地得以涸出，如何处理这些土地备受关注。陈潢认为：“可即涸出之田，开屯收息，以偿库项，后日者屯租积储渐多，可以备防河之费，则国帑可节。且两河无业之民，招之播种，又使各安其生。”② 靳辅对此颇为赞同，并上奏陈述屯田之利：“查此各州县，被积水沉废之无粮湖滩，一经筑堤束水之后，可以涸出开屯垦种。凡全书所载额田，尽听民间自种外，其额余官田，请照臣另疏钦奉上谕事案内，议垦高宝等处下河额余官田事宜，一律而行。惟下河额余官田，每亩拟令佃户纳佃价银九钱者，黄河两岸额余官田，每亩止令佃户纳佃价银四钱。盖黄河两岸之地土松而瘠，不比下河地土之胶而肥也。至此项额余官田，止作有四万顷科算，而挑河筑堤之经费一百五十八万四千两，便可全得”；待屯田成功之后，“不特向来蠲除灾荒之额赋可以尽复，而每岁更可加增新赋十余万两，且河工可以永固，民生可以永远，一举而数善备焉，真国家万世之利也”③。对于此事，康熙帝认为“治河原以拯救民生，若涸出田亩令纳佃价偿还，恐反有累于民，朕意谓不如将涸出田亩给民耕种为便。况今国计较前稍裕，若果能救此百万苍生，即二百七十余万两钱粮亦不为多”④。虽如此表态，但并未实际干涉靳辅屯田之举。

在推行屯田的过程中，“膏腴熟地，豪强占种而不纳粮者，亦复不少”⑤。靳辅严令申斥并予以制止，这于民有益，却引起了豪强地主的不满，并最终招致了阻挠与诋毁。御史郭琇指责：“屯田之事，明系夺民产

---

①《清圣祖实录》卷123，第2册，第305页。
②（清）张霭生：《河防述言》，第57页。
③《张文端治河书》，《行水金鉴》卷50，第725—726页。
④《康熙起居注》，第1380页。
⑤《清圣祖实录》卷157，第2册，第729页。

业，江南田亩，原有二亩算一亩者，因地势洼下，坍长不常，若计亩重课，实为累民"①；并指称"河臣靳辅蠹国累民，幕宾陈潢冒滥名器"②。户部尚书王日藻则言："靳辅疏请屯田一事，有累于民，请行停止。"③九卿原本认为屯田一事于民于政"具有利益"，但是或许由于这些奏参令其觉察到了问题的复杂性，他们"未尝发一语"④。对此局面，康熙帝大为不满，并对郭琇大加褒奖，"以郭琇参奏河工，故特行擢用"，此举之目的当如时人所言，"此乃皇上所以激劝言官也"⑤。实际上，作为一位颇为英武睿智的封建帝王，康熙帝并无将靳辅治罪的想法，因为随着治河成效的显现，黄河安澜，漕运畅通，他在深感欣慰的同时，也对自己长期以来顶住压力保护靳辅治河的做法坚信不疑。即便如此，当他听闻"屯田害民""百姓苦累异常"时，不由得"目击而心伤"⑥。对于屯田一事是否真正存有害民扰民之处，靳辅解释道："数年水淹之田，尽皆涸出，臣意将民间原纳租税之额田，给与本主，而以余出之田，作为屯田，抵补河工所用钱粮"，但"因属吏奉行不善，民怨是实，此处臣无可辨，惟候处分"⑦。此言等于主动承担了屯田出现偏失的全部责任，这或许由于他未能洞悉此次攻击所含的政治玄机，抑或性格使然。闻此，康熙帝责怪靳辅"屯田下河之事，虽百喙亦难逃罪"，但出于对靳辅治河才能的欣赏以及治河工作的实际需要，并未将其治罪，还强调"凡事皆虑永久，不计目前"⑧。为回应各方参核，康熙帝决定"召大学士、学士、九卿、詹事、科道及总督董讷、总河靳辅、巡抚于成龙、原任尚书佛伦、熊一潇、原任给事中达奇纳、赵吉士等入奏河工事宜"。在讨论中，靳辅仍然坚持己见，不同意康熙帝开浚下河"乃必然应行之事"的意见，众大臣或者站在康熙一边，或者保持沉默⑨。对此局面，陈潢感慨："河工奏绩，既上答国恩，下拯民

①《清圣祖实录》卷134，第2册，第451页。
②《康熙起居注》，第1724页。
③《清圣祖实录》卷133，第2册，第438页。
④《康熙起居注》，第1726页。
⑤ 同上书，第1724页。
⑥《清圣祖实录》卷133，第2册，第438页。
⑦《清圣祖实录》卷134，第2册，第452页。
⑧《清圣祖实录》卷133，第2册，第447—448页。
⑨《清圣祖实录》卷134，第2册，第450—451页。

患，功成名立，可以不朽矣。何为复营屯政，致起谤端？子岂独昧于此耶？”①

自康熙决心开浚下河至此已经四年有余，却屡屡出现问题，靳辅的反对当为重要原因。如果说靳辅最初极力反对尚显其刚直不阿之性格，那么此时再坚持己见，则不够明智，至少说明他为官不够圆滑老练。对于河务问题，应该说靳辅的感受最深。他曾颇有感触地讲道：“河工之事知之甚难，必身任二三年，然后知之耳。偶尔经过，即云全知，可乎？臣初至彼处，误修之处亦多，今始渐知其故。”② 或许在他看来，众臣频频发表一些不着边际的“高见”实属可笑。然而随着争论逐渐升温发酵，是否开浚下河与屯田一事已不再单纯为河务问题，而是在很大程度上演化为政治事件。靳辅治河本来就不为很多官员所理解，甚至遭遇诋毁攻讦，此时他再与康熙帝意见相左，无疑为有所图谋者提供了机会。早就心怀不轨者纷纷趁机发难，对靳辅进行攻击，甚至为了将他彻底扳倒，诬陷其参与了为康熙所深恶痛绝的朋党之争。众口铄金，靳辅已然卷入了政治斗争的旋涡之中。

康熙中期以后，诸皇子与朝廷内外大臣勾结，各树朋党，明争暗斗，其中明珠一党势力较大，几近操控朝野。靳辅担任河督期间，与朝中相关官员交往频繁自在情理之中，而由于明珠一党人员广布，又往往占据要害部门，难免与之交往较多，这无意中给图谋不轨者制造谣言提供了机会。康熙二十七年初，山东道御史陆祖修弹劾靳辅：“身虽外任，与九卿呼吸甚灵。会议之时，吏部尚书科尔坤、户部尚书佛伦、工部侍郎傅拉塔、左都御史葛思泰等，不顾公议，左袒河臣。”③ 这里提到的科尔坤、佛伦、傅拉塔及葛思泰均为明珠死党，将靳辅与这些人捏在一起，并言其与之“呼应甚灵”，实属别有用心。郭琇此前弹劾靳辅屯田扰民，这次则将其扯进朋党之争，“先是，王秀具疏劾大学士明珠、余国柱结党行私，背公纳贿，兼及尚书佛伦、侍郎佛拉塔等会议会推，附和要索，复及靳辅与明珠、余

① （清）张霭生：《河防述言》，第58页。

②《康熙起居注》，第1583页。

③《清圣祖实录》卷133，第2册，第443页。

国柱等交通声气，糜帑分肥状，请加严谴”①。在弹劾明珠的奏陈中还专条列出了靳辅，其言大致如下：

靳辅与明珠交相固结，每年糜费河银，大半分肥。所题用河官，多出指授，是以极力庇护。皇上试察靳辅受任以来，请过钱粮几何，通盘一算，则其弊可知矣。当下河初议开浚时，彼以为必委任靳辅，欣然欲行，九卿亦无异辞。及见皇上欲另委人，则以于成龙方沐圣眷，举出必当上旨，而成龙官止县司，何以统摄？于是议题奏，仍属靳辅，此时未有阻挠意也。及靳辅张大其事，与成龙议不合，于是一力阻挠，皆由倚托大臣，故敢如此。天鉴甚明，当洞悉靳辅累累抗拒明诏，非无恃而然也。②

其中诬陷靳辅乃明珠死党之意昭然若揭。与此同时，工部左侍郎孙在丰亦上奏诋毁靳辅，言其与佛伦沆瀣一气，听信幕客陈潢之言故意阻挠挑挖下河③。在众人围攻之下，纵然靳辅竭力辩驳，此乃“朋谋陷害，阻挠河务”④，但已很难再获得康熙帝的信任。因为官僚结党为封建君主之大忌，康熙帝对此更是深恶痛绝，他在登基之初即遭遇鳌拜朋党之害，深知其中之利害关系。对于诸皇子与内政大臣结党之事，康熙帝早已密切关注，正欲打击明珠朋党整顿朝纲之际，听闻一向颇为信赖的河督靳辅也参与其中，不免雷霆大怒，很难再像以前那样冷静地分析这些参劾是否属实。靳辅遂被罢黜，幕客陈潢则惨遭牢狱之灾，不幸含冤而逝。

对于靳辅被革职一事，其墓志铭中有如下简略记载：

二十六年，诏问治淮扬下河之策，公持议谓治下河当竟治上河，与群议异，言者蜂起，公遂罢。⑤

① 王钟翰点校：《清史列传》卷10，郭琇，第733页。
② 转引自萧一山《清代通史》第1册，第796页。
③《清圣祖实录》卷134，第2册，第449页。
④《清圣祖实录》卷133，第2册，第447页。
⑤《王贻上撰靳文襄公墓志铭节略》，《行水金鉴》卷50，第730页。

陈潢的《天一遗书》序言中提道：

文襄前后疏稿皆其笔也。天一既治河，拟兴沟田以裕西北，乃工甫举，而嫉者随之，天一发愤而死。①

陈潢的友人张霭生在《河防述言》中也有所涉及，大致为：

夫水土平，而农事作，裨国计而益民生，方谓太平盛业，无有过于此者也。及辟土渐广，而豪强占利，私垦亦多，司事者从而清厘之，怨谤乃起。是时，忌功者流，见治河告成，苦无从媒孽短长，适因屯田之事，奸民散布流言，欲阻挠屯政，以利其私，而忌者乘之，得以诬陷矣。②

乾隆年间的河督康基田在谈及苇荡营一事时亦曾提及此事：

今之苇荡营，即靳文襄屯田之遗也。屯政以疑谤废弃，而官荒所在，丛生芦苇，大适工用。于成龙因之，于附近海口，奏设苇荡营，嗣经赵世显议裁，至是齐苏勒题请复设采苇，照向额加增三十万束，以济工需。③

从以上几条材料可以看出，靳辅在开浚下河问题上因坚持己见遭到众人非议，又因推行屯田“考虑不周”而遭遇罢免。

靳辅治河的曲折经历及其终遭罢免的结局表明，随着治河实践的深入展开，黄河管理制度的运转逐渐进入庞大的封建官僚体系之中，并与这一体系的各个方面发生着错综复杂的关系。整个过程还从一个侧面折射着清代封建官僚制度的政治文化特征。

---

①（清）陈潢：《天一遗书》，序，清咸丰四年杨象济抄本影印。
②（清）张霭生：《河防述言》，第58页。
③《河渠纪闻》，《续行水金鉴》卷6，第158页。

三　靳辅复任，廉颇老矣

靳辅被罢黜一年以后，康熙帝再次南巡。当他在江苏淮安等地考察时发现："自民人船夫，皆称誉前任河道总督靳辅，思念不忘。且见靳辅浚治河道，上河堤岸修筑坚固。其于河务，既克有济，实心任事，劳绩昭然。"① 面对此情此景，康熙帝不由得感慨万千，百姓得治河之大利而感恩于靳辅，并未因其力行屯田而心怀愤恨！想至此处，深感悔愧，而对于一位封建帝王而言，改正过失的办法无过于让靳辅官复原职，"着照原品致仕官例，复其原有衔级"②，以期"未甚老迈，用之管理，亦得舒数载之虑"③。无奈廉颇老矣，靳辅复任不久即病故。对于靳辅的离世，康熙"临轩叹息，灵輀既归，特命入都城，返厝其家，前此所未有也。命大臣侍卫，奠酒赐茶，命礼部议赐祭葬，命内阁赐易名，赐谥文襄"④，又传旨"问九卿詹事科道等，故总河靳辅，居官如何？对'任事年久，谙练河务'"⑤，借此为靳辅正名。康熙三十五年，有感于江南百姓对靳辅的无限眷念之情，允准设立祠堂以示纪念。康熙四十六年（1707），康熙帝于南巡途中亲眼看见"沿河百姓无不称颂，靳辅所修工程极其坚固"，"地方军民俱有为靳辅立碑之意"⑥，又情不自禁怀念起靳辅，并于上谕中写道：

> 凡自昔河道之源流，及历来治河之得失，按图考绩，靡不周知。粤从明季寇氛决黄灌汴，而洪流横溢，岁久不治。迄于本朝，在河诸臣皆未能殚心修筑，以致康熙十四五年间，黄淮交敝，海口渐淤，河事几于大坏，朕乃特命靳辅为河道总督。靳辅自受事以后，斟酌时宜，相度形势，兴建堤坝，广疏引河，排众议而不挠，竭精勤以自效，于是，淮黄故道次第修复，而漕运大通，其一切经理之法具在。虽嗣后河臣互有损益，而规模措置不能易也。至于创开中河，以避黄

①《清圣祖实录》卷140，第2册，第534页。
②《靳文襄公治河书》，《行水金鉴》卷50，第727页。
③《清圣祖实录》卷154，第2册，第701页。
④《王贻上撰靳文襄公墓志铭节略》，《行水金鉴》卷50，第730页。
⑤《王贻上居易录》，《行水金鉴》卷50，第731页。
⑥《清圣祖实录》卷229，第3册，第298页。

河一百八十里波涛之险，因而漕挽安流，商民利济，其有功于运道民生，至远且大。朕每莅河干，遍加谘访，沿淮一路军民，感颂靳辅治绩者，众口如一，久而不衰。

从这段文字可以看出，康熙帝不仅欣赏靳辅的治河能力，认可其治河成绩，更赞赏其为国为民竭忠尽智之精神。此后，又给靳辅“加赠太子太保，仍给世职，拜他喇布勒哈番，用彰朝廷追美劳臣之典，为矢忠宣力者劝”①。雍正五年（1727），“复加工部尚书，子治豫袭职”②。雍正七年（1729），命江苏巡抚尹继善“择地建祠”，八年，“诏建贤良祠于京师，以辅入祀”③。

透过靳辅前后担任河督十余年的坎坷经历可以看到，治河事务因关涉国计民生耗费巨帑而广受关注，然而多数人并不真正理解，难免成为开展治河实践的障碍。而作为河务这一场域的核心人物，河督的一言一行备受关注，往往无意中即卷入复杂的政治纷争，甚至成为清廷内部权力争斗的牺牲品。对于自身的遭遇，靳辅曾说：“督抚为朝廷养民，而河臣劳之，督抚为朝廷理财，而河臣縻之，故从来河臣得谤最多，得祸最易也”。他也为此呼吁：“今百姓之得以降邱宅土，无昏垫之忧者，何也？今百姓之得以耕种贡赋，尺土必争者，何也？皆以两河归故，堤岸坚固而无溃决也”，“督抚为国养民理财，自当反念民之何以得养，而财之何以得理，必不为一二奸民喋喋，而市恩邀誉。”④ 此言多少点到了问题的症结所在，但忽略了在封建官僚制度下，黄河管理制度的运转因牵涉面较广而具有很强的复杂性这一点。

综观靳辅十余年的治河实践，尽管其间困难重重，但是仍然取得了显著成效。据后人吴君勉研究，“靳辅以后，迄于乾隆中，六十年间”，黄河“无大变患，称为极盛”⑤。不过毫无疑问，这一成效的取得离不开康熙帝

① 《清圣祖实录》卷229，第3册，第298—299页。
② 汪胡桢、吴慰祖编：《清代河臣传》卷1，第29页。
③ 王钟翰点校：《清史列传》卷8，靳辅，第572页。
④ （清）靳辅：《治河奏绩书》卷4，第47—49页。
⑤ 吴君勉：《古今治河图说》，第74页。

的良苦用心与鼎力支持。

四　康熙帝于河务之角色

从前述靳辅治河的曲折经历可以看出，康熙帝于河务高度参与甚至事必躬亲，在多数情况下，更像河务的直接操控者。或许由于这一原因，内政大臣对河务问题多谨言慎行。工部尚书苏赫谈及河务时曾讲道："河工关系重大，臣等不敢擅断，伏乞皇上定夺。臣等复恳皇上亲临指示修筑，不但于万年漕运、生民有益，亦可折服众论"；刑部尚书李天馥也曾有类似奏陈，"凡事臣等皆可酌议而行，惟河工不可溷行悬揣，立闸之处，臣等不敢擅定，伏乞圣明定夺"①。康熙二十八年（1689），康熙帝于第二次南巡途中向扈从诸臣询问治河之策，诸臣奏曰："河工关系甚要，臣等意识浅陋，实不能知，仰听皇上指训。"② 内政大臣如此，河督作为河务问题的直接责任人在很多情况下也不例外，正如康熙帝本人所言："朕以河工紧要，凡前代有关河务之书无不披阅，大约泛论则易，而实行则难，河性无定，岂可执一法以治之！惟委任得人，相其机宜而变通行之，方有益耳。"③ "委任得人"四字说明，在康熙眼中，河督在很大程度上是其治河方略的贯彻执行者。在诸多河督中，靳辅的治河能力可谓突出，治河实践亦取得了显著成效，但是综观其治河十余年的坎坷经历，倘若没有"圣祖仁皇帝圣明之君任之专而信之笃"，他当很难大展身手进行治河工作，遑论取得卓越的治河成效。古人云："有一代之君，始有一代之臣"④，的确是康熙帝成就了靳辅这位治河能臣。对于康熙帝之英武睿智，作为臣下的靳辅感慨甚深。他曾在《治河奏绩书》中写道："臣受事之始，正值军兴旁午，筹饷维艰，而经理河工八疏，所计工程极大，请帑至数百万计，廷臣不无其难其慎，而我皇上睿谋独断，不惜大费，悉准施行，此两河之得

① 《康熙起居注》，第1798—1799页。

② 同上书，第1828页。

③ 《清圣祖实录》卷203，第3册，第75页。

④ 《靳辅治河事状》，李祖陶辑：《迈堂文略》卷3，同治七年（1868）李氏刻本。

以复故也。”①

靳辅之后的几位河督，有“仅守靳辅成绩”，并“无别行效力”之人，但也有毁弃者，如“于成龙初任总河，已将靳辅所修之处，改治一二次，及至董安国，则事尽废坏不堪矣”②。为扭转局面，康熙三十九年决定调两江总督张鹏翮为河道总督。与靳辅不同，张鹏翮为康熙帝所欣赏之处为“操守好”以及处理事情“料理明敏，非迟误案件之人”③，治河能力尚在其次。由此不难想见，张鹏翮担任河督期间，鲜少自己独立的治河思想，或沿袭靳辅治河之道，或遵照谕旨办事。对于康熙帝而言，或许因靳辅遭遇朋党陷害一事对其触动颇深，此后他更加关注河务，甚至一度成为实际掌控者，这可从张鹏翮的奏陈中窥见一斑。谈及治河成效，张鹏翮讲道：

> 感颂圣主天纵神智，又不惜数百万帑金，治河底绩，拯救亿万生灵，出昏垫而安乐土，欢声如雷，洋溢郊原，此皆我皇上睿虑周详，圣谟独断，烛照于事前，符验于事后，德同天地，功迈百王，诚万世永赖之伟绩也。微臣自惭学识浅陋，前此治河工程，皆荷皇上指示。
>
> 惟我皇上睿智如神，指授方略，尽毁拦黄坝，大辟清口，连开张福口、张家庄诸引河，坚筑唐埂六坝。自是，淮水悉出而会黄，淮黄相合，其力自猛，流汛沙涤，海口深通，两河皆循故道。淮扬诸州邑，数十年来在波涛中者，一旦复为耕稼之区，下流既畅，上流亦不至溃溢，即宿、桃、徐、邳以西，至中州所属，凡滨河之民，俱可无胥溺之虑矣。后之防河者，藉此成规，时时修补，弗致废坏，即千万年长治之道也。④

此言虽不乏对康熙帝的奉承之意，但大体符合事实。康熙三十九年(1700)，张鹏翮刚刚调任河督时，“欲按书上之言，试行修筑”，康熙帝告谕他，“大抵河工事务，非身履其地，详察形势，无由悉知”，“必毁拦黄

① (清) 靳辅：《治河奏绩书》卷4，第2页。

②《清圣祖实录》卷198，第3册，第13页。

③ (清) 张鹏翮：《治河全书》卷2，上谕，清抄本。

④《河防志》，《行水金鉴》卷55，第799页；《张文端治河书》，《行水金鉴》卷56，第815—816页。

坝，挑浚芒稻河、人字河”，“毁去拦黄坝，而清水遂出，浚通海口，而河势亦稍减，观此则河工大可望也。当于成龙赴任时，朕亦曾谕以宜毁拦黄坝，诚于彼时毁去，早有效矣”①。康熙帝治河指授之具体而微明显可见，甚至河工是否适用埽工这一更为具体的工作，亦曾亲自指示：“先是永定河用埽，甚有裨益。是以朕谕张鹏翮，黄河亦宜用埽。张鹏翮回奏，永定河势小，可以用埽，黄河势大，难以用埽，朕谕姑用之。张鹏翮因而用埽，河堤今果坚固。”② 此外，康熙帝还屡屡强调“尔于河工，不可任意从事，但守成规，遵奉朕训而行”③，“朕屡经躬阅河道，凡河工利病，地方远近，应分应合，应挑应筑之处，知之甚明。虽有未及经历之地，而向来舆图地名熟悉于衷，亦可即行定夺”④。康熙四十二年（1703），康熙帝于南巡途中阅视河务后对众大臣讲道：“朕此番南巡，遍阅河工，大约已成功矣。曩者河道总督于成龙，未曾遵朕指授修筑，故未能底绩，今张鹏翮一一遵谕而行。”⑤ 明显可见，在康熙帝看来，作为河督的张鹏翮实为其治河思想的践行者。

正因为在河务问题上的深度参与，康熙帝对靳辅、于成龙、张鹏翮等几位河督的治河能力与治河实践非常了解。他曾这样评价：“治水如治天下，得其道则治，不可用巧妄行。靳辅善于治河，惟用人力，于成龙心计太过，张鹏翮但遵旧守成法而已。张鹏翮系汉人，岂能乘骑在在驰驱料理，惟于朕谕遵行不违，是以河工底绩。”⑥ 透过简短的评语可以看出，康熙帝在河务问题上的参与力度实如河督们所言“睿谋独断”“睿虑周详”，河督则在多数情况下更像其治河方略的执行者，尤其是张鹏翮，“惟于朕谕遵行不违”。对于何以出现如此情形，马俊亚认为：“对河臣们而言，君心比河性更难捉摸，劳心费神地研究勘测，即使摸透了河性，却无法保证能符合圣意。如其拿出自己的方案，倒不如等待皇帝的方案最为稳妥”。并就此进一步指出：“以一个最高领导者的身份承担了工程技术人员的具

---

①《清圣祖实录》卷199，第3册，第25—26页。

②《圣祖仁皇帝圣训》卷34，第4页。

③《清圣祖实录》卷245，第3册，第431页。

④《康熙起居注》，第1933页。

⑤《清圣祖实录》卷211，第3册，第145页。

⑥《圣祖仁皇帝圣训》卷34，第22页。

体事务，先不考虑其能否胜任，至少，这样做无法调动河臣及技术人员的主观能动性，使他们成了只知唯唯诺诺、按最高指示办事的行尸走肉。”①考诸清初政治形势，康熙帝为稳定局势极力加强皇权，深入参与河工事务当为其实现政治抱负的重要途径之一，至于河督及内政大臣们唯唯诺诺，则是清初加强中央集权的必然产物。

对于康熙年间的治河实践，起居注中有如下记载与评价：

（二十三年十一月初六日）高、宝一带，湖水泛溢，久为民患，河臣胼手焦心，未能一时奏绩。皇上巡行览视，洞察形势，深悉民艰，恻然轸念。敕浚海口，且不惜经费，此真如天怙冒之仁。高、宝等处百姓安生复业，立见成效。②

（四十五年正月十四日）九卿诸臣复转奏曰：“前者皇上屡次亲临河上，指示河工，俱已尽善，亿兆人民俱已大有利益，并非臣等赞助而成，俱皇上亲临指示之所致。况皇上屡次南巡，非图安乐自适，每见圣躬竟夜冒雨阅视堤岸，天下无不知之。此亦为生民计，故劳苦如是。臣等亦惟当以颐养圣躬，安闲睿念为请，乃反以远劳圣驾，必求亲巡者，亦因所关甚巨，难于停止。圣驾早临一日，则万民早被一日皇恩，迟到一日，则万民迟被一日皇恩。”③

《行水金鉴》略例中有如下概述：

黄运两河，自康熙二十三年以前，敝败已极。是年冬，圣祖南巡，亲临河工，指授方略，首疏海口，以导黄注海，次辟清口，闭六坝，驻高堰，以障淮敌黄，改新旧中河，浚淮扬里河，开人字、芒稻、泾涧等河，国计民生，均得利赖。诸凡河湖堤岸闸坝，应修应筑，睿虑周详，尽善尽美，两河底绩，永庆安澜。诚足上迈神禹，下

① 马俊亚：《被牺牲的“局部”：淮北社会生态变迁研究（1680—1949）》，北京大学出版社2011年版，第51、54—55页。

②《康熙起居注》，第1250页。

③《康熙起居注》，第1934—1935页。

垂万禩者矣。①

后人在进行相关研究时评价如下：

康熙帝是一个聪明人，当时的官员都非他的敌手，结果遂至“九卿诸臣但以朕可者可之，否者否之”。即如四十六年溜淮套工程一案，交在外督抚议，都说必要请亲临指示，交在内九卿议，也说必要请亲临指示，便是当日廷臣揣摩意旨最著的例子。②

考康熙一代，南巡五次，率因视河而行，凡所指示，皆切中事理。而一朝河臣，如靳辅、于成龙、张鹏翮，皆一时清勤廉干之才，与朱之锡而四，得人之盛，莫与伦比。观靳文襄所陈，则康熙知人之识，与用人之专，殆亦冠越前代。③

通过上述可知，无论时人还是后人均对康熙帝的治河实践评价极高。其实，就连康熙帝本人也对自己苦心经营的治河实践颇为满意。他曾对众大臣讲道：“朕昔南巡，乘船阅河，堤内居民，历历可见，今于堤内望黄河行舟，帆樯皆不可见，可知近日河水之深矣”④。亦曾写下《阅河》诗以抒发情怀：“淮黄疏浚费经营，跋涉三来不惮行，几处堤防亲指画，仁期耕稼乐功成。”⑤ 即便如此，对于是否可将自己的治河路径编纂成书流传后世，康熙帝却持比较谨慎的态度。康熙四十年（1701），张鹏翮奏请“将上谕治河事宜，敕下史馆，纂集成书，永远遵守”，礼部表示支持，而康熙帝却不赞同，“今不计所言所行，后果有效与否，即编辑成书，欲令后人遵守，不但后人难以效行，揆之己心，亦难自信。且今之河工，虽渐有成绪，尚未底绩，果如扑灭三逆、荡平噶尔丹之灼有成功，允宜勒之于书，垂示后世。今河工尚未告竣，遽纂成书可乎？纂书之务且不必交翰林

① 《行水金鉴》，略例，第2页。
② 岑仲勉：《黄河变迁史》，第562页。
③ 申丙：《黄河通考》，第100页。
④ 《仁皇帝圣训》，《续行水金鉴》卷4，第98页。
⑤ （清）圣祖御制，张玉书等奉敕编：《圣祖仁皇帝御制文集》第二集，卷49，第6页。

院，即着张鹏翮编辑呈览。”① 一席话更加印证了康熙帝对黄河治理问题的深入理解与高度把握，亦从一个侧面折射出清初皇权的至高无上，以及其对黄河管理制度的深刻影响。

第二节　河督与地方督抚
——以清中期二者的矛盾关系为中心

对于河督与沿河督抚在河务问题上的责权关系，《清会典事例》明确规定：河督专责河务，沿河地方督抚负有协办之责，黄河一旦冲决，地方官亦连带受罚②。清前期，清帝多亲自讲求河务，指授治河方略，选拔治河人才，在此背景之下，河督的品级较高，若加兵部尚书衔，则同于两江总督而高于地方巡抚，这在很大程度上意味着，两江总督虽有协办之责却很少真正参与，“是以河臣得以展其筹划，属员勇于赴功，权一令行，最为尽善”③。前述靳辅治河期间，两江总督董讷被命参与筹商河务，这在河务工程引起清廷内部较大争议的情况下当属情理之中，二者并未产生直接冲突。而自乾隆以降，这一状况发生了明显变化，两江总督被命“兼管”南河河务，时而又重归“协同”，两者关系遂呈复杂化态势。他们既需要基于共同利益进行合作，以达到双赢的局面，又往往因立场不同以及利益所在而产生激烈冲突，甚至诋毁攻讦，“一督，四抚，三总河，均有河工专责”，“同心协力，数人如出一人”更成为一种理想④。述及嘉道时期的河务状况，晚清山东巡抚周馥曾提道：“两江总督兼辖南河，而南河督臣动为江都所龁，此亦时势使然。”⑤

---

①《清圣祖实录》卷203，第3册，第75页。
②《清会典事例》卷917，工部56，第551—562页。
③ 朱批奏折，候补左春坊左谕德嵇璜折，档号：04－01－01－0069－065。
④《清高宗实录》卷545，第7册，第926页。
⑤ 周馥：《国朝河臣记·序》，《周悫慎公全集》文集卷1。

一　南河总督与两江总督

（一）乾隆年间二者的纷争与"趋和"

乾隆七年（1742），黄淮并涨，沿河地方遭受巨浸，河务工程急如星火。南河总督完颜伟虽竭力兴举工程，但迟迟未见成效，负有协办之责的两江总督德沛与江苏巡抚陈大受与诸大臣一道指参完颜伟办事不力。对此，乾隆帝不甚认同，因为奏参之人"并未身历其地，辄以臆度之论，纷纷陈说，及加考查，皆必不可行之事，其为害于河工甚大。若因议论纷起即将河臣加以处分，则后之膺此任者，愈难办理矣。但完颜伟由按察使升任河道总督，素未谙练河务，且到任未久，骤遇如此水灾，未免措置仓皇，此实有之"，鉴于"河东河务较之江南，尚易料理，完颜伟著调补河东河道总督，白钟山历任南河，颇称练习，著调补江南河道总督"①。作此安排后，又劝解德沛，"河臣之苦衷，为督抚者，宜谅之助之"，"今岁水灾，乃上天垂象以示儆，此朕之不德，与该省督抚有司职业不修，或地方人心浇薄之所致"，透过此事，乾隆帝察觉到"督抚与河臣不能和衷已露形"，即便如此，由于"河务重大，关系匪轻"，仍申令二人务必"各矢忠诚，屏除私意，以副朕之委任"②。或许乾隆帝的一番话直指德沛的要害，令其感到些许惶恐，他解释道："臣与河臣完颜伟，并无意见不合，且完颜伟到扬，臣尚语以上殿相争，下殿不失和气，始为事君交友之道，完颜伟亦以为然。缘臣初任两江，受事后即值水患，未知河工向来办理之法，此实臣之无知处。若必归咎河臣，臣身任地方，又安能辞其责。"③ 与此前对完颜伟的一味指责相比较，德沛此奏可谓一百八十度的大转弯，又将主要责任揽在了自己身上，明显在为自己此前的言行开脱，却有些欲盖弥彰。翌年，乾隆帝以"德沛未能胜任"为由将其调离江南，命尹继善署理两江总督，"并协同河道总督白钟山料理河务"④。

调任上谕中的"协同"一词说明，尹继善在河务问题上的责权位置应

① 《乾隆朝上谕档》（一），第828页。

② 《清高宗实录》卷173，第3册，第212—213页。

③ 《清高宗实录》卷177，第3册，第284页。

④ 《乾隆朝上谕档》（一），第833页。

列于河督之后，但随后乾隆帝又发布谕令，“总河虽系白钟山，但彼一谨慎而不识大体之人，只可司钱粮出入耳”①，并警告尹继善“戒不得推诿白钟山，亦不得为之隐饰”②，又将河督与督抚在河务问题上的角色进行了调换，给予尹继善更多权责。或许从此前德沛与完颜伟二人身上吸取了教训，尹继善与白钟山在治河实践中极为注重关系“和谐”。比如：乾隆八年八月，在开放天然闸坝问题上，二人所奏如出一辙，而江苏巡抚陈大受的奏报却大相径庭，这引起了乾隆帝的怀疑。尽管核查结果显示“陈大受之所谓天然闸，非尹继善、白钟山之所谓天然坝”③，但是这并不能掩饰尹、白二人在上奏折之前曾经互通信息，统一过口径。经此一事，乾隆帝对尹、白二人更加关注。

两年之后，黄河骤涨，沿河百姓遭受重灾，赈务与河务均显紧迫。作为沿河疆吏，江苏巡抚陈大受在第一时间向清廷奏报，而尹继善却迟迟未见动静，直到接到谕令，才着手赈务，安抚灾民。至于河督白钟山，则在奏报水情之余还提到，尹、陈二人办理赈务颇有成效，自己也于筹办河工之际将灾民妥为“安顿抚恤”，意在说明三人均恪尽职守办事得力。对此“和谐”画面，乾隆帝一语破的：“淮扬经七年异涨之后，朕意数年之内，可保无虞，乃今年又复遭此，则下河之工，汝与尹继善所办者何事？观汝二人，惟以取和为务，且有意讳饰，甚非朕倚任之意也。此谕亦令尹继善知之。”④ 接着又告诫尹继善，白钟山治河能力有限，“如陈家浦一事，若早发数千金之帑，以堵筑于未然，亦未必致遭冲决，百姓受灾，且反费数十万帑之赈恤也。故河工一事，一以委卿，不可推诿白钟山。朕亦知卿不推诿于彼，但不为之隐饰斯可矣”⑤。乾隆帝对白、尹二人所言可谓意味深长。显然，前者并非仅就三人在此次水灾中的表现而言，更像给白、尹二人敲的警钟，后者先讲白钟山治河不力，再言把河务交给尹继善办理之缘由，似令人感到迷惑，但一句“但不为之隐饰斯可矣”明显在提醒尹继善

①《清高宗实录》卷251，第4册，第244页。
②《清高宗实录》卷255，第4册，第309页。
③ 朱批奏折，大学士鄂尔泰、大学士张廷玉折，档号：04－01－01－0100－014。
④《清高宗实录》卷247，第4册，第191页。
⑤《清高宗实录》卷251，第4册，第244—245页。

不要替白钟山隐瞒。换言之，在乾隆帝看来，二人在河务问题上并非能够真正达成一致，只是为了避免重蹈覆辙，故意粉饰和睦。此后事态的发展也印证了乾隆帝的这一看法。恭读谕旨后，尹继善颇感不安，遂积极调整与南河总督的关系，勉力投身河务，与白钟山合作完成了这次黄河抢修工程①。

有意思的是，尽管两江总督因兼管河务而易与南河总督产生摩擦甚至冲突，但是他似乎并无意袖手。乾隆十五年（1750），两江总督奏参河督擅权：

> 一有缺出，惟凭河臣以己见委用，并不由各道练选，虽例应与臣衙门会题，然系河臣主稿，一面列衔拜疏，一面移送会稿，有会题之名，而无会核之实。
>
> 应请嗣后厅汛效力等员，将早日修做工程是否坚固，物料钱粮是否无亏，土方是否堆贮足用，柳株是否栽植齐全，以及防险抢修是否不分昼夜，着有劳绩，修造清册，按季申送该管之淮扬、淮徐二道考察，汇册移送河库道核实，转呈河臣并臣衙门查考。实心者，即予记功，不妥者，即行记过，有缺出，即令河库道于记功人员内会同淮徐、淮扬二道再加遴选，保送会核具题，倘该道徇私滥举，即行参处。②

两江总督对南河河督的不满溢于言表，积极寻求在河务问题中的话语权之意亦明显可见。为避免二者掣肘，乾隆帝又命两江总督“不必兼管南河事务”，同时增设副总河以加强治河实践③，但问题接踵而至，不得不于翌年将其裁撤。乾隆三十年（1765），鉴于新调任的河督李宏与“现在所属道厅多系旧时同寅，恐难免有瞻徇掣肘之处”，又命两江总督高晋“统理”南河事务④，并规定：“一，文武官题补题署，咨补咨署，并由河臣主

① 《清高宗实录》卷255，第4册，第305页。

② 题本，大学士兼管吏部事务傅恒，档号：02－01－03－04794－006。

③ 《乾隆朝上谕档》（三），第7页。

④ 《乾隆朝上谕档》（四），第638页。

稿，知会督臣商定，然后题咨。一，工程所用钱粮三道，一体详报督臣衙门查考。一，各厅工程，用存料物，各工水势，责成道厅营汛一体通报督臣。”① 这一举措的初衷在于加强河工管理，事实上却因问题随之复杂化而难有实际效果。延及嘉庆年间，两江总督与南河河督之间甚至出现了激烈冲突，酿成大案。

（二）嘉庆年间二者的责权关系与矛盾升级

1. 责权关系的断续调整

嘉庆初年，延续前朝之规定，命两江总督“兼管”南河事务，嘉庆二年（1797）调任李奉翰为两江总督之际，更为强调这一点，原因除“两江总督向来兼管河务”外，还因李奉翰曾担任过南河总督与东河总督，“于河工更为谙习”②。上谕还强调“江境黄河，系李奉翰、康基田专责”③，两江总督于河务问题的责权已然跃居南河总督之上。而此后另一任两江总督费淳的做法令嘉庆帝不得不重新审视这一问题。嘉庆四年（1799），费淳以“不谙河务”，恳请免去兼理之责④。嘉庆帝批示：

> 所奏尚系实情。两江总督统辖三省，事务殷繁，若复兼河务，遇三汛时，必须在工防守，则于巡查水陆营伍，办理刑名案牍，以及漕盐诸务，势必难以兼顾，多致废弛。况大吏往来频数，不无供应烦扰之弊，而督臣与河臣同在一处，往往意见龃龉，转多掣肘。总河系河务专员，一切堤防蓄泄事宜，自应责成康基田一手经理，但遇有应办工程、鸠夫集料、筹款拨项等事，必须费淳董率办理，方期呼应较灵。若因督臣不兼河务，遂致一切夫料，不能应手齐备，则督臣不得辞推诿之咎。著传谕费淳、康基田，即将河务工程应行分办事宜，何项应归总河管理，何项应由总督会同查办，可以永远奉行之处，详悉妥议，开单具奏。⑤

① 《南河成案》，《续行水金鉴》卷15，第349页。
② 《嘉庆朝上谕档》（二），第267页。
③ 《清仁宗实录》卷28，第1册，第340页；康基田时任南河总督。
④ 录副奏折，两江总督费淳折，档号：03-1476-022。
⑤ 《清仁宗实录》卷40，第1册，第480页。

面对上谕，费淳与河督康基田二人各怀心思，反复商讨，最终拿出了一个权责划分方案，大致如下：

> 江境黄运湖河，土埽各工，一切蓄泄机宜，系河臣专责，自应钦遵训示，由康基田一手经理。惟遇大工大役，动用钱粮，必须督臣会商筹办。其余估销钱粮，亦应会列衔名，以昭慎重。如此分别责成，即无兼管虚名，更收办公实效，于地方河工，均有裨益。该督等将河务工程分别专办会办各事宜，开具清单。
>
> 稽查各厅用存正杂料物，查勘筹办黄运两河土埽工程，巡阅河营官兵，暂行委员署印及题参咨参官员，题参武职疏防，年终甄别河员，奏报三汛安澜及漕运空重船只出入江境，据道详批发各厅工料钱粮修造船只，河标四营官兵俸饷朋马奏销军装甲械河银考成，河营官兵俸饷，黄运湖河水势，各条归总河衙门专办。
>
> 至奏拨河工钱粮，岁抢另案工程及堵筑大工，督饬州县集夫采办料物大计，及河营军政，河员题请实授及升转沿河州县，河员文职通判以上，武职守备以上，文汛州同以下，武汛千总以下，咨补咨署，均会同总督衙门办理。

从这份方案可以看出，两江总督的权责有所减轻，参与河工事务主要限于兴筑大工期间，职责为督饬地方州县官员协助办理料物，以及河员与地方官之间的升转题补。对此，嘉庆帝批示“查地方河工均关紧要，总督有整理地方之责，政务殷繁，总河有修防蓄泄之责，专司河务”，“依议”①。二者的责权关系得到了重新调整。

问题是，这一规定能否落到实处，得到真正贯彻。如果得以实施，二者或许能够各司其职，矛盾与冲突亦可能得到一定程度的缓解，但是紧随其后的料物被烧事件将这一规定化成了一纸空文。事件发生后，河督康基田遭罢免，两江总督不得不重新回到了兼管的位置。嘉庆五年（1800）的一份上谕申明：“南河一切工程及堤防事宜，皆系该督所辖地方，是河工

① 题本奏折，署理吏部尚书魁伦等，档号：02－01－03－08332－013。

实该督第一要务，若督臣不兼河务，遇有要工，则河臣自必呼应不灵。现在邵家坝漫口，合而复开，甚至被火焚毁料物，未必不由于此。况历来两江总督皆系兼管河务，何得费淳一人置身事外耶？所有该省河工，著费淳照旧兼管”，“会同河臣吴璥，悉心筹办”①。这里不仅命两江总督继续兼管河务，还强调“河工实该督第一要务”，再次将其责权置于河督之上。只是费淳于河务不甚熟悉，“兼管”之责如何履行以及如何在治河实践中与南河总督共处都是问题。

嘉庆十五年（1810），陕甘总督松筠调任两江总督。鉴于此前他鲜少涉足河务，嘉庆帝警告河督吴璥，“久任河督，于全河大局，较为谙习，不可因松筠到省后锐意以治河自任，吴璥即心存推诿，任其所为，设有错误，河工系河督专政，吴璥之获咎尤重”②，意在命其切实发挥专管河务之责。迨松筠正式上任之后，嘉庆帝又发布上谕，申明二者的职责权限，大致如下：

> 河工特系所管一事，以职任而论，则总河系属专办，总督只系兼管。以现在情形而言，则吴璥、徐端经理河务有年，尚无把握，松筠焉能如伊等之熟练，讵可师心自用乎？松筠惟当于河督呼应不灵之处，协力帮助，俾免掣肘，设其办理不妥，则随时查察纠劾。至于应办事宜，惟有与之和衷商榷，广咨博采，期于相与有成……嗣后河工事务自当由河督专政，伊随时悉心商酌，妥协共济，期于经理有益。③

明显可见，这一纸诏书又将二者的责权关系大致恢复到了清前期的状况，两江总督仅负协办与监察之责。嘉庆帝此举用心可谓良苦，但问题是在当时的形势下，这一调整对于规范二者之间的关系能够发挥多大作用，二者能否随着这一纸诏书的下达而恢复至清前期大体相安无事的状态。按照规定，两江总督于河务负有查察纠劾之责，据此，松筠上任后即对河工事务进行调查，结果显示吴璥与徐端二人的所作所为一无是处，“吴璥议

---

①《嘉庆朝上谕档》（五），第92页。

②《清仁宗实录》卷224，第4册，第10页。

③《嘉庆朝上谕档》（十五），第38—39页。

论河务，多有不实，徐端只知做工，欠晓机宜。查伊二人任内经手工程，如堰盱改建砖石各工，老坝工改挑毛家嘴，移建束清御黄二坝，回龙沟挑挖引河，清口拦做圈堰，种种办理失宜，峰山坝现又堵闭迟逾。此外，如毛城铺本不应率请修复，海口仍称高仰，语皆摭饰。又所用属员，如叶观潮、张文浩、缪元淳等皆委任不当，或应参不参，或应赔不赔，以致各处工员无所儆畏”。由于嘉庆帝对松筠信任有加，遂将代理河督徐端革职，改命松筠推荐的浙江巡抚蒋攸铦为南河总督①。但是蒋攸铦素未谙习河务，于河督一职难以胜任，嘉庆帝不得不旋即命其“仍回浙江原任，所有江南河道总督著陈凤翔调补，其河东河道总督著李亨特补授”②，并强调“松筠职任系两江总督，河工不过兼辖，非其专责，如河工有须地方官员协力之处，伊帮同调遣，不致掣肘。其河员内有侵贪不职劣迹，伊据实纠参，若一切发帑办工等事，转不必以身独任，致多牵碍”③。

频繁更换河督并不断调整两江总督于河工事务的权责，或多或少说明嘉庆帝心存踌躇。他既想仿照乾隆时期的做法，命两江总督更多地参与河务，又担心其与河督彼此掣肘，思虑再三，决定命河督全权负责河务，仅命两江总督负查察纠参之责。这看似权责清晰，实则很难在实际运行中发挥预期作用。因为这在一定程度上意味着，河督的工作将在两江总督的监察之下进行，而由于治河事务繁杂，技术含量较高，如果两江总督对此不甚了解，那么他当很难切实查察河工事务中的问题。嘉庆帝有所察觉后曾在上谕中提到，面对黄河决口，松筠“先有不欲堵闭之议，而后折又云当堵，以河工紧要机宜”，“自相矛盾，松筠之毫无把握，固可概见”④。更何况这一时期河工弊政已成积重难返之势，如果任由两江总督查参，那么河务工作将很难进行。缘此种种，这一规定不仅未能规避河工积弊，提高工作效率，反而加深了河督与两江总督之间的矛盾。二者经常围绕河务问题发生纷争，有时甚至公然对抗，其中以嘉庆十七年南河总督陈凤翔与两江总督百龄二人围绕礼坝要工而发生的冲突最为典型。

---

① 同上书，第535—536页。

② 题本，东河总督李亨特，档号：02-01-03-08881-021。

③《清仁宗实录》卷238，第4册，第212页。

④《嘉庆朝上谕档》（十五），第615页。

2. “礼坝要工参劾案”①

嘉庆十六年（1811），南河王营减坝与李家楼两处河堤先后决口，在事后处理问题上，本就“意见不融，遂相倾轧”② 的南河总督陈凤翔与两江总督百龄发生了激烈冲突。

该年六月，王营减坝蛰塌。尽管陈凤翔征引乾隆时“云梯关外不必与水争地”的经验辩称：“王营减坝旁注，实由海口逼紧，水无他路可行，故有漫溢之患。将来秋深水落，止须修筑王营减坝，其海口新堤请但保南岸，以为居民田庐之卫，其北岸竟毋庸修筑，以免逼水之虞”，博得了铁保等人的信任，但遭到了嘉庆帝的质疑，“从前云梯关外尽系濒海沙滩，并无居民村落，此时马港口外现有大广庄、小尖集、响水口、曹家圩、张家庄等各村落，已非从前之尽为沙滩可比。至引禹贡同为逆河之说，尤属荒远难稽”，现将陈凤翔等所绘海口图与嘉庆十三年吴璥、托津等人所呈图相较，河形曲直明显不同，并由此认为陈凤翔意存朦混，恃才妄作③。鉴于“陈凤翔身任河督，于河工堤坝不能督率厅汛员弁先事防护，以致王营减坝土堤蛰塌至八十余丈之多，厥咎甚重，本应即照部议革职，姑念河务紧要，一时简用乏人，陈凤翔著加恩改为革职留任”④。

八月，李家楼处又发生决口，口门很快塌宽至“一百零一丈，口门水深二丈八九尺，外滩已刷成河槽，亦宽一百余丈，水深一丈八九尺不等，夺溜已至八九分。峰山闸之东河道，淤成平陆者三千余丈，宿桃南北四厅，亦间段露出干滩，是该处漫口急切，亦难于堵合”；由于“李家楼以下漫水，纡回数百里，四散旁溢，江苏、安徽两省被淹各州县，民田庐舍，悉在巨浸之中”⑤。对此，嘉庆帝高度重视，命两江总督百龄与南河总

---

① 这一名称取自曹志敏的《〈清史列传〉与〈清史稿〉所记“礼坝要工参劾案”考异》一文（《清史研究》2008年第2期）；该文通过比对《清史列传》与《清史稿》所记“礼坝要工参劾案”，简要梳理了案情，尤其对其中所涉及的三个核心人物百龄、陈凤翔、朱尔庚额的罪责进行了考证。另：礼坝是明代修建的仁、义、礼、智、信五坝之一，原为土坝，康熙年间改建为石坝（《礼坝补建石工碑》，左慧元编：《黄河金石录》，第211页）。

②（清）陈康祺：《郎潜纪闻四笔》卷11，第185页。

③《嘉庆朝上谕档》（十六），第357页。

④ 上谕档，《清代灾赈档案专题史料》第78盘，第601页。

⑤ 同上书，第627—628页。

督陈凤翔等人“通盘筹划，酌量情形，分别先后，迅速奏明”①。在工程进行期间，陈凤翔曾被嘉庆帝批评“只知惜小费，坐失机宜，以致多费数百万。多费事小，害民事大，数万百姓，流离昏垫”②。而因“勇于任事”被“特简江南总督兼办河务”的百龄③，又因两淮盐政阿克当阿的密奏得到了嘉庆帝信任④。从中大致可以看出，二人的办事能力存有差异，办事风格各有不同，姑且不论利益问题，二人也难免产生矛盾。该年十二月，决口堵筑完竣，嘉庆帝倍感欣慰之余对出力官员给予了奖赏：“百龄督率有方，蒇功妥速，著交部从优议叙，并赏给喜字白玉搬指一个，玉鼻烟壶一个，大荷包一对，小荷包二个。陈凤翔在工奋勉出力，著加恩赏给三品顶戴，仍交部议叙。其在事出力之文武各员，著该督等择其尤为奋勉者，据实保奏，候朕施恩，并著阿克当阿备五丝缎一百件，分赏出力员弁，并发去九钱重银牌二百面，五钱重银牌二百面，分赏出力兵夫，以示鼓励。”⑤ 在一片欢庆气氛中，百龄与陈凤翔似乎真正做到了和衷共济，一同完成了此次河工要务。

然而翌年六月，堵筑工程刚到半年之期，礼坝要工复决，至八月已坍塌形成巨口，黄水顺势下泄，下河州县大面积被淹。河务这一场域的气氛顿然紧张起来。百龄上奏参劾此由陈凤翔失职造成：

> 河臣坐视清水大耗，曾无一札与奴才筹及于此。……今以礼坝之失，遂至败坏全局，凡在官吏士民无不咨嗟叹惜，奴才实不胜愧愤悚惶……（开放礼坝一事）河臣并不先商之奴才，遽而开放已属失算，迨放后一月有余，河臣近在清江，亦并不亲往察看。迨道厅禀报，跌动土舌及关石桩木，犹不驰往督令堵闭，仍复安坐迟疑，实不解其何意。……急于开坝于前，复迟于闭坝于后，以致全河大局，辛苦经营

---

①《嘉庆朝上谕档》（十六），第481页。

②《清仁宗实录》卷248，第4册，第358页。

③ 录副奏折，体仁阁大学士刘权之折，档号：03－2089－020。

④ 阿克当阿在密奏中讲道：“百龄筹办河工，悉心经理，不避嫌怨，地方及属员贤否，纤悉皆知，吏治为之肃清。惟秉性刚方，不免过严，且河工缓则易办，不能欲速见功。以一人之心思，恐难敌工员千百人之朦蔽，督抚责任綦重，培养尤难。”（《清仁宗实录》卷248，第4册，第358页）

⑤ 朱批奏折，两江总督百龄、南河总督陈凤翔折，档号：04－01－05－0131－022。

一年有余，极好之气象，变为束手之情形，实堪痛惜。……查河臣陈凤翔于李家楼合龙回浦后，桃伏二汛数月之久，从未往各工巡查，即礼坝跌穿，亦系奴才赴山盱工次之时，始同往察看，迨奴才饬令厅员赶紧封闭，随赴云梯关外查验海口情形，陈凤翔复往扬河，迨奴才回浦，见防守里外河及堵筑山盱礼坝各事宜，均关紧要，曾经奏明移知陈凤翔先其所急，不可远出。讵陈凤翔复藉陈家浦报险往视，忽又远赴海口数日始回，致令游击陈岱于浅水时任意迟延，将坝工耽搁日久，使口门愈刷愈深，不能克期堵竣，陈凤翔始知事难措手，现在赴工催督，仍复莫展一筹。似此因循贻误，实属辜负圣主矜全录用之深恩。相应据实奏明，请旨将陈凤翔交部严加议处。①

闻此，嘉庆帝怒不可遏，于奏折中多处朱批，指陈凤翔“可恨已极”：

本年李家楼坝工合龙之后，河流顺轨，海口深通，黄河两岸大堤又俱保护平稳，再能清水畅出刷黄，则全河积病渐除，实为极好机会。乃陈凤翔不知以蓄清为要，于湖水并未旺长之时，即开放智礼两坝（朱批：轻车自用，任性妄为），迨礼坝土舌桩木俱已冲动（朱批：又因循迨玩），犹不上紧堵闭，以致湖水旁泄过多，下游民田庐舍均被淹浸。

此次开放礼坝，实因人事之乖，失误机宜，既于河工有碍，复灾及数郡，贻害生民。陈凤翔之罪甚重，（朱批：实堪切齿痛恨，上致君犹，下贻民祸，即正法亦不为枉），前经降旨，在工次枷号两个月示众，陈凤翔着再枷号两个月，俟限满踈枷发遣。（朱批：请旨再办），并传谕通工大小员弁，以陈凤翔系河道总督贻误事机尚如此严惩，若以下河弁再有似此贻误者，更当较陈凤翔加重治罪，俾各怵目警心共知悚惕。②

① 朱批奏折，两江总督百龄折，档号：04－01－05－0276－007。

② 朱批奏折，为前南河总督陈凤翔失误机宜有碍河工贻害生民着再加枷号两月等事字寄谕旨，档号：04－01－05－0133－030。

并援照河工律例对陈凤翔等人作出了如下处分：

此事陈凤翔怠玩乖舛，贻误全河大局，殊堪痛恨……将陈凤翔在礼坝工次，枷号两月示众。如礼坝克期堵合，再移往他工，限满疏枷，发往乌鲁木齐效力赎罪……其礼坝工程所用银二十七万余两，本应令伊一人赔出，但为数过多，即责令赔缴，亦未必能如数全完，陈凤翔着罚赔银十万两。

已革游击陈岱，派办要工，心存延玩，着在工次枷号四个月，满日发往伊犁充当苦差。

百龄办理河工事务，尽心筹划，此次自请议处，原可宽免，但伊不早将陈凤翔参奏，至事机已误，始行查参，究属迟缓，百龄着交部议处。①

面对百龄的奏参以及嘉庆帝的处罚，陈凤翔呼号鸣冤，遣家人进京控诉百龄所言纯属诬陷，并反参百龄所用办理荡务之人朱尔庚额办事不力。据都察院左都御史德文奏报："据丁升供，我系陈凤翔家人，这呈词是我主人做的，叫我来京投递，实因被百总督捏词参奏，冤抑情急。是以昌罪陈诉，呈内各条句句真情，无一字虚谎，俱有案卷人证可凭，只求代为转奏，恳恩查办等语。臣等查阅呈词，情节重大，谨将原呈粘单恭呈。"②

为弄清事实，嘉庆帝命户部尚书松筠与吏部侍郎初彭龄前往河干进行实地调查。经多方查考，二人呈上了一份近万言的奏折，其中详述调查经过以及陈凤翔与百龄之罪责。大致摘录如下：

已革江南河道总督陈凤翔呈诉各款，业据陈凤翔供认，开放智礼两坝，堵闭迟延，咎无可辞。并臣等就近查明，苇荡右营装运未交之柴束，斤重短少，与督臣百龄原奏不符。又查有升任里河厅徐承恩等八厅公禀，柴斤不敷原案，系承办荡柴之盐巡道朱尔庚额邀功捏禀。

其荡柴弊混一款，竟以采柴之工本采草，而连草亦不足原估之数，

①《清仁宗实录》卷260，第4册，第518页；《清仁宗实录》卷260，第4册，第523页。

② 录副奏折，都察院左都御史德文折，档号：03-2093-025。

以增采之虚名增费，而所费又不无浮多之弊。工料未归实用，钱粮尽成虚縻，皆由于朱尔庚额捏词邀功，弊混蒙禀，以致百龄无从查察。

本年七月，陈凤翔前赴海口查工，因四月内，里河等八厅有柴草乱杂，斤重不敷之禀，抽查荡柴，彼时，曾对众言，及俟礼坝工竣，再行参办。旋经百龄以启放智礼两坝堵闭迟延，请将陈凤翔严议，陈凤翔疑及百龄恐其查参荡务，先发制人，又虑及现已革职，若不将荡柴弊混缘由据实呈明，将来贻误要工，其咎更重。而百龄具折参奏时，未将淮扬道黎世序请开智礼两坝曾经批示之处声叙，是以陈凤翔遣人赴京呈诉。

升任淮扬道黎世序因有陈凤翔上年奏准湖水长至一丈三尺，酌启一坝，再长再启章程，是以具禀河臣督臣请开放智礼两坝。其原禀内，陈凤翔批云，重运尾帮，即日可以渡黄……百龄批云，湖水收至一丈五尺三寸……即移咨河部堂核示遵行，仍候河部堂批示等语……先是百龄所批与陈凤翔所批无异，乃百龄于初参折内竟未声叙，诚如圣谕，全行委过于人，含混入奏。（朱批：汝二人所论甚公）

除原呈内开，原参陈凤翔自李家楼回浦后，安坐衙斋数月一款，现经传询同知郑巨川，候补同知张文浩，通判王金鼎，县丞龚京正、赵秉恒，守备刘俊，巡检钱志道，把总陈魁先等佥称，陈凤翔自三月回浦后，往来三闸三坝，并御黄坝等处，督催粮艘渡黄，又亲赴中河抢险，并亲到颜家河、汰黄堆等处督工，日期与陈凤翔所供无异。臣等询之百龄，据称陈凤翔是否在左近查工，因彼时赴苏松查阅营伍，并未闻知情形，亦属吻合。

惟百龄委用朱尔庚额办理荡柴蒙混具奏一节……皆因朱尔庚额捏词邀功，蒙禀所致，实无别项情弊。是百龄之派委朱尔庚额增采荡柴，固为节省购料钱粮起见，乃于朱尔庚额任意妄为，叠次蒙禀，希冀邀功之处，毫无觉察，且又原参陈凤翔折内，未将曾据淮扬道禀请开放智礼两坝批示情节声叙，均有未合，应请旨将两江总督百龄交部严加议处。①

① 朱批奏折，户部尚书松筠吏部侍郎初彭龄折，档号：04－01－05－0132－022。

依照二人所奏，此事不可完全归咎于陈凤翔，百龄亦有失职之处：其一，用人不当，命朱尔庚额办理荡务委用非人，且受其“叠次蒙禀”，亦有失察之过。其二，参奏不实，李家楼堵闭后，陈凤翔并非安坐衙署，而百龄为了将罪责归于陈凤翔一人，故意回避礼坝开启前自己亦曾表态同意这一点。这一调查结果无疑将百龄打入了深渊，因为用人不当罪责尚小，故意隐瞒则犯有诋毁同僚蒙蔽君王之罪。随即，百龄被处以“降摘翎顶，革去官衔”，“八年无过方准开复”①，所用“不当”人选朱尔庚额则受到了枷号河干期满后发配伊犁的严厉处分。

至此，该案似乎已近尾声，但是由于影响较大，朝野仍议论纷纷。比如：太常寺少卿马履泰奏请“此案获咎滋重，非寻常过愆可比。国家纲纪攸关，中外视听所属，可否仰请皇上于吏部严议外，复饬下在廷各大臣，统计功过，详核罚宥，言出公议，似于政体较为符协。所有预议衙门自行缮词呈递，无庸连为一稿，随众阅划，其有一衙门两议者，亦听单衔陈奏”②。礼亲王昭梿亦有记述，他认为朱尔庚额存有冤情③。这令已显明了的案情蒙上了一团迷雾。对于涉案各方之罪责，有研究者做过考证，认为“正是百龄与淮海道黎世序合谋，参倒了陈凤翔。至于说陈安坐衙斋数月不赴工次，擅开礼坝与百龄并无只字相商等情事，则是百龄对其诬陷。在陈凤翔获罪后遣家人呈诉于都察院，经松筠、初彭龄查核，则事属虚诬”；“至百龄参劾陈凤翔，虽有不实之处，但就陈凤翔在河督任上的屡次失职而言，也是自有应得”；“陈凤翔正是利用厅营员弁对于朱氏的憎恨”“反参百龄任用朱尔庚额办理荡务，捏词邀功，亦纯属诬陷”④。其中对百龄与陈凤翔的判断较为客观。百龄参劾陈凤翔虽存有私心，但是陈凤翔的确不够尽职尽责。礼亲王昭梿在记述河督徐端时曾提及：“继公者为陈凤翔，以直省贪吏入赀为永定河道，复有大力者为之奥援，立擢河东总河，其去天津县令任未期年也。后以妄放潴水故，为张制府百龄所劾，上命立枷河

---

① 《清仁宗实录》卷264，第4册，第588页。

② 录副奏折，太常寺少卿马履泰折，档号：03－1547－006。

③ （清）昭梿撰：《啸亭杂录》卷3，第67—74页。

④ 曹志敏：《〈清史列传〉与〈清史稿〉所记“礼坝要工参劾案”考异》，《清史研究》2008年第2期。

上，闻者快之。凤翔复遣其家人入都讼冤，当事者力缓其狱，得以释回。未几，以惊悸死于河上廨中，无人不欣然也”①，陈凤翔担任河督时之不得人心可见一斑。百龄力荐的淮海道黎世序为清中期不可多得的治河能臣，先后担任南河总督十余年，并取得显著成效，道光四年（1824）去世后，被追“尚书衔，晋太子太保”，“赐谥襄勤，入祀贤良祠”②。但认为朱尔庚额“代主蒙冤”则有些偏颇。其一，综观整个案件，朱尔庚额所办柴料中掺杂大量杂草应为事实，作为荡务负责人，理应负有责任。其二，松筠与初彭龄在调查时并非仅凭在河官员的陈词而认定其有罪，还亲往河干查考，并“督饬道厅各员将十六年苇荡两营采办柴束通盘核计”，所得数据“与原奏增采柴数实短少三百二十万余束”③。考诸这一时期的河工弊政，此奏可信度极高，尽管众人皆知此为河工宿弊，但在这个节骨眼上，朱尔庚额必然要承担责任。即便如此，亦不能否认，陈凤翔反参百龄任用的朱尔庚额捏词邀功当别有用心，但结果并未循其逻辑，朱尔庚额遭受了重处，百龄虽亦受罚，但与陈凤翔“奉旨革职，并荷校河干，旋以愤卒”④的下场相比，明显较轻。

（三）道光年间二者荣损与共

道光年间，尽管南河总督与两江总督在河务问题上越来越难以共处，但是由于上关国家大计，下涉地方百姓的河务问题每况愈下，二者更是被紧紧地捆绑在一起，时而密切合作，时而产生矛盾甚至冲突。这在发生于道光四年的决口问题上体现得非常明显。

道光四年十一月，高堰十三堡处河堤溃决，淮、扬地区一片汪洋。道光帝闻此雷霆大怒，“此事固由张文浩办理不善所致，然孙玉庭以大学士节制两江，兼辖河务，自应及早参奏，乃意存徇隐，欲为消弭”，遂将孙玉庭解任，张文浩革职⑤。对于事情之经过，时人作过较为详细的记载，其言大致如下：

---

①（清）昭梿撰：《啸亭杂录》卷7，第215页。
②《清宣宗实录》卷65，第2册，第18、21页。
③ 朱批奏折，户部尚书松筠吏部侍郎初彭龄折，档号：04－01－05－0132－022。
④（清）陈康祺：《郎潜纪闻四笔》卷11，第185页。
⑤《清宣宗实录》卷75，第2册，第222页。

道光甲申十一月，大风霾，至高家埝十三堡溃决，洪泽湖全行倾注，淮、扬二郡几皆鱼鳖。宣宗震怒，特派大学士汪廷珍、尚书文孚至南河查办。乙酉正月，星节甫临，余方髫龀，随众往观。万柳园者，清江浦北岸之邮亭也，凡南北往来大官，皆于其地请圣安。是日，自总督、漕督、河督及合属文武百余员毕集，旗盖车马，街衢为之填咽，诸大府于辕门外坐胡床以俟。少选，先见一才官飞骑至，朗呼曰："中堂请漕督魏大人请圣安。"惟此一语，而江督孙寄圃相国、河督张莲舫司空皆知褫职矣。相国即呼清河县某至，询曰："各事预备乎？"盖其时宸怒不测，凡桎梏、锒铛刑具皆不可少也。司空家丁以空梁帽及元青褂献，相国遽止之曰："姑稍矣。"未几，两星使入行馆。漕督入请圣安毕暂退，旋呼三人听宣谕旨，随带司员四人自中门出，手捧朱谕，于香案雁行排立，三督皆跪，司员居首者持谕朗宣，至"孙玉庭辜恩溺职，罪无可逭"下即止，复徐徐曰："皇上问孙玉庭知罪不知罪？"相国乃免冠连叩，敬答曰："孙玉庭昏愦胡涂，辜负天恩，惟求从重治罪。"语毕又连叩崩角。始传谕曰："着革去大学士、两江总督，再候谕旨。两江总督着魏元煜署理。"宣毕，漕督乃九顿谢恩。再传谕："张文浩刚愎自用，不听人言，误国殃民，厥咎尤重。"又宣曰："皇上问张文浩知罪不知罪？"河督时已易冠服，乃伏地痛哭，自称："罪应万死，求皇上立正典刑。"续又宣曰："上谕，张文浩着革职，先行枷号两个月，听候严讯"，遂呼清河县取枷至。枷乃薄板所制，方广尺余，以黄绸封裹，荷于河督颈，拥之而去。是时内外官民观者万人，莫不悚惧。

汪、文二星使查办两月，复命入都。奉旨："张文浩着发往伊犁充当苦差。"

道光甲申，洪湖溃决后，黄强淮弱，漕艘稽阻，琦侯与副总河潘芸阁力主开放王营减坝，导河北趋，将以下河身挑挖通畅，再行挽黄归故。正总河张芥航颇不以为然，而力不能止也。计费帑六百万，挽故之后，河身仍然高仰，一无成效。上怒，降琦侯为阁学，特命大学士蒋攸铦、尚书穆彰阿来江查办。以同知唐文睿倡议切滩，发新疆，管总局为淮扬道邹公眉经理未当，议处。一时物论沸腾，有五鬼闹王营之说，琦为冒失鬼，潘为怂恿鬼，张为冤枉鬼，邹为刻薄鬼，唐为糊涂鬼。①

这段记述将河督与督抚二人在河务问题上荣辱与共的关系呈现得可谓精彩，这也是将其大篇幅摘录于此的原因。诚然，在河务问题上，处分实乃下策，关键是如何让二者协调共处办理河工事务。

道光七年（1827），蒋攸铦调任两江总督，由于此前他被松筠推荐担任过南河总督，对二者之间的关系有所认识，所以莅任之初即上奏表示"总督于河务非专责，与河臣同治，徒掣其肘"②，试图推掉兼管河务之责。而道光帝不但未予允准，反而发布上谕申明："两江总督兼辖河务，如遇寻常工程，及一切堤防蓄泄事宜，自系河督专责，该督不过综其大纲，原可无庸会办，至若兴举要工，鸠夫购料，筹款拨项等事，以及甄核河员，稽察弊窦，该督必应会同商办，联衔具奏，无得稍存诿卸。"③ 即便如此，由于这一时期皇权式微，清廷的施政能力下滑，二者之间的矛盾不可能因为一纸诏书而得到真正缓和。

鸦片战争之后，清帝国被强行纳入了世界资本主义体系，夷务成为大清王朝的一项新生事物，并且随着时间的推移越发重要。与此同时，河工弊政积重难返，河务场域问题重重。面对这一形势，两江总督欲借口辖区夷务繁多推掉兼理河务之责。对于南河河督而言，如果两江总督抽身河务，那么他将独自治理已经病入膏肓的南河，自然非其所愿。因此，尽管他与两江总督经常发生矛盾甚至冲突，但总是想方设法阻止两江总督脱身，二人围绕河务问题展开了新一轮的斗争。

道光二十二年（1842），两江总督趁鸦片战争发生之机奏请暂时卸掉兼理河务的责任，得允后，他又欲就此彻底脱身河务，但遭到了南河总督的极力反对。据道光二十七年两江总督李星沅奏报：

---

①《渍河事类志》，（清）欧阳兆熊、金安清：《水窗春呓》，第48—51页。

② 赵尔巽等纂：《清史稿》卷372，列传153，第4页。

③《清宣宗实录》卷120，第2册，第1013页。

> 两江自办理夷务，经前督臣奏奉谕旨，暂不兼河，河臣亦一律遵守。兹据河臣咨送折稿，声明旧例，请旨饬臣兼河。钦奉恩愈，臣何敢稍存推卸？惟向来督臣兼辖，于河工三汛，及粮船重空两运，均至清江筹催。现当上海通商，江防紧要，计清江相距，水程一千余里，中间江湖修阻，邮递每至稽延。若仍远驻防河，甚虑鞭长莫及。且臣于河务，夙未讲求谙习，焉敢强不知以为知？似应量为变通，随时兼顾，无须驻工日久。一切宣塞机宜，勘验款项，河臣自有专责，非臣力所能堪。①

这一番陈词直指时势变化，颇为合乎实际，但同时也流露出两江总督不愿继续兼管河务之意。在道光帝看来，重视河务乃祖宗遗训，不容稍存疏忽，更何况黄河连续三年发生大决口，表明河务这一场域已然问题重重，亟须处理，遂未允准后面的请求②。

四年之后，战事停息，南河总督潘锡恩奏请两江总督“照旧兼管”③，获得允可。迫于压力，两江总督上奏表示“何敢稍存推卸”，继续“兼河”④。然而问题随后发生变化。翌年，南河总督因病离职，两江总督被命在新任河督莅任之前暂时兼署河工事务，这令其深感压力的同时又有些惶恐不安。李星沅在上奏时表示，河务“臣职本兼辖，重以奉命兼署，责无可辞，谨当竭力维持，节慎筹办，务除积习，勉效愚诚。惟灾赈亟宜究心，巡洋方资策造，炮堤泖湖各路，尚须亲历详查。清江远处一隅，诚恐顾此失彼”；“新任河臣杨以增，计日入都陛见，合无吁恳，饬速赴任，俾得各专职守”⑤。其意当在以实际困难推掉河务之责。然而此时，由于内乱外患纷至沓来，政治局势急转直下，清廷不得不因应时势调整国家战略，受此影响，河务逐渐淡出了清廷的视野，日趋边缘化，南河总督与两江总督二人围绕河务问题产生的纠葛与冲突也日渐淡化。咸丰五年铜瓦厢改道

① 《李文恭公奏议》，《再续行水金鉴·黄河卷》，第1052页。
② 《清会典事例》卷902，工部41，第420页。
③ 朱批奏折，南河总督潘锡恩折，档号：04－01－01－0823－025。
④ 朱批奏折，两江总督李星沅折，档号：04－01－01－0824－019。
⑤ 《李文恭公奏议》，《再续行水金鉴·黄河卷》，第1056页。

发生后，南河废弃，河务不复存在。咸丰十年（1860），为了应对财政困境，清廷将已闲置的南河机构裁撤，南河总督自此退出了历史舞台，其与两江总督的复杂关系亦随之彻底“解决”。

总而言之，乾隆以降，南河总督与两江总督之间的关系因在河务问题上的责权交叠而变得极为复杂，经常发生纷争甚至公然对抗。究其原因，大致如下。

首先，两江总督之所以被命“兼管”河务，除“18世纪的社会环境需要有才干的经世官僚”外①，更与该时期河务这一场域出现的困局有关。从前述已知，清中期河难治官难当的问题极为严重，清帝为治理黄河可谓费尽心思，增加河帑投入，矫治河工弊政，拓展管河机构，等等，结果却未能扭转颓势，反而促使管河机构成为“利益之渊薮”，甚至被时人喻为“金穴”，各色人等趋之若鹜。在这种情况下，两江总督被命深入参与时，具体形式多根据实际情况而定。比如，清帝命尹继善“兼管”，除信任其能力外，还因为此前他曾署理南河总督，熟知河务。再如，命松筠“协同”也主要虑其此前从未涉足河务，仅强调负有监察之责。但是在利益的驱使下，二者为了寻求权益最大化不断产生纷争乃至激烈冲突。

其次，从这一设计本身来看，起初乾隆帝命两江总督“兼管”河务“在一定程度上是有加强其行政权力、特别是对关乎国计民生重大领域加强管理的意图，并从中实现其专制权力的效应”②，但是这在某种程度上仍是延续着清初以来制度沿革之惯性。也就是说，随着河务这一场域问题不断涌现，增加人手乃加强管理之首选，在清帝看来，命两江总督深入参与其中，能够在一定程度上加大对河工事务的管控力度。问题是，随着皇权日衰，清帝的掌控能力大幅下滑，两位大臣进行责权与利益博弈的张力增大，发生纷争乃至冲突的概率大增。因此，这一设计表面上加大了管控力

① 刘凤云：《两江总督与江南河务——兼论18世纪行政官僚向技术官僚的转变》，《清史研究》2010年第4期。该文对两江总督在河务问题上的参与力度由浅入深的变化过程进行了较为详细的梳理，并指出在这一过程中，两江总督实现了自身价值的提高，即由行政官僚向技术官僚的过渡，认为这一过渡是被动的，“18世纪所面临的政治与社会环境将他们逐步推到了一种多能的复合型官员的位置上”。

② 刘凤云：《两江总督与江南河务——兼论18世纪行政官僚向技术官僚的转变》，《清史研究》2010年第4期。

度，实际却往往于事无补，甚至影响河工事务的进行。

另需关注的是，这一时期南河总督的品级下降，多授兵部右侍郎兼都察院右副都御史衔，而两江总督仍授兵部尚书兼都察院右都御史衔，这在一定程度上意味着，两江总督无论“协同”还是“兼管”，与河督的责权博弈与利益纷争都极有可能受到权位的影响与制约。

二　东河总督与河南巡抚

两河分治以前，虽然河督负有统辖全河之责，但是由于河南段黄河距离河督驻地清江浦较远，大体由河南巡抚就近兼管。康熙二十二年（1683），兰家渡决口堵筑完竣之后，河督返回驻地，后续工作如加固“河南堤岸工程，令河南巡抚暂行料理，如有应会总河事务，仍移文商榷”①。事实上，由于河南巡抚驻地在开封，与河督驻地相隔甚远，二人沟通起来颇为不便，尤其在发生重大险情之时，如果按照规定行文河督筹商，难免贻误事机，所以河南巡抚实际上承担起了该河段的修守责任。鉴于诸多实际问题，康熙三十二年（1693）补充规定：“河南工程，不必行总河往勘，照该抚所请修筑。”② 与河南段类似，山东段与直隶段亦因距离河督驻地较远存有鞭长莫及这一问题，所以在河南段改由巡抚负责之后，这两段也“应照河南例令各该巡抚就近料理”③。由此不难推知，康熙年间，尽管河工律例规定沿河地方督抚负有协办之责，河道总督与河南巡抚存有一定的责权关系，并且从品级来看，河督“正二品”，“巡抚从二品”④，但是二者大体相安无事。在多数情况下，巡抚独立处理辖区河段的河工事务，事有必需才与河督商议，且基本能够达成一致意见。比如：康熙五十八年（1719），河道总督赵世显会同河南巡抚杨宗义奏请“将清化镇河捕通判，令其就近专管河务，改为管河通判”，得到允准⑤。

雍正初年，设置副总河，专门负责河南、山东段黄河。雍正三年

---

①《清会典事例》卷901，工部40，第405页。

② 同上。

③ 同上。

④《清会典》卷4，官别4，乾隆二十九年敕撰，文渊阁《四库全书》第619册。

⑤《清圣祖实录》卷286，第3册，第790页。

(1725) 又议准“河南所做工程向由巡抚查核，会同总河题销”，“嗣后，河工钱粮应由副总河查核，会同总河、巡抚合词具题”①。这些举措似乎令两地巡抚重归“协办”的角色，实际上，由于正值黄河多事之秋，这一河段的河政机构尚处初步建置阶段，雍正帝在选任河南巡抚时仍有命其高度参与河务这一考虑，其中提拔颇为信任的田文镜担任河南巡抚即为例证。换言之，河南巡抚在河工事务中仍然发挥着重要作用。雍正三年，河南巡抚田文镜奏请，应“令堡夫跟随河兵学习桩埽镶垫等事，于每年南兵将换之时，试验得实，即准其拔作河兵，以免淮兵远涉之劳”，不仅获得批准，而且记入了会典②。雍正四年，田文镜奉命举荐的治河人才如归德府知府祝兆鹏和开封府之下南河同知刘永锡均被选用③。另需要关注的是，河南巡抚的深度参与并未导致其与副总河（雍正七年后为东河总督）之间的关系紧张，与该时期南河总督与两江总督之间的关系类似，二者大体相安无事。这可从副总河奏参管河道陈世倕抗玩误工一案窥见一斑。

雍正三年二月，副总河嵇曾筠奏参管河道陈世倕抗玩误工，并列出四条罪状：

> 臣于雍正二年九十月间，节檄饬知，给发购料，世倕竟以库内并无此项银两支给详复，一也。
>
> 世倕到任以来，并不发银，以致夫役星散，停工待帑，二也。
>
> 世倕不论工程缓急，混行严饬各属，凡一草一木，必须批准，方许动用，不然即着经手各员赔补，以致属员互相畏缩，三也。
>
> 世倕到任，并不钦遵会同收放，亦无文书关会，未知是何意见，四也。

所列罪状直指河工钱粮料物这一关键问题，引起了雍正帝的高度重

---

①《副总河嵇曾筠等奏遵旨查核豫省河工钱粮折》，《雍正朝汉文朱批奏折汇编》，雍正三年二月十六日。

②《河南巡抚田文镜奏请宜命河道兼管河兵折》，《雍正朝汉文朱批奏折汇编》，雍正三年六月二十一日。

③《河南巡抚田文镜奏复归德府知府祝兆鹏堪膺河道之任折》，《雍正朝汉文朱批奏折汇编》，雍正四年九月二十四日。

视。览毕奏折，雍正帝立即作出批复，“动河南司库钱粮五万两交与嵇曾筠，速速相机料理”①，以免迁延河务，至于管河道陈世倕，则命河南巡抚田文镜进行调查，“如可用，调补南汝道，如无可取，发回交部严加议处”。调查结果显示：陈世倕招怨缘于其“过于慎重”，此前田文镜曾“饬令河道先于河库银内借支，或将加帮大堤银两通融给发”，“并檄陈世倕先行通融动支”，而陈世倕“见前署道杨守知任内钱粮，东挪西扯，纷杂混乱，竟致无可交代”，将此“奉为前车之鉴，亟欲一例廓清，丝毫不肯苟且宽容，大招众怨”，鉴于“陈世倕到任未久，每于进见之时，听其陈禀河工段落以及堤岸缓急，似乎胸中无不熟悉，只因该道小心过甚，惟恐河库钱粮一有未清，沾累及己，不肯稍为通融，且胶执书生意见，凡遇出纳之间，自信操守廉洁，又恐各属冒领浮销，居心行事俱在苛刻一边，以致众怨攸归，遇有紧急，诚不免贻误大事”，建议将其“从宽调补南汝道”②。对于田文镜的奏陈，雍正帝信任有加，并据此严厉批评嵇曾筠：“陈世倕系专管工程钱粮之员，在副总河嵇曾筠处，甚是掣肘，于紧要工程所需物料，不即给发价银，以致物料迟误，去岁江南拨来河兵，三月不给兵饷，如此等事，嵇曾筠竟不参奏，必有瞻顾之处。”③ 从本案明显可见，无论副总河还是河南巡抚操办河务均在雍正帝的掌控之下，二者均系皇帝之指臂，唯皇命是从。

而随着时间的推移，情况有所变化。乾隆六年（1741），第一任东河总督嵇曾筠之子嵇璜曾奏陈东河河督与沿河巡抚彼此掣肘这一问题：

> 惟河东系新设之缺，凡题补官员开竣修筑事宜，必须会同两省抚臣办理，河臣不得自专，虽抚臣同为大吏，未必怀私误公，但意见参差，人情常有。在抚臣身任地方，案牍纷繁，既难悉心河务，而且事属兼理，处分甚轻，可以挠其功而不必分其过。河员奔走听受，势必

---

①《副总河嵇曾筠奏参管河道陈世倕抗玩误工折》，《雍正朝汉文朱批奏折汇编》，雍正三年二月十六日。

②《河南巡抚田文镜奏复河道陈世倕不发钱粮暨招怨缘由折》，《雍正朝汉文朱批奏折汇编》，雍正三年三月初三日。

③《副总河嵇曾筠奏将河库银两通融借作兵饷折》，《雍正朝汉文朱批奏折汇编》，雍正三年三月二十六日。

两处逢迎，上司将各生爱憎之心，下属则专为趋避之计，甚或一意取悦抚臣，希冀题补他缺，则直以脱离河工为幸，而不以修防不力为忧。种种弊端，皆因事权不一所致，倘有贻误，良非浅显。臣伏思旧例，所以使抚臣兼理河务者，以河臣驻扎下游，于上游紧要工程实恐一时不能兼顾，故俾抚臣就近督查。今既特设大员，专司两省河务，自应归并一手，以严责成。臣请嗣后一照南河之例，除河道有分巡分守地方之责，应照旧会同抚臣练选题补外，其题补同知以下等官，并题估题销诸案件，应令河臣自行题奏，不必会同抚臣，庶无牵制掣肘之患。再，查黄河自武陟以至单县，运河自德州以至台庄，工段甚长，而额设兵夫钱粮不及南河之半，一切办料雇夫，全赖地方有司协办，方能刻期集事，应责令沿河州县协同河员办理，如有推诿迟延，听河臣指参，从重议处，庶该员有所畏惮，不致呼应不灵。再抚臣既不兼理河务，一应议叙议处，均当免议，如此则事权划一，责有攸归，河臣得以专意修防，于河务可不至贻误矣。臣幼随臣父嵇曾筠在河东任所数年，深知其弊，故敢陈其管窥之见。①

嵇璜之意非常明显，令河南巡抚撤手河务，以专河臣职守，这遭到了河南巡抚雅尔图的反对：

查河道总督向止一缺，嗣于雍正七年添设河东总河，专驻济宁，与原设河臣分管南北河道，原所以专其责成。至河南抚臣之所以兼管河道者，非但因河臣驻扎遥远，不能兼顾，而豫省工程亦非江南可比，江南料物产于苇荡，人夫集于河干，应手可至，俱系河员自行经理，毋藉地方官之力，至于豫省料物，全资民间，秫秸亦无专应，夫役之人临期派拨，即系力作农民，河员办募不前，令地方官分任其事，山东情形大率类此。是豫东河工地方官已有协办之责，自应抚臣兼任稽查。臣于莅任之初，即察知豫工弊窦全在夫料，缘其购买料物，有厅县分办之例，厅汛各官，惟期多收百姓之料，以便将本身料

① 朱批奏折，候补左春坊左谕德嵇璜折，档号：04-01-01-0069-065。

银侵吞入己，因而加重秤收，朘民膏以肥己橐，追抢修拨夫，则动以工程危险为词，不论远近，多多派拨，利其拥挤杂沓，混淆工价，是以河工夫料为民间之大累。经臣于请定河工夫料等事案内，两次备陈在案。此等弊端全在当下，稽查事后，便多掩饰。臣每于拨夫办料之时，严饬河员人夫止期足用，收料务必公平，仍不时委员密察，公慎无私者加以奖励，稍有私弊，立即察究。两年来，多派人夫，重收料物之弊，渐次改革，民困稍舒，帑归实用，工需并无亏缺，修防更属稳固，公私交赖。至河员习气，以应酬交际为能，钻营奔竞为事，凡投效河工，以及去取举劾之间，多有未当，其弊已久。

阅嵇璜请专河臣责守一折，以河东总河凡事必须会商两省抚臣，事权不一，请照江南之例，凡题补官员估销案件，令河臣自行陈奏，不必会同抚臣等因。其折内意指与现在河员浮言如出一辙。臣思嵇璜系候补词臣，既非言官，而河工尤非其责，何故忽有此请？因查嵇璜与河臣白钟山素相交好，本年五月间，嵇璜服阕赴都，与伊弟举人嵇琎同至济宁，河臣留饭叙话，嵇璜次日北上，即将嵇琎留工，现在济宁效力。且闻伊兄弟常在豫东往来，河工各官多有馈遗，则嵇璜此折显有指使之人在。臣叨任封疆，惟期尽心民事，整顿地方，报效之处甚多，亦何必预闻河工，以分河臣之事权。况臣即不兼河务，而河员弊窦察访得实，亦当据实入告，则嵇璜此奏在臣固无关轻重。①

两份奏折将二者在治河实践中的纠葛述说得可谓翔实。或许因为河南巡抚的一席话颇有道理，乾隆帝仅批下“知道了”三个字，再未对此予以进一步关注。

嘉道时期，二者亦存在“一荣俱荣、一损俱损”的情况。比如：嘉庆八年（1803）九月，本是霜降之后水落归槽之时，但是卫粮厅属衡家楼段河堤却一时之间蛰陷三十余丈，嘉庆帝对此感到无比震怒，东河总督嵇承志解释该处系“无工处所，因风雨交作”而致，“但嵇承志有河防专责，平日未能豫筹妥协，致有疏虞，咎无可辞，嵇承志着交部严加议处”，河

① 录副奏折，河南巡抚雅尔图折，档号：03－0065－037。

南巡抚马慧裕“兼管河务，并着交部议处”①。但是，总体而言，清前中期东河河段的河督与地方督抚之间的关系远不及南河复杂，二者虽难免发生矛盾，但是并未出现互相诋毁、激烈冲突的局面。及至晚清时期，由于政治局势急转直下，河工事务游离出国家事务的中心位置，并成为一块“烫手的山芋”。由此，东河河督不安于本职工作，沿河地方督抚亦避之不及，二者遂围绕新旧河道相关问题展开了长期推诿、论争甚至对抗，直至庚子事变后河督被裁才告结束。其间，牵动朝野的大规模讨论涉及问题广泛，上至国家战略，下至社会民生。鉴于该问题在另书中有较为详细的探讨，兹不赘述。

透过以上不难看出，由于河务在国家事务中占有重要位置，自身又具有一定的特殊性，这一场域的权利关系错综复杂，以河督为中心的官际关系与人际关系上及皇帝、内政大臣，下至地方封疆大吏甚至黎民百姓。其中清帝扮演的角色经历了从宏观调控到微观操控再到逐渐失控的变化过程，这对治河实践以及相关制度的运转具有较大影响，比如清前期皇帝励精图治亲历河务的做法犹如一把双刃剑，在强化治河实践保障的同时也令河督备受关注，乃至使其卷入政治旋涡。河督、内政大臣以及地方疆吏，起初尚能够基于共同利益进行不同程度的合作，但是随着皇权式微，则为寻求各自利益最大化不断产生矛盾乃至冲突。至于基层百姓，往往根据自身对治河实践的感受给予河督等人以评论，有时还能够影响高层决策。由此，黄河管理制度运转的复杂性得以展现，清代皇权政治文化特征也从一个侧面得以彰显。

① 《清仁宗实录》卷121，第2册，第616—617页。

结　语

有清一代，几位前后相继雄姿英发的皇帝，一个强有力的国家政权，通过建构制度的方式来保障黄河治理，在中国历史上尚属首次。换言之，清代对黄河的干预力度超越了以往历朝历代。在此形势下，黄河不再单纯为自然之河，而因承载着厚重的使命成为一条政治之河，这是清代黄河的重要特征①。作为清帝国最具雄心的工程之一，黄河治理已不仅为关系农田水利事业的公共水利工程，更成为关涉甚重的国家政治工程。为保障黄河治理而创制的制度蕴含着丰富而深刻的政治内涵，在日常运转与演进过程中颇具特点。

第一，从制度产生与演进的内在动力来看，政治生态环境是重要推动因素，甚至在其整个生命轨迹中发挥着决定性作用，这是国家高度干预黄河治理的必然结果。换言之，这套制度的兴衰存亡可谓一张晴雨表，每一步重要变化都烙有很深的时局印痕，折射着某个时期的政治生态，这也是为清代所独有的黄河管理制度的重要特点。也正是因为这个原因，这套制度既具有一般制度的共性，又有特殊之处，即与其他制度相比较表现出高度的政治敏锐性，在应对政局变化时具有异常脆弱的一面。

清前期之所以创设这套制度，很大程度上是因为当时异常复杂的政治局面以及治河之实际需要。一方面，黄河治理关系漕粮生产与运输，进而关涉京畿供应以及战略物资的筹备；另一方面，明清鼎革之际，黄河泛滥为患甚巨，能否成功地进行应对，对于一个新政权而言极具象征意义。更何况历经几千年的风雨历程，黄河已经成为中华民族的象征，成为华夏子

① 除纵向比较，还可以进行横向对比。即清朝中央政府在长江、永定河等河流治理问题上的参与力度极为有限，其角色主要体现于宏观调控，具体事务则由地方政府负责，遑论设置由中央直属的河督衙门以及制定一套系统完善的管理制度。详见［法］魏丕信的《中华帝国晚期国家对水利的管理》（陈锋主编：《明清以来长江流域社会发展史论》，第806页）一文。

孙心理认知的重要参照系，成功地控御黄河，无疑能够获得一种情感上的认同，成为政权获得合法性的重要砝码。作为一名非常务实的君主，康熙帝抓住了问题的要害，不仅将黄河问题提高至国家战略高度，还出台革新举措，创制一套制度以为黄河治理提供保障。承继这一理念，雍乾二帝继续高度重视，拓展管河机构，完善相关管理规定，最终完成了黄河管理体系的构建。在这一过程中，沿河地方亦不同程度地被纳入其中，从而为制度在治河实践中发挥预期效用提供了更为有力的保障。纵观制度的创制与完善过程可以看出，与此相伴随的是君主专制中央集权的空前加强，也就是说，从治河基调的确立，管河机构的设置，河督乃至普通河官的选拔到具体规章制度的修订与完善，几乎完全操控于皇帝一人之手，成败得失亦系于皇帝一身。正如研究者所言："皇权为了维系自身权力的专制性，必须创建出能够突破甚至凌驾于这类束缚和侵蚀力量之上的制度性手段。这种反制衡除了表现为一些非常规性的举措之外，更突出地表现为一种根本性的制度建设"①；"特别是世宗那样的枭雄之主，有所兴革，臣下不敢望风希旨"②。这亦为清前期政治文化的一个重要特征。

乾隆以降，国家一统，政权稳固，如何延续祖宗"成法"维持稳定成为主要任务。受此影响，治河所承载的政治使命发生变化，黄河管理制度背后的政治意蕴亦随之改变。该时期，尽管清帝的举措力度较之以往有所下降，河督的品级亦由从一品或二品降为从二品甚至三品，但是仍然高度重视，不断加大财政投入，拓展管河机构，调整完善相关规定。究其原因，除应对黄河淤垫决溢频繁以及由此造成的漕运受阻等现实问题外，如何竭力维持"河务"这一祖宗家产亦为重要考虑。再者，受政治大环境影响，河务这一场域贪冒舞弊丛生，而规避办法体现在制度方面往往为调整细化规章条文，试图用更加完善的制度来规范治河实践，结果却表现为，管河机构的官僚化，制度层面的繁密化，制度运转成本的最大化，实际工作效率的最小化。尽管清帝竭力革除以扭转颓势，但正如萧一山在纵向考察清代历史时所言："颙琰中主之才，颇事粉饰，而运命已衰，盖已不可

① 王毅：《中国皇权制度研究》，北京大学出版社2007年版，第46—47页。
② 杨启樵：《雍正帝及其密折制度研究》，广东人民出版社1983年版，第297页。

收拾矣。”①

道咸以降，内乱外患纷至沓来，政治局势急剧动荡，为应对困局，清廷决定放弃河务、漕运等一些传统事务，集中力量应对自身的存亡绝续问题，在此形势下，这套制度的生存受到了挑战。诚然，面对国家积贫积弱的状况与外力的强势冲击，清王朝亦在调整国家发展战略，“求强”“求富”逐渐取代一些传统事务成为国家战略的重中之重，在这一过程中，诸多近代化因素产生并发挥着一定作用。比如，铁路这一方便快捷的运输方式兴起令河运相形见绌，京畿地区的经济发展以及商品意识的增强，亦使耗费人力、耗时冗长的漕运黯然失色。在诸多因素的作用下，漕运与河务逐渐失去了存在价值，从国家事务的中心位置游离出来，日趋边缘化，这套制度存在的意义大为削弱。即便如此，在促使其解体的诸多因素中，近代化因素所起的作用仍然非常有限，因为无论是铜瓦厢改道后干河机构的裁撤，还是清末整个管理制度退出历史舞台，推动力均主要来自急剧动荡的政治局势。正如研究者所言“近代以来内外交困的社会危机破坏了清前期相对稳定的社会环境，更直接地威胁着清王朝的政治统治。两害相权取其轻，从维护统治者的根本利益出发，‘筹防为先’便成为清政府政治决策过程中压倒一切的最高准则。一代大政——河工，因此失去了昔日的殊荣而退居次要地位”②；“经世方略中这种根本性的变化”使得“维持黄运的基本事务变得无关紧要了”③。综观晚清时期黄河管理制度的演变轨迹可以看出，在风云变幻的政治局势下，河务与漕运的关系已然剥离，二者几乎同时走上了衰落的道路，制度解体的动力仍来自复杂多变的政治局势。急剧动荡的政治局势与缓慢的社会变迁相比更能影响这一制度的存在。

纵观黄河管理制度的生命轨迹不难看出，从产生到每一重要变化均烙有很深的时局印痕，与大清王朝的政治生态环境可谓息息相关，也正是因为这一原因，在面对政局变化时它显得异常脆弱，即一旦政治格局发生变

---

① 萧一山：《清代通史》第2册，第270页。

② 夏明方：《铜瓦厢改道后清政府对黄河的治理》，《清史研究》1995年第4期。

③［美］彭慕兰：《腹地的构建：华北内地的国家、社会和经济（1853—1937）》，马俊亚译，社会科学文献出版社2005年版。

化，它即遭受牵连，这亦为该制度区别于其他制度的重要特征。

作为清代封建官僚制度的重要组成部分，黄河管理制度在运转过程中必然与其他制度发生错综复杂的关系，正如胡昌度所言：黄河管理体系的发展牵涉官僚制度的各个方面①，而关联最为紧密者当属漕运制度。从本书开始部分已知，清初河务与漕运的管理机构及规章混为一体，康熙年间随着国家发展战略的调整，河务被赋予了极其深厚的政治内涵，相关管理机制日臻完善，并逐渐从原有的河漕体制中分离出来，成为封建官僚制度的一个重要组成部分。自清中期以降，尽管河务与漕运二者事实上唇齿相依，漕运成为黄河治理备受重视的直接原因，但是遵循历史的惯性，这套制度仍然保持有相当的独立性。或许因为这一原因，在晚清时期瞬息万变的政治局势下，二者几乎同时走上了解体的道路，并在清廷筹措庚子赔款的颠簸中最终瓦解。

这套为清代所独有的黄河管理制度，在创制之初必然与人事、财政等制度发生密切关系，但一旦成熟完善则具有了很强的独立性，与其他制度相类在封建官僚制度的运作过程中发挥着重要作用。而相较之下，又具有一定的特殊性，即其对政治局势的敏感程度远在其他制度之上。尤其晚清时期，清廷对河工事务的干预力度明显减弱，铜瓦厢改道之后几近撒手，受此影响，随着干河机构的裁撤，这套制度走上了解体之路，并最终于清政权覆亡之际彻底瓦解。这一状况在人事、财政等制度中并不存在。究其原因，需从制度本身的特质探寻。与其他制度不同，这套制度的创制缘于一种强烈的现实需求，即为清初实现政治稳定这一战略所需，换言之，清前期的黄河治理被视为一种政治工具，为此提供保障的制度亦被赋予了特殊的政治意涵。而人事、财政等制度为封建国家政权存在的基础，国势兴衰固然能够对其产生影响，但是不可能决定其存亡，它必将在新政权建立时被沿袭。从权力与责任关系的角度来看，如果说，清前期河务因被赋予了至高无上的地位而成为各种力量角逐的政治舞台，那么清中期以后，这一舞台基于政治权益的纷争大为减少，取而代之的是河督与地方督抚围绕

① Chang-Tu Hu：The Yellow River Administration in the Ch'ing Dynasty, *the Far Eastern Quarterly*, Vol. 14, No. 4, Special Number on Chinese History and Society (Aug., 1955).

河务而产生的矛盾乃至激烈冲突。这一伴随国势盛衰而发生的变化在人事、财政等其他场域较为鲜见，或许可以解释晚清时期清廷在处理相关问题时的态度差异何以如此之大。太平天国起义期间，为了集中全力进行镇压，清廷不惜将财政、人事等权力下放给地方政府，河务亦自此开启了地方化进程。迨战事结束，清廷几度试图通过改革将已经下移的财政、人事等权力收回，却因地方督抚的极力抵制而几无收效，结果中央式微地方坐大，清廷对地方社会的控制愈来愈弱，而清廷在河务问题上的态度及其结果却截然相反。随着国家发展战略的调整，河务逐渐游离出国家事务的中心位置，并成为一块“烫手的山芋”。地方督抚为了将新河道的治理责任交回中央，可谓屡败屡战，百折不挠，而清廷却置之不理，执意不予收回，几次交锋，甚至硝烟弥漫。庚子事变后，延续了二百多年的黄河管理制度彻底解体，其与生俱来的脆弱性以及特殊性充分显现。

第二，从演变机理与脉络来看，这套制度在走向繁密化的同时亦经历了官僚化的蜕变过程。在这一过程中，规章制度愈显完善，而结构性缺陷却逐渐暴露，以致管河机构衙门化，日常事务程式化，追逐个人权益最大化成为常态。随着规章制度于治河实践的规范价值与指导意义大大降低，二者之间的张力加大，当达到一定程度时，各种形式的弊病丛生，甚至成为整个封建官僚体制窳败的缩影。

关于中国政治制度演绎的传统，钱穆先生曾指出：一个制度出了毛病，再定一个制度来防止它，相沿日久，一天天地繁密化，往往造成前后矛盾。这样，制度越繁密越容易生歧义，越容易出漏洞，越容易失去效率①。此为著名的制度陷阱理论。纵观黄河管理制度从创设到完善直至呆板僵化的演变过程不难看出，它颇为符合钱穆先生的阐述。顺治年间，大体承袭明制，康熙继位之后，调整国家发展战略，将河务纳入其中，相关制度建设遂步入了快车道，设置机构，选拔河官，制定调整规章制度……制度的创制源于现实需求，且须经受实践检验。随着治河活动的深入推进，有些规章条文在实际执行的过程中往往离板走样，得不到真正贯彻实

---

① 钱穆：《如何研究中国政治史》，《中国历史研究法》，生活·读书·新知三联书店 2005 年版。

施。比如，河工所需物料的筹备至为重要，本来规定由河官亲赴各地进行采购，然而真正进行这项工作的却是胥吏，因为河官到达地方之后往往将具体任务交与地方官，地方官又将此事分派给胥吏，而假手胥吏难免滋生诸多事端。待问题积累到一定程度，则寻求制度层面的调整，或增补或修订，以加大制度规范的力度，结果往往体现为，从制度层面看，黄河管理的制度化程度越来越高，相关规章制度越发完善，而与治河实践之间的张力却越来越大。

延及清中期，为应对河患，清廷除加大投入力度还继续在制度方面进行努力，而这套堪称“成熟”的制度在走向官僚化的同时亦在实际运转的过程中暴露了诸多问题。以河工赔修制度为例，康熙中期引入赔修办法以加强对在河官员的考成力度，其初衷毋庸置疑，但是仅简略规定河堤出事由谁赔修却令这一规定缺乏可操作性。事实上，该规定在康熙年间极少执行，即便其间存有执行此规定的可能案例。雍正继位之后，严厉整顿日渐松弛的河务，规定赔修年限为一年，但很快做出调整，定为“赔四销六”，并申令严格执行。随着时间的推移，由于现实问题颇为复杂，这一规定难以落到实处，真正罚赔到位的案例并不多见，反而徒增诸多抱怨与不满，甚至生发一些弊病。有鉴于此，乾隆帝延续惯性继续调整，对赔修年限、赔修比例等作了详细规定，并且把河督亦纳入了分赔范围。经过此次修补，该项制度堪称完善，但随着形势的变化，问题仍不断涌现。其中最为显见的一点，嘉庆年间，治河经费数额增大，按照原有赔修成数，赔修官员压力过大，甚至出现无力赔修的状况。即便如此，统治者仍在制度层面努力探索，延长赔修年限，辅之以降级、革职等处罚措施，并对多种可能出现的情况均作了详细规定。然而，看似严密的规定却逐渐失去了意义。实际上，尽管道光、咸丰甚至光绪年间仍在延续惯性进行修订，但这一制度已成一纸空文。

从赔修制度的演替过程来看，该制度明显存有不足。首先，制定之初没有将导致决口发生的自然因素考虑在内，事实上，作为一条多灾多难的河流，黄河决口中自然因素往往扮有重要角色。比如，道光二十三年，黄河中牟决口，重要的致灾因子为千年不遇的大洪水①，至今在陕县仍流传着这样一首民谣：“道光二十三，洪水涨上天，冲走太阳渡，捎带万锦滩。”决口发生后，河督奏报：“本年六月沁黄盛涨，大溜涌注，将中牟下汛八堡新埽，先后全行蛰塌，赶即集料抢补，甫镶出水，溜忽下卸至九堡无工之处，正值风雨大作，鼓溜南击，浪高堤顶数尺，人力难施，堤身顿时过水，全溜南趋，口门塌宽一百余丈。”虽然称决口之地系“九堡无工之处”存有推卸责任之嫌疑，但是“正值风雨大作”当为实情。依据河工律例，清廷的处罚措施如下：“慧成身任河督，未能先事豫防，着交部严加议处。鄂顺安兼辖河务，亦着交部议处。疏防之专管中河通判王葵初、协备张广业、并防守之中牟下汛县丞张世惠、把总辛得成，均着即行革职。兼辖之中牟县知县高均，着交部议处。开归道福敏，到任仅止半月，开封府知府邹鸣鹤，现令专管城工，惟均有兼辖之责，咎亦难辞，着一并交部议处。”② 明显可见，自然致灾因子并未在清廷的考虑范围之内。光绪十三年郑州决口的情形与此相类，朱浒在进行相关研究时曾指出，过多强调人类活动并不能充分解释此次决口的成因，偏重于自然因素的拉尼娜（Lanina）现象的解释具有一定的合理性。③ 因此，仅追究导致决口发生的人为因素往往令问题复杂化，也不具有科学性。其次，赔修制度的出台犹如一把双刃剑，在强化在河官员责任意识的同时，也令其心存顾虑，万一被罚以赔修当如何应对？尤其清中期，赔修数额及比例不断增大，甚至远远超出了其赔修能力。不难想见，在河官员处心积虑予以应对，或拖延，或转嫁，或在提交预算时即将可能赔修的数额考虑在内……诸多“办法”甚至迫于制度的压力而生。当类似问题累积到一定程度时，制度既成为死的制度，失去了实际意义。而之所以出现这一现象，又与这套制度在演替过程中官僚化程度不断加深存有密切关系。制度制定的初衷在于规范人的行为，将个人权益置于一定的范围之内，以利于实践成效的取得。因此，

---

①《中牟大工奏稿》，《再续行水金鉴·黄河卷》，第929页；韩曼华、史辅成：《黄河一八四三年洪水重现期的考证》，《人民黄河》1982年第4期。

②《清宣宗实录》卷394，第6册，第1059页。

③ 朱浒：《地方社会与国家的跨地方互补——光绪十三年黄河郑州决口与晚清义赈的新发展》，《史学月刊》2007年第2期。

制度规定得越细，个人的权益空间越有限，而封建官僚化的一个重要特征即寻求个人权益，即在官僚化过程中，在河官员已逐渐背离兴举黄河工程追求治河绩效这一目标，转而安于维持现状，处理复杂的人事权利关系，以寻求个人权益最大化。明显可见，黄河管理制度的繁密化与官僚化共同造成了制度运转的低效能，而二者之间又存有某种紧张关系，当这种关系达到一个限度时，便是无边的贪污腐败，亦即制度性腐败。这里触及了一个值得思考的问题，即在封建官僚政治文化传统中，制度存在的意义究竟何在？从黄河管理制度的建构过程来看，其中似乎没有一个必然的规律可循，在多数情况下为基于规避问题的现实所需由清帝制定或者调整，且往往表现得比较机械。比如：随着河务这一场域弊病迭现，清帝甚至调整河督的选拔标准，尝试选用没有任何河工经验者，但此举很快即为实践证明不可行。

总而言之，清廷调整增补相关规定，试图通过完善的制度来规避问题，事实却往往于事无补，越发详细的规定不仅没能发挥既定作用，反而促使制度整体趋于繁密化。同样地，通过拓展机构，增大投入的方式应对黄河水患的做法，不仅未能有效缓解问题，反而加促了黄河管理制度的官僚化进程。结果表现为，从制度条文看，黄河管理非常完善甚至可谓完美，但与实践之间的距离却越来越远。即便如此，有一点需要澄清，即制度层面的繁密化与官僚化并不意味着治河实践的成效必然大幅下滑。道光后期，尽管这一制度问题重重，越来越脱离实际，缺乏可操作性，但是清廷仍将连续三年的黄河大决口成功堵筑的案例表明，清政府在制度层面的无所作为与在实践层面的有所作为之间呈现出一定程度的矛盾。从这个层面来看，兰道尔·道金认为道光时期儒家技术官僚所进行的技术革新为河工事务带来了新气象，值得肯定①。

第三，从制度所蕴含的权利体系来看，由于河务上关国家根本，下涉地方社会的稳定与发展，广受关注，所以这套制度在创制发展的过程中不自觉地进入庞大的封建官僚系统之中，成为各种利益博弈与权力纷争的政

---

① Randall A. Dodgen, *Controlling the Dragon: Confucian Engineers and the Yellow River in Late Imperial China*, University of Hawaii Press Honolulu, 2001.

治舞台，其中折射着清代皇权政治文化传统。

“昔人言平河不难，平议河之众口为难。”① 河务因关涉甚重而广受关注，上至皇帝、内政大臣，下到一方疆吏、地方官员及士绅百姓，无不关注治河实践，这在某种程度上注定了河务这一场域的权利关系极为复杂。作为国家最高统治者，皇帝既是封建官僚人事组织的核心，也是组织运转的轴心，其个人能力和道德水准往往直接关系整个帝国官僚组织的运作，在其精心构建的河务这一场域更是如此。比如，康熙帝不仅多次亲自提拔河督，还于六次南巡途中，亲临河干，指导治河实践，而河道总督这一河务场域的最高负责人在多数情况下更像皇帝治河思想的践行者。在康熙朝的数位河督之中，除靳辅在得力幕僚陈潢的协助下展现了卓越的治河才能外，其余几乎均循靳辅故事唯康熙之命是从。即便靳辅，如果没有康熙帝的鼎力支持与充分信任，他当很难在河务这一场域施展才能，遑论取得显著成效。从第四章已知，由于河务关涉甚重引来众人围观，而真正通晓河务者极少，种种不解与非议极有可能给治河实践造成巨大障碍。事实表明，如果没有康熙帝屡屡排解干扰，那么靳辅的治河事业在起步阶段即夭折于众臣的口诛笔伐之中。诚然，康熙帝并非完美。尽管他对靳辅的治河事业竭力保护与支持，但是当靳辅被指涉嫌明珠朋党触动了他内心深处的杯弓蛇影之时，不及细忖即作出了处罚决定，以致冤枉了一位治河能臣，也给治河事业造成了无法挽回的损失。这一切又恰恰是清初皇权加强的现实需要与必然结果。内政大臣密切关注河务既有职责层面的原因，更有基于自身利益的考量。身处封建官僚体系之中，他们不仅需要视皇帝之治国方略而行，谋得好感，而且还须权衡利弊得失以从复杂的权利关系中寻求政治利益。从靳辅治河的实践来看，郭琇等人本来持积极态度，但是当屯田一事“损害”了他们远在家乡的利益时，则不惜歪曲事实，极尽诬陷之能事，破坏屯田活动，并最终将靳辅扳倒，至于由此造成的损失则不予考虑。也就是说，在清前期皇权不断加强的背景下，内政大臣与皇帝之间的利益呈现出一定程度的张力，为了在有限的范围之内维护自己的权益，他们不惜损害皇权。

①《河渠纪闻》，《续行水金鉴》卷11，第254页。

从河督与沿河地方督抚的关系来看，起初，沿河地方疆吏虽然有协办河务之责，但是与河督之间基本责权清晰，相安无事。自乾隆以降，两江总督受命“兼管”，深入参与，权责甚至在南河总督之上，这在一定程度上意味着，其在实现自身由行政官僚向技术官僚转变以提升自身价值的同时①，与河督之间的关系日趋复杂，甚至产生冲突。即便如此，二者仍在清帝的视线之内，不时得以调停。至嘉道年间，二者之间的利益纷争日趋激烈，冲突更为频繁，有时甚至惊动朝野，酿成大案。造成这一局面的原因，不仅在于命两位品级相当的官员共事技术性较强的河务必然产生矛盾这一制度性问题，还在某种程度上缘于皇权式微导致皇帝对二者的掌控能力大幅下降。晚清以后，河务成为一块“烫手的山芋”，对河督与地方疆吏均几无利益可言，二者遂围绕河务尤其是新河道的责权归属问题激烈争论，并两度牵动朝野，引发了大规模的讨论，但最终“受挫”的均为山东地方疆吏。这一结果表面看来取决于二者力量孰强孰弱，实则为晚清国家发展战略所左右，因为在“求强”“求富”这一新战略之下，河务已然失去了往日的殊荣，黄河水患所造成的一方利益受损与整个国家利益相比，孰轻孰重一目了然。

综观以河督为中心的人际关系与官际关系的前后变化可见，清前期，皇权至高无上，清帝对于国家事务具有很强的调控能力，甚至个人能力直接决定了国家的命运，毋庸言官僚组织的运作情况。作为封建官僚体系的核心，他拥有绝对的统摄力，通过督抚指挥全国，犹如身之使臂，臂之使指。皇权之下的督抚则一方面为皇权竭忠尽智，另一方面又有自身的利益权衡，虽然这种权衡时而与皇权利益发生矛盾，但尚不至于公然对抗。而至清中期，则呈现出皇权减弱督抚集权的体制特征，即清帝对于督抚的统摄能力日趋下降，督抚则在为皇权服务之外更具私心，甚至欺上瞒下损坏皇权。河督利用职务之便营私舞弊并造成河务这一场域从上至下的普遍腐败，以及地方督抚大臣为一己之私破坏治河实践，等等，均是重要体现。就河督与地方疆吏之间的关系而言，在皇权强大权责划分较为清晰的情况

① 刘凤云：《两江总督与江南河务——兼论18世纪行政官僚向技术官僚的转变》，《清史研究》2010年第4期。

下，他们可基于共同利益进行合作，而一旦皇权削弱，他们的私欲则不断膨胀，利益空间亦被无限放大，在沿河地方疆吏被命深入参与河务的背景之下，二者权责交叠划分不清的概率大为增加，发生矛盾甚至激烈冲突遂成为常态。

在对这套制度的基本特点进行了总结之后，还需考量其在实践层面的表现，即制度成本与实践效能之间的关系，以呈现这套制度的价值与意义，进而深化认识。从前面的章节已知，在清前期制度创制的过程中，清廷兴举的大规模治河工程的确取得了明显成效。以靳辅治河为例，经过十余年的艰苦努力可谓成绩卓著，民国时期的研究者吴君勉给予了很高评价，“迨康熙十六年，靳辅出而河复大治。功烈之美，足与季驯先后相辉映”，“辅之治河，前后十余年，承季驯遗意，而法益加密，河定民安，后之治者，莫之能易，一代奇才也！”① 将靳辅治河置于历史长河中进行纵向考察，可谓处理到位评价适当，从另一方面而言，这也充分体现了这套制度对治河实践所发挥的较强的规范价值与指导作用。随着时间的推移，这套制度不断因应时势而调整，与治河实践的关系趋于复杂化，这主要体现在以下两点。

第一，清廷的投入力度不断增大，包括拓展机构、追加经费等，即维持制度运转的成本增加。制度本为提升效率，结果却表现为，制度成本不断增加，而制度绩效却大幅下滑。据魏源描述：“南河十载前，淤垫尚不过安东上下百余里，今则自徐州、归德以上无不淤。前此淤高于嘉庆以前之河丈有三四尺，故御黄坝不启，今则淤高二丈以外”，河床抬高，下淤上溃，甚至“无岁不溃，无药可治，人力纵改，河亦必自改之”。② 对此“用益多而决益数”之状况③，清廷朝野给予了广泛关注，而应对措施却基本保持一种惯性，即加大投入，甚至“竭天下之财赋以事河”④。

近年来，有学者将对黄河的控御能力作为衡量清代施政能力的重要指标，认为黄河水灾是由政府管理不力造成的，19 世纪中期的黄河改道亦为

① 吴君勉：《古今治河图说》，第 72、74 页。
② （清）魏源：《筹河篇》，《魏源集》，第 371 页。
③ 周馥：《河防杂著四种·黄河工段文武兵夫记略序》，《周慤慎公全集》。
④ （清）魏源：《筹河篇》，《魏源集》，第 365 页。

清王朝衰败的象征。对于这一观点，兰道尔·道金提出了不同看法。他认为：王朝后期行政管理技术与经济发展能力均已达到极限，无法突破，黄运体系是清帝国的重要工程，但其代价过于高昂；它与帝国的兴衰存亡没有必然关联，比如在太平天国起义期间，决定王朝命运的似乎并非黄运体系，而是能否将起义成功镇压①。这显然未能充分理解前述观点。事实上，作为一个封建官僚国家，清代重视治河主要基于政治层面的考虑，鲜少顾及技术创新，这一点可从本书开头制度创制的初衷部分窥知。至于河政与王朝兴衰之间的关系，既然清帝基于政治层面的考虑对黄河治理给予了前所未有的强力干预，并为此创制起一套制度，那么这套制度的兴衰沿革必然成为王朝政治生存状况的一个缩影。从这个意义上来讲，黄河管理制度更像钱穆先生所谈的“法术”，而也正是因为它在某些方面上更像是“法术”而不是制度，所以在它的产生与演变机制中人为因素更重，与政治形势和国家生存之间的关系极为密切。

第二，相关规定越来越细，堪称完善，而在走向繁密化的同时伴随着官僚化程度的不断加深，河工窳败问题日重。在河官员的个人私欲急剧膨胀，甚至为寻求个人权益最大化极尽所能逃避制度的约束，以致河务这一场域出现了自上而下的普遍腐败，尤其是基层在河官员，几近为所欲为。正如研究者所言：“越是到了权力金字塔的基层和日常运作中，对权力的监督和制约也就越是近于零，因为对这种如同蛛网般发达遍布的基层官吏系统很少任何有效的制度性制约。”② 这些“游离”于制度之外的基层官吏往往严重束缚着制度的运转，甚至扰乱治河实践，影响治河成效，清中期以降，黄河越治越坏与此不无关系。诚然，这是封建官僚体制下的必然现象，但是又因黄河管理制度本身具有脆弱性，这一问题更为明显。换言之，这套制度的规范能力在皇权式微国力衰弱的背景下急剧下降，制度运

① Randall A. Dodgen, *Controlling the Dragon*: *Confucian Engineers and the Yellow River in Late Imperial China*, University of Hawaii Press Honolulu, 2001, pp. 145 – 146. 驳斥前述观点的第二个理由为，由于河漕体制跨越明清两朝，所以它在19世纪所呈现的状况不仅映衬一个朝代的衰落。对于这一观点合理与否毋庸赘言。此外，他还批评另外一种观点，即19世纪50年代的黄河改道既不是王朝衰落的结果，也不是不可抗御的天灾，而是帝国的管理、技术尤其是经济能力达到极限的结果。

② 王毅：《中国皇权制度研究》，第40页。

转甚至深受个人行为的影响。如此而言，在促使制度变迁的动力机制中，似乎存有政治局势之外的另一层人为因素，因为人的私欲往往会给制度运作造成障碍，甚至促成制度调整与变迁，在清前中期的多次制度调整中，有些就直接缘于河工贪腐案件的影响而成。在清中期河务这一场域贪冒舞弊丛生的情况下，制度虽然因应形势不断进行调整，但是可操作性与实践性越来越差，甚至很多规章浮于纸面，于实际相去甚远，更遑论指导意义与规范价值。按照历史制度主义的判断，制度并不容易改变，除非有某种重要的“断裂”将制度移出当前的均衡，否则这种制度将保持不变①。从黄河管理制度在实践层面被架空的过程来看，制度本身保持均衡的能力较为有限，它不仅深受政治局势的制约，还受人为因素的影响。晚清政治局势的急剧动荡或者说这种重要的“断裂”促使这套制度强行解体，更加证明了它自身的均衡能力较差。

对于清代治河问题，后世评论较多。民国时期水利史专家张含英作过如下评价：“有清一代，皆遵潘季驯遗教，靳辅奉之尤谨，及其后也，虽渐觉仅有堤防，不足以治河，但无敢持疑意者，即减坝分导之法，亦未能实行，不得已而专趋防险之一途。故‘河防’之名辞，尤盛于清朝也。”②言外之意，清代治河仅停留在有防无治的层面，治河技术并没有超越前朝。另一水利史专家吴君勉虽然对靳辅的治河成效大加褒扬，但总体而言亦大致持此观点：“是治河与河防有别，治河者，统筹全局，一劳永逸之谓也。防河者，头痛医头，补苴一时之谓也……潘、靳治河名家，皆名其书曰河防。主河事者，但求一时不溢不决，维持现状；或已溢决而能堵口合龙，恢复旧观，已属尽莫大之职责。自欧美科学治水，输入中国，治河之领域，乃恢廓而有新机”③。这些评价可谓客观允当。因为从整个清代的治河历程不难看出，即便靳辅担任河督期间曾大举兴修治河工程，但仍为基于现实需要而进行的局部性治理，并非从全局着眼亦非综合治理。考其治河路径也不难发现，大体秉承的是前朝潘季驯的治河理念，鲜有深入探

① [美] B. 盖伊·彼得斯：《政治科学中的制度理论：“新制度主义”》（第二版），王向民、段红伟译，上海人民出版社 2011 年版，第 160 页。

② 张含英：《治河论丛》，第 29 页。

③ 吴君勉：《古今治河图说》，第 4 页。

究与开拓创新。因此，尽管靳辅治河取得了令人瞩目的成绩，但是终究不能维持长久。从黄河管理制度的规章条文中也可以寻找到蛛丝马迹作此判断，因为这些规章制度的制定与不断调整，主要是为了迎合现实需求而非基于颇具创新精神的治河理念。

总之，清统治者紧紧围绕黄河治理做文章但又缺乏先进的治河理念，可谓“聪明”与“愚昧”并存。其“聪明”在于将黄河治理纳入了实现统一稳定局势这一国家政治工程，即其深刻地认识到，通过黄河治理，不仅能够扭转因明清易代所造成的漕运几近崩溃的局面，还可借此向天下百姓昭示其治国能力，以赢取民心、稳定社会，为获取合法性实现统治增加砝码。其“愚昧”在于，“莫求治法求治人”①，仅限于加强管理创设制度，并无先进的治河理念。受此影响，清初治河虽然取得了一定成效，但是终究不能从根本上扭转黄河泥沙淤积越发严重的趋势。再者，这种将河务纳入国家战略性事务的做法在中后期被奉为祖宗“成法”，不可逾越，清中期以降黄河治理日益艰难，河务日趋弊坏甚至成为清代封建官僚制度中的坏疽，与此不无关系。这反过来又进一步印证了清初空前重视治河这一“聪明”之举富于深厚的政治意蕴。

在对清代黄河管理制度做了一番考察之后，本书还涉及一些相关问题，由于成因复杂，见仁见智，有待进一步探讨。比如，清代统治者在进行制度建设时何以总是出现“纰漏”？这些“纰漏”如何才能真正得到规避？造成这些“纰漏”的原因，是封建制度文化传统还是另有其因？为什么越发完善的制度条文背后往往是实际控制的逐渐松弛与行政效能的不断下滑？制度的繁密化与官僚化之间到底存有怎样的关系？

①《河兵谣》，王相辑：《蓉湖存稿》卷下，咸丰八年（1858）信芳阁刻本。

参考文献

一　档案资料

中国第一历史档案馆藏：《内阁题本》。

中国第一历史档案馆藏：《宫中朱批奏折》。

中国第一历史档案馆藏：《军机处录副奏折》。

黄河档案馆藏：《清1黄河干流档案》。

中国第一历史档案馆编：《雍正朝汉文朱批奏折汇编》，江苏古籍出版社1991年版。

中国第一历史档案馆编：《雍正朝汉文谕旨汇编》，广西师范大学出版社1999年版。

中国第一历史档案馆编：《乾隆朝上谕档》，档案出版社1991年版。

中国第一历史档案馆编：《嘉庆朝上谕档》，广西师范大学出版社2008年版。

中国第一历史档案馆编：《咸丰同治两朝上谕档》，广西师范大学出版社1998年版。

中国第一历史档案馆编：《光绪宣统两朝上谕档》，广西师范大学出版社1996年版.

中国第一历史档案馆编：《光绪朝朱批奏折》，中华书局1995年版。

中国第一历史档案馆、国家清史编纂灾赈志课题组整理：《清代灾赈档案专题史料》。

水利电力部水管司科技司、水利水电科学研究院编：《清代黄河流域洪涝档案史料》，中华书局1993年版。

水利电力部水管司、水利水电科学研究院编：《清代淮河流域洪涝档案史料》，中华书局1988年版。

台湾“中央研究院”历史语言研究所编：《明清史料》甲编，北京图书馆出版社 2008 年版。

二　官书、正史

《清实录》，中华书局 1985—1987 年版。

《钦定大清会典》，乾隆二十九年奉敕撰，文渊阁《四库全书》第 619 册。

《钦定大清会典则例》，乾隆十二年奉敕撰，文渊阁《四库全书》第 620 册。

《钦定大清会典》，嘉庆二十三年奉敕撰，中国第一历史档案馆编：《大清五朝会典》，线装书局 2006 年版。

《清会典事例》，光绪二十五年石印本，中华书局 1991 年版。

《圣祖仁皇帝圣训》，雍正九年奉敕编，文渊阁《四库全书》第 411 册。

《圣祖仁皇帝御制文集》，乾隆三十九年奉敕编，文渊阁《四库全书》第 1298—1299 册。

中国第一历史档案馆编：《康熙起居注》，中华书局 1984 年版。

王钟翰点校：《清史列传》，中华书局 1987 年版。

申时行等修，赵国贤等纂：《大明会典》，万历内府刻本，《续修四库全书》第 792 册。

龙文彬撰：《明会要》，光绪十三年永怀堂刻本，《续修四库全书》第 793 册。

（晋）杜预注、（唐）孔颖达疏、陆德明音义：《春秋左传注疏》，文渊阁《四库全书》第 143—144 册。

房玄龄注、（明）刘绩增注：《管子》，上海古籍出版社 1989 年版。

托克托等奉敕撰：《金史》，文渊阁《四库全书》第 290—291 册。

托克托等奉敕撰：《宋史》，文渊阁《四库全书》第 280—288 册。

朱寿朋编：《光绪朝东华录》，张静庐校点，中华书局 1959 年版。

王先谦编：《咸丰朝东华续录》，光绪刻本。

汪胡桢、吴慰祖编：《清代河臣传》，沈云龙主编：《中国水利要籍丛编》第2集，台湾文海出版社1969年版。

赵尔巽等撰：《清史河渠志》，沈云龙主编：《中国水利要籍丛编》第2集，台湾文海出版社1969年版。

赵尔巽等纂：《清史稿》，民国十七年清史馆本。

章梫纂，曹铁注译：《康熙政要》，中州古籍出版社2012年版。

纪昀等撰：《历代职官表》，上海古籍出版社1989年版。

三、文集、奏议、笔记、专书、年谱

阿　桂、梁国治等：《皇清开国方略》，文渊阁《四库全书》第341册。

包世臣：《中衢一勺》，沈云龙主编：《近代中国史料丛刊》第30辑第294册。

陈　潢：《天一遗书》，咸丰四年杨象济抄本。

陈康祺：《郎潜纪闻四笔》，褚家伟、张文玲整理，中华书局1990年版。

陈　弢：《同治中兴京外奏议约编》，沈云龙主编：《近代中国史料丛刊》第13辑第128册。

崔维雅：《河防刍议》，《续修四库全书》第847册。

顾廷龙、戴逸主编：《李鸿章全集》，安徽教育出版社2008年版。

顾祖禹：《读史方舆纪要稿本》上海古籍出版社1993年版。

纪　昀：《河源纪略》，文渊阁《四库全书》第579册。

靳　辅：《治河奏绩书》，文渊阁《四库全书》第579册。

康基田：《河渠纪闻》，《四库未收辑刊》第1辑第28－29册。

李秉衡：《李忠节公（鉴堂）奏议》，民国十九年排印本。

李岳瑞：《春冰室野乘》，沈云龙主编：《近代中国史料丛刊》第6辑第60册。

李祖陶：《迈堂文略》，同治七年李氏刻本。

刘　鹗：《历代黄河变迁图考》，光绪二十九年成书。

刘　隅：《治河通考》，嘉靖十二年顾氏刻本。

马建忠：《适可斋纪言》，光绪二十二年南徐马氏刊本。

欧阳兆熊、金安清：《水窗春呓》，谢兴尧点校，中华书局 1984 年版。

潘季驯：《河防一览》，文渊阁《四库全书》第 576 册。

平汉英：《国朝名世宏文》，康熙刻本。

沈桐生：《光绪政要》，沈云龙主编：《近代中国史料丛刊》第 35 辑第 345 册。

痛定思痛居士：《汴梁水灾纪略》，李景文等点校，河南大学出版社 2006 年版。

王庆云：《石渠余纪》，沈云龙主编：《近代中国史料丛刊》第 8 辑第 75 册。

王相辑：《蓉湖存稿》，咸丰八年信芳阁刻本。

王延熙、王树敏：《皇朝道咸同光奏议》，沈云龙主编：《近代中国史料丛刊》第 34 辑第 331 册。

王在晋：《通漕类编》，万历甲寅刻本。

魏　源：《圣武记》，岳麓书社 2011 年版。

魏　源：《魏源集》，中华书局 1976 年版。

锡　良：《锡清弼制军奏稿》，沈云龙主编：《近代中国史料丛刊续集》第 11 辑第 101 册。

萧　奭：《永宪录》，中华书局 1959 年版。

徐　珂：《清稗类钞》，中华书局 2010 年版。

薛凤祚：《两河清汇》，文渊阁《四库全书》第 579 册。

张霭生：《河防述言》，文渊阁《四库全书》第 579 册。

张伯行：《居济一得》，文渊阁《四库全书》第 579 册。

张集馨：《道咸宦海见闻录》，中华书局 1981 年版。

张鹏翮：《治河全书》，清抄本，《续修四库全书》第 847 册。

张祖佑原辑、林绍年鉴订：《张惠肃公（亮基）年谱》，沈云龙主编：《近代中国史料丛刊》第 64 辑第 631 册。

章洪钧、吴汝纶编：《李肃毅伯（鸿章）奏议》，沈云龙主编：《近代中国史料丛刊》第 18 辑第 173 册。

章晋墀、王乔年：《河工要义》，沈云龙主编：《中国水利要籍丛编》第 4 集第 36 册，台湾文海出版社 1969 年版。

昭　梿：《啸亭杂录》，何英芳点校，中华书局 1980 年版。

周　馥：《周慤慎公全集》，沈云龙主编：《近代中国史料丛刊》第 9 辑第 82 册。

四　资料汇编

傅泽洪辑录：《行水金鉴》，上海商务印书馆 1936 年版。

葛士濬辑：《清经世文续编》，沈云龙主编：《近代中国史料丛刊》第 75 辑第 741 册。

贺长龄辑：《清经世文编》，沈云龙主编：《近代中国史料丛刊》第 74 辑第 731 册。

黎世序等纂修：《续行水金鉴》，上海商务印书馆 1940 年版。

盛　康辑：《清经世文编续编》，沈云龙主编：《近代中国史料丛刊》第 85 辑第 831 – 850 册。

中国史学会济南分会编：《山东近代史资料》，山东人民出版社 1961 年版。

中国水利水电研究院水利史研究室编校：《再续行水金鉴》黄河卷、运河卷，湖北人民出版社 2004 年版。

左慧元编：《黄河金石录》，黄河水利出版社 1999 年版。

五　其他资料

民国《济宁直隶州续志》，民国十六年铅印本。

光绪《新修菏泽县志》，光绪十一年刻本。

民国《东明县新志》，民国二十二年铅印本。

光绪《曹县志》，光绪十年刻本。

光绪《平阴县志》，光绪二十一年刻本。

同治《徐州府志》，同治十三年刻本。

光绪《阳谷县志》，民国三十一年铅印本。

民国《山东通志》，民国七年铅印本。

民国《沛县志》，民国九年铅印本。

民国《仪封县志》，民国二十四年铅印本。

《治河琐闻》,《申报》1875 年 1 月 7 日。

玛礼逊:《黄河论》,《格致汇编》1890 年第 5 卷,

《山东巡抚周馥拟请将黄河两岸各州县改为兼河之缺折》,《东方杂志》1904 年第 5 期。

《闻山东黄河决口有感》,《大陆报》1904 年第 8 期。

"the Insurrection in China", *Saunders's news-letters and daily advertiser*, 23 Sep. 1856.

J. Macgowan, "Notes and queries on the drying up of the Yellow River"), *North-China Herald*, 3 Jan. 1857.

"Royal Geographical Society", *The Morning Post*, 23 Nov. 1858.

"a Letter from China", *The Bath Chronicle*, 22 Aug. 1889.

"the Yellow River Disaster", *ST. JAMES's Gazette*, 14 Jan. 1888.

William Lockhart, "the Yang-Tse-Keang and Hwang-Ho, or Yellow River, *The Journal of the Royal Geographical Society of London*, Vol. 28, 1858, pp. 288 – 298.

Ney Elias, "Notes of a Journey to the New Course of the Yellow River in 1868", *Proceedings of the Royal Geographical Society of London*, Vol. 14, No. 1, 1869 – 1870, pp. 20 – 37.

Ney Elias, "Subsequent Visit to the Old Bed of the Yellow River", *The Journal of the Royal Geographical Society of London*, *Vol.* 40, 1870, pp. 21 – 32.

"Extract of the Accounts of Captain P. G. Van Schermbeek and Mr. A. Visser, relating their travels in China and the Results of their Inquiry into the State of the Yellow River", *Memorandum relative to the improvement of the Hwang-ho or Yellow River in North-China*, the Hague Martinus Nijhoff, 1891. pp. 68 – 103.

六　现当代研究成果

(一) 著作

《民国黄河史》写作组著、侯全亮主编:《民国黄河史》,黄河水利出

版社 2009 年版。

蔡泰彬：《明代漕河之整治与管理》，台湾商务印书馆 1992 年版。

曹树基、李玉尚：《鼠疫：战争与和平——中国环境与社会变迁（1230—1960 年）》，山东画报出版社 2006 年版。

岑仲勉：《黄河变迁史》，中华书局 2004 年版。

邓拓：《中国救荒史》，生活·读书·新知三联书店 1958 年版。

复旦大学历史地理研究中心主编：《自然灾害与中国社会历史结构》，复旦大学出版社 2001 年版。

韩昭庆：《黄淮关系及其演变过程研究——黄河长期夺淮期间淮北平原湖泊、水系的变迁和背景》，复旦大学出版社 1999 年版。

和卫国：《治水政治：清代国家与钱塘江海塘工程研究》，中国社会科学出版社 2015 年版。

侯仁之：《续〈天下郡国利病书〉·山东之部》，北京哈佛燕京学社 1941 年版。

冀朝鼎：《中国历史上的基本经济区与水利事业的发展》，朱诗鳌译，中国社会科学出版社 1981 年版。

康沛竹：《灾荒与晚清政治》，北京大学出版社 2002 年版。

李文海：《历史并不遥远》，中国人民大学出版社 2004 年版。

李文海：《清代官德丛谈》，中国人民大学出版社 2012 年版。

李文海、林敦奎、周源、宫明：《近代中国灾荒纪年》，湖南教育出版社 1990 年版。

李文海等：《中国近代十大灾荒》，上海人民出版社 1994 年版。

李文治、江太新：《清代漕运》（修订版），社会科学文献出版社 2008 年版。

李向军：《清代荒政研究》，中国农业出版社 1995 年版。

林传甲总纂、孔教会本部编辑、中国地学会校勘：《大中华山东省地理志》，1920 年版。

林修竹：《历代治黄史》，山东河务局 1926 铅印本。

林修竹编、陈名豫校：《山东各县乡土调查录》，1920 年铅印本。

刘凤云、董建中、刘文鹏编：《清朝政治与国家认同》，社会科学文献出版社2012年版；

刘凤云、刘文鹏编：《清朝的国家认同："新清史"研究与争鸣》，中国人民大学出版社2010年版。

马俊亚：《被牺牲的"局部"：淮北社会生态变迁研究（1680—1949）》，北京大学出版社2011年版。

孟森：《清史讲义》，中华书局2016年版。

倪玉平：《清代漕粮海运与社会变迁》，上海书店出版社2005年版。

彭泽益：《十九世纪后半期的中国财政与经济》，人民出版社1983年版。

钱穆：《中国历代政治得失》，生活·读书·新知三联书店2001年版。

钱穆：《中国历史研究法》，生活·读书·新知三联书店2005年版。

任美锷：《黄河：我们的母亲河》，清华大学出版社2002年版。

申丙：《黄河通考》，台湾中华丛书编审委员会1960年版。

申学锋：《晚清财政支出政策研究》，中国人民大学出版社2006年版。

史念海、曹尔琴、朱士光：《黄土高原森林与草原的变迁》，陕西人民出版社1985年版。

史念海：《黄土高原历史地理研究》，黄河水利出版社2001年版。

史念海：《史念海全集》，人民出版社2013年版。

水利部黄河水利委员会《黄河水利史述要》编写组：《黄河水利史述要》，水利出版社1982年版。

水利电力部黄河水利委员会编：《人民黄河》，水利电力出版社1959年版。

水利部黄河水利委员会编：《黄河河防词典》，黄河水利出版社1995年版。

唐瑞裕：《清代乾隆朝吏治之研究》，台湾文史哲出版社2001年版。

陶希圣、沈任远：《明清政治制度》，台湾商务印书馆1983年第4版。

王亚南：《中国官僚政治研究》，中国社会科学出版社1981年版。

王毅：《中国皇权制度研究》，北京大学出版社2007年版。

吴君勉：《古今治河图说》，水利委员会1942年版。

吴祥定、钮仲勋、王守春等著：《历史时期黄河流域环境变迁与水沙变化》，气象出版社 1994 年版。

夏明方：《民国时期自然灾害与乡村社会》，中华书局 2000 年版。

萧一山：《清代通史》，中华书局 1986 年版。

谢世诚：《晚清道光、咸丰、同治朝吏治研究》，南京师范大学出版社 1999 年版。

杨念群：《何处是"江南"？清朝正统观的确立与士林精神世界的变异》，生活·读书·新知三联书店 2010 年版。

杨启樵：《雍正帝及其密折制度研究》，广东人民出版社 1983 年版。

姚汉源：《中国水利发展史》，上海人民出版社 2005 年版。

姚念慈：《康熙盛世与帝王心术：评"自古得天下之正莫如我朝"》，生活·读书·新知三联书店 2015 年版。

尹学良：《黄河下游的河性》，中国水利水电出版社 1995 年版。

张含英：《历代治河方略述要》，商务印书馆 1946 年版。

张含英：《治河论丛》，国立编译馆 1936 年版。

郑肇经：《中国水利史》，商务印书馆 1993 年版。

中国科学院、水利电力部水利水电科学研究院：《水利史研究室五十周年学术论文集》，水利电力出版社 1986 年版。

周育民：《晚清财政与社会变迁》，上海人民出版社 2000 年版。

周志初：《晚清财政经济研究》，齐鲁书社 2002 年版。

朱浒：《地方性流动及其超越：晚清义赈与近代中国的新陈代谢》，中国人民大学出版社 2006 年版。

邹逸麟：《千古黄河》，香港中华书局 1990 年版。

［法］魏丕信：《18 世纪中国的官僚制度与荒政》，徐建青译，江苏人民出版社 2003 年版。

［美］盖伊·彼得斯：《政治科学中的制度理论："新制度主义"》（第二版），王向民、段红伟译，上海人民出版社 2011 年版。

［美］黄仁宇：《明代的漕运》，张皓、张升译，新星出版社 2005 年版。

［美］卡尔·A·魏特夫：《东方专制主义：对于极权力量的比较研究》，徐式谷等译，中国社会科学出版社 1989 年版。

［美］孔飞力：《中华帝国晚期的叛乱及其敌人：1796—1864 年的军事

化与社会结构》，谢亮生等译，中国社会科学出版社 2002 年版。

［美］彭慕兰：《腹地的构建：华北内地的国家、社会和经济（1853—1937）》，马俊亚译，社会科学文献出版社 2005 年版。

［美］魏斐德：《洪业：清朝开国史》，陈苏镇、薄小莹译，江苏人民出版社 2008 年版。

［美］詹姆斯·C·斯科特：《国家的视角：那些试图改善人类状况的项目是如何失败的》，王晓毅译，社会科学文献出版社 2004 年版。

［美］詹姆斯·G·马奇、［挪威］约翰·P·奥尔森：《重新发现制度：政治的组织基础》，张伟译，生活·读书·新知三联书店 2011 年版。

［美］周锡瑞：《义和团运动的起源》，张俊义、王栋译，江苏人民出版社 1998 年版。

［日］吉冈义信：《宋代黄河史研究》，薛华译，黄河水利出版社 2013 年版。

［日］森田明：《清代水利社会史》，郑梁生译，台北国立编译馆 1996 年版。

［英］彼得·伯克：《历史学与社会理论》，姚朋等译，上海人民出版社 2010 年版。

（二）论文

曹志敏：《〈清史列传〉与〈清史稿〉所记“礼坝要工参劾案”考异》，《清史研究》2008 年第 2 期。

常建华：《新纪元：康熙帝首次南巡起因泰山巡狩说》，《文史哲》2010 年第 2 期。

陈锋：《清代财政支出政策与支出结构的变动》，《江汉论坛》2000 年第 5 期。

陈桦：《清代的河工与财政》，《清史研究》2005 年第 3 期。

陈可畏：《论黄河的名称、河源与变迁》，《历史教学》1982 年第 10 期。

关文发：《清代前期河督考述》，《华南师范大学学报》（社会科学版）1998 年第 4 期

郭松义：《清朝的会典和则例》，《清史研究通讯》1985 年第 4 期。

郭志安：《论北宋治河的体制》，《安徽师范大学学报》（人文社会科

学版）2009年第5期。

韩曼华、史辅成：《黄河一八四三年洪水重现期的考证》，《人民黄河》1982年第4期。

韩昭庆：《康熙〈皇舆全览图〉与西方对中国历史疆域认知的成见》，《清华大学学报》（哲学社会科学版）2015年第6期。

韩仲文：《清末黄河改道之争议》，《中和》1942年10月。

侯仁之：《靳辅治河始末》，《史学年报》第2卷第3期，1936年11月。

胡思庸：《清代黄河决口次数与河南河患纪要表》，《中州今古》1983年第3期。

蒋铁生、吕继祥：《康熙〈泰山山脉自长白山来〉一文的历史学解读》，《社会科学战线》2008年第6期。

李伯重：《不可能发生的事件？——全球史视野中的明朝灭亡》，《历史教学》（中学版）2017年第2期。

李伯重：《气候变化与中国历史上人口的几次大起大落》，《人口研究》1999年第1期。

李鸿彬：《康熙治河》，《人民黄河》1980年第6期。

李留文：《河神黄大王：明清时期社会变迁与国家正祀的呼应》，《民俗研究》2005年第3期。

李文海：《中国近代灾荒与社会生活》，《近代史研究》1990年第5期。

刘凤云：《两江总督与江南河务——兼论18世纪行政官僚向技术官僚的转变》，《清史研究》2010年第4期。

刘文鹏：《从内陆亚洲走向江南——读〈马背上的王朝：巡幸与清朝统治的构建（1680—1784）〉》，中华文史网。

刘仰东：《灾荒：考察近代中国社会的另一个视角》，《清史研究》1995年第2期。

刘志刚：《时代感与包容度：明清易代的五种解释模式》，《清华大学学报》（哲学社会科学版）2010年第2期。

卢勇、王思明：《明清时期黄淮河防管理体系研究》，《中国经济史研究》2010 年第 3 期。

鲁西奇：《“水利周期”与“王朝周期”：农田水利的兴废与王朝兴衰之间的关系》，《江汉论坛》2011 年第 8 期。

马敏：《政治象征/符号的文化功能浅析》，《华南师范大学学报》（社会科学版）2007 年第 4 期。

钮仲勋：《黄河与运河关系的历史研究》，《人民黄河》1997 年第 1 期。

彭泽益：《清代财政管理体制与收支结构》，《中国社会科学院研究生院学报》1990 年第 2 期。

商鸿逵：《康熙南巡与治理黄河》，《北京大学学报》（哲学社会科学版）1981 年第 4 期。

申学锋：《光绪十三至十四年黄河郑州决口堵筑工程述略》，《历史档案》2003 年第 1 期。

沈怡：《黄河与治乱之关系》，《黄河水利月刊》第 1 卷第 2 期，1934 年 2 月。

孙果清：《黄河探源与〈黄河源图〉》，《地图》2011 年第 4 期。

孙琰：《清朝治国重心的转移与靳辅治河》，《社会科学辑刊》1996 年第 6 期。

谭其骧：《黄河与运河的变迁》，《地理知识》1955 年第 8 期、第 9 期。

唐博：《铜瓦厢改道后清廷的施政及其得失》，《历史教学》（高校版）2008 年第 4 期。

田德本：《1855—1995 年黄河下游山东河段河道冲淤厚度浅析》，《人民黄河》1998 年第 4 期。

王京阳：《清代铜瓦厢改道前的河患及其治理》，《陕西师范大学学报》（哲学社会科学版）1979 年第 1 期。

王林：《黄河铜瓦厢决口与清政府内部的复道与改道之争》，《山东师范大学学报》（人文社会科学版）2003 年第 4 期。

王先明：《晚清士绅基层社会地位的历史变动》，《历史研究》1996 年第 1 期。

王学泰：《吏胥之害》，《读书》2010 年第 3 期。

王涌泉：《康熙元年（1662 年）黄河特大洪水的气候与水情分析》，《历史地理》第二辑，1982 年。

王振忠：《河政与清代社会》，《湖北大学学报》（哲学社会科学版）1994 年第 2 期。

王质彬、王笑凌：《清嘉道年间黄河决溢及其原因考》，《清史研究通讯》1990 年第 2 期。

王质彬：《明清大运河兴废与黄河关系考》，《人民黄河》1983 年第 6 期。

王竹泉：《黄河河道成因考》，《科学》第 10 卷 2 期，1925 年 5 月。

夏明方：《铜瓦厢改道后清政府对黄河的治理》，《清史研究》1995 年第 4 期。

夏平：《黄河名称溯源》，《江南大学学报》（自然科学版）1991 年第 1 期。

徐福龄：《黄河下游河道历史变迁概述》，《人民黄河》1982 年第 3 期。

徐福龄：《黄河下游明清时代河道和现行河道演变的对比研究》，《人民黄河》1979 年第 1 期。

徐凯、商全：《乾隆南巡与治河》，《北京大学学报》（哲学社会科学版）1990 年第 6 期。

颜元亮：《黄河铜瓦厢决口后改新道与复故道的争论》，《黄河史志资料》1988 年第 3 期。

颜元亮：《清代黄河的管理》，《水利史研究室五十周年学术论文集》，水利电力出版社 1986 年版。

颜元亮：《清代黄河铜瓦厢及新河道的演变》，《人民黄河》1986 年第 2 期。

颜元亮：《清代铜瓦厢改道前的黄河下游河道》，《人民黄河》1986 年第 1 期。

张含英：《黄河改道之原因》，《陕西水利月刊》第 3 卷第 4 期，1936 年 4 月。

张含英：《五十年黄河话沧桑》，《黄河水利月刊》第 1 卷第 10 期，1934 年 10 月。

张家驹：《论康熙之治河》，《光明日报》1962 年 8 月 1 日。

张汝翼：《近代治黄中西方技术的引进》，《人民黄河》1985 年第 3 期。

郑师渠：《论道光朝河政》，《历史档案》1996 年第 2 期。

朱浒：《地方社会与国家的跨地方互补：光绪十三年黄河郑州决口与晚清义赈的新发展》，《史学月刊》2007 年第 2 期。

庄宏忠、潘威：《清代志桩及黄河“水报”制度运作初探——以陕州万锦滩为例》，《清史研究》2012 年第 1 期。

邹逸麟：《黄河下游河道变迁及其影响概述》，《复旦学报》历史地理专辑，1980 年。

［法］魏丕信：《中华帝国晚期国家对水利的管理》、《水利基础设施管理中的国家干预——以中华帝国晚期的湖北省为例》，载陈锋主编《明清以来长江流域社会发展史论》，武汉大学出版社 2006 年版。

［美］张勉治：《洞察乾隆：帝王的实践精神、南巡与治水政治，1736—1765》，唐博译，于沛主编：《清史译丛》第 5 辑，中国人民大学出版社 2006 年版。

（三）学位论文

陈华：《清代咸同年间山东地区的动乱——咸丰三年至同治二年》，博士学位论文，台湾大学，1979 年。

李德楠：《工程、环境、社会：明清黄运地区的河工及其影响研究》，博士学位论文，复旦大学，2008 年。

刘仰东：《灾荒与近代社会》，博士学位论文，中国人民大学，1995 年。

马金华：《外债与晚清政局》，博士学位论文，中国人民大学，2004 年；

王英华：《清前中期（1644—1855 年）治河活动研究：清口一带黄淮运的治理》，博士学位论文，中国人民大学，2004 年。

（四）外文研究成果

Antonia Finnane, “Bureaucracy and Responsibility: a Reassessment of the Administration under the Qing”, *Papers on Far Eastern History* 30, September 1984.

Chang-Tu Hu, “The Yellow River Administration in the Ch’ing Dynasty”,

The Far Eastern Quarterly, Vol. 14, No. 4, Special Number on Chinese History and Society (Aug. , 1955) .

Geoffrey Parker, "Crisis and Catastrophe: the Global Crisis of the Seventeenth Century Reconsidered", *American Historical Review*, October 2008.

Randall Dodgen, "Hydraulic Religion: 'Great King' Cults in the Ming and Qing", *Modern Asian Studies*, Vol. 33 issue 04, 1999.

Will, Pierre-Etienne, "On State Management of Water Conservancy in Late Imperial China", *Papers on Far Eastern History* 36, September 1987.

Charles Greer, *Water Management in the Yellow River Basin of China*, The University of Texas Press, 1979.

Randall A Dodgen, *Controlling the Dragon: Confucian Engineers and the Yellow River in Late Imperial China*, University of Hawai'i Press Honolulu, 2001.

附　　录

附表一　清代河道总督任职年表

年份	河道总督
顺治元年（1644）	杨方兴 七月授
顺治十四年（1657）	朱之锡 七月授　杨方兴 五月卸
顺治十六年（1659）	朱之锡 丁忧给假治丧　杨茂勋 十二月署
顺治十七年（1660）	朱之锡 十二月初三回任　白色纯 六月曾署　苗澄 七月代署　杨茂勋六月调
康熙五年（1666）	卢崇峻 三月授　杨茂勋 十一月代　卢　调 朱之锡二月卒
康熙八年（1669）	罗多 十月授　杨茂勋九月休致
康熙十年（1671）	王光裕 二月授　罗多二月调
康熙十六年（1677）	靳辅 二月二十四日授　王光裕二月革
康熙二十七年（1688）	王新命 三月授　靳辅三月革
康熙三十一年（1692）	靳辅 二月授 十一月十九日卒　董讷 十一月曾署病免　于成龙 十二月代　王新命二月革
康熙三十四年（1695）	董安国 八月授　于成龙八月丁忧

续表

<table>
<tr><th>年份</th><th colspan="2">河道总督</th></tr>
<tr><td>康熙三十七年
（1698）</td><td colspan="2">于成龙
十一月授　　董安国十一月革</td></tr>
<tr><td>康熙三十九年
（1700）</td><td colspan="2">张鹏翮　徐廷玺　于成龙三月卒
三月授　上年因于成龙病假以徐暂署</td></tr>
<tr><td>康熙四十七年
（1708）</td><td colspan="2">赵世显　张鹏翮十月调
十一月十九日授</td></tr>
<tr><td>康熙六十年
（1721）</td><td colspan="2">陈鹏年　赵世显十一月召降
十一月署</td></tr>
<tr><td>康熙六十一年
（1722）</td><td colspan="2">陈鹏年
十二月授</td></tr>
<tr><td>雍正元年
（1723）</td><td colspan="2">齐苏勒　陈鹏年正月卒
正月署</td></tr>
<tr><td>雍正二年
（1724）</td><td colspan="2">齐苏勒　嵇曾筠
闰四月授副　增设副职，驻武陟，专理河南河务</td></tr>
<tr><td>雍正六年
（1728）</td><td colspan="2">齐苏勒　嵇曾筠　西柱
尹继善四月协理　副　正月副</td></tr>
<tr><td></td><td>东河河道总督</td><td>南河河道总督</td></tr>
<tr><td>雍正七年
（1729）</td><td>嵇曾筠　齐苏勒
三月授　三月卒</td><td>尹继善　孔毓珣
二月署　三月代　三月裁副</td></tr>
<tr><td>雍正八年
（1730）</td><td>田文镜　沈廷正
四月署　八月代
嵇曾筠四月调</td><td>嵇曾筠　孔毓珣
四月署　四月卒
十月授</td></tr>
<tr><td>雍正九年
（1731）</td><td>朱藻　高斌
九月二十八日授　九月授副职
沈廷正九月调</td><td>嵇曾筠</td></tr>
<tr><td>雍正十年
（1732）</td><td>朱藻　孙国玺
沈廷正二月卒　四月授副职
高斌三月调</td><td>嵇曾筠</td></tr>
</table>

续表

年份	河道总督	
雍正十一年（1733）	朱藻　阿兰泰 副	高斌 十二月署　嵇曾筠丁忧
雍正十二年（1734）	白钟山　刘勷 十二月授　副 朱藻十二月调　阿兰泰十二月调	高斌　嵇曾筠　白钟山 署　在任守制　七月授副职 十二月迁
雍正十三年（1735）	白钟山 刘勷调	高斌　刘永澄 十二月补　副
乾隆元年（1736）	白钟山 十一月裁副	高斌　德尔敏 副 刘永澄十一月调
乾隆六年（1741）	白钟山	完颜伟 八月授　乾隆二年裁副 高斌八月调
乾隆七年（1742）	完颜伟 十二月授 白钟山十二月调	白钟山 十二月授 完颜伟十二月调
乾隆十一年（1746）	完颜伟	顾琮　周学健 闰三月署　九月授 白钟山三月革
乾隆十三年（1748）	顾琮 三月授 完颜伟三月调	高斌 闰七月暂管 周学健闰七月革
乾隆十八年（1753）	顾琮	策楞　尹继善 八月署　九月授 高斌八月革
乾隆十九年（1754）	白钟山 三月授 顾琮三月召	富勒赫 十二月署 尹继善十二月迁

续表

年份	河道总督		
乾隆二十一年 （1756）	白钟山	爱必达 十月授 富勒赫十月革	刘统勋 署
乾隆二十二年 （1757）	张师载 正月授 白钟山正月调	白钟山 正月授 爱必达正月调	嵇璜 正月副 次年裁副
乾隆二十六年 （1761）	张师载	高晋 三月授 白钟山三月卒	
乾隆二十八年 （1763）	叶存仁 十一月授 张师载十一月卒	高晋	
乾隆二十九年 （1764）	李宏 六月授 叶存仁六月卒	高晋	
乾隆三十年 （1765）	李清时 三月授 李宏三月调	李宏 三月授 高晋三月调	
乾隆三十二年 （1767）	嵇璜 七月授 李清时七月调	李宏	
乾隆三十三年 （1768）	吴嗣爵 九月署 嵇璜九月调，李清时卒	李宏	
乾隆三十六年 （1771）	姚立德 八月署 吴嗣爵八月调	吴嗣爵 八月授 李宏八月卒	

续表

年份	河道总督	
乾隆四十一年 （1776）	姚立德	萨载 三月授 吴嗣爵卒
乾隆四十四年 （1779）	袁守侗　陈辉祖 四月授十二月调　十二月授 姚立德四月革	李奉翰 正月署 萨载正月调
乾隆四十五年 （1780）	李奉翰 二月授十二月调 陈辉祖二月调	陈辉祖　李奉翰 二月授十二月调　十二月署 李奉翰二月调
乾隆四十六年 （1781）	韩鑅 正月授 李奉翰正月调	李奉翰 正月授 陈辉祖正月调
乾隆四十七年 （1782）	何裕城 七月署 韩鑅七月丁忧	李奉翰
乾隆四十八年 （1783）	兰第锡 四月署 何裕成四月调	李奉翰
乾隆五十四年 （1789）	李奉翰 二月授 兰第锡二月迁	康基田　兰第锡 二月署　三月授 李奉翰二月迁
嘉庆二年 （1797）	康基田　司马騊 九月授十二月迁　十二月授 李奉翰九月调	康基田 十二月授 兰第锡十二月卒
嘉庆四年 （1799）	吴璥 三月署十一月授 司马三月卒	康基田

续表

年份	河道总督	
嘉庆五年 （1800）	王秉韬 二月授 吴二月调	吴璥 二月授 康基田二月革
嘉庆七年 （1802）	嵇承志 八月署 王秉韬七月卒	吴璥
嘉庆九年 （1804）	徐端　李亨特 四月署十二月调　十二月授 嵇承志四月调	徐端 十二月授 吴十二月召
嘉庆十一年 （1806）	吴璥 四月授 李亨特四月革	戴均元　徐端 六月授　六月改副
嘉庆十三年 （1808）	马慧裕 六月授　吴六月调	徐端　吴璥　那彦成 三月授十二月降　十二月授　十二月副
嘉庆十四年 （1809）	陈凤翔 七月授 马慧裕七月调	吴璥　徐端 正月副 那彦成正月革
嘉庆十五年 （1810）	李亨特　吉伦 十二月授　曾署 陈凤翔十二月调	蒋攸铦　陈凤翔 十一月授　十二月代 吴七月病，徐端七月代
嘉庆十七年 （1812）	李亨特	黎世序 八月授 陈凤翔八月革
嘉庆十八年 （1813）	戴均元 九月授 李亨特九月革	黎世序

续表

年份	河道总督	
嘉庆十九年 （1814）	吴璥　　李鸿宾 正月授　五月授副 戴均元正月调	黎世序
嘉庆二十年 （1815）	李鸿宾　　李逢亨 正月授五月丁忧　五月授 吴正月调	黎世序
嘉庆二十一年 （1816）	叶观潮 十一月授 李逢亨十一月调	黎世序
嘉庆二十四年 （1819）	李鸿宾　　叶观潮 八月授十月降　十月授 叶观潮八月革	黎世序
嘉庆二十五年 （1820）	张文浩　　吴璥 四月署　三月署 叶观潮三月革	黎世序
道光元年 （1821）	严烺　　姚祖同 九月授　张文浩丁忧时署	黎世序
道光四年 （1824）	张井 十二月署次年九月授 严十二月调	张文浩　　严烺 二月授十一月免　十二月授 黎世序二月卒
道光六年 （1826）	严烺 三月署 张井三月调	张井　　潘锡恩 三月授　四月至道光九 严三月调　年四月任副职
道光十一年 （1831）	林则徐 十一月授至次年二月二十八日调， 严十月病免	张井

续表

年份	河道总督	
道光十二年 （1832）	吴邦庆 二月授	张井 九月革留
道光十三年 （1833）	吴邦庆	张井　　麟庆 三月病免　　三月授四月丁忧 八月回任
道光十五年 （1835）	栗毓美　　钟祥 五月授　　曾署 吴邦庆五月召降	麟庆 九月授
道光二十年 （1840）	文冲 二月授 栗毓美二月二十三日卒	麟庆
道光二十一年 （1841）	朱襄　　王鼎 八月授　　曾署 文冲革	麟庆
道光二十二年 （1842）	慧成 九月署十一月授 朱襄九月卒	潘锡恩 十一月授 麟庆十一月革
道光二十三年 （1843）	钟祥 闰七月十五日授 慧成七月革	潘锡恩
道光二十八年 （1848）	钟祥	杨以增　　李星沅 九月授　　曾署 潘锡恩九月病免
道光二十九年 （1849）	颜以燠　　徐泽醇 闰四月授　　曾署 钟祥四月卒	杨以增

续表

年份	河道总督	
咸丰二年（1852）	慧成 六月授十二月迁　福济 十二月授　陆应谷 曾署　颜以燠开缺	杨以增
咸丰三年（1853）	长臻 三月二十七日署五月十四日授 福济调	杨以增
咸丰五年（1855）	蒋启扬 六月十日署　李钧 七月到任　长臻五月二十九日卒	杨以增
咸丰六年（1856）	李钧	庚长 正月授 杨以增正月卒　邵灿 庚长到任前曾署
咸丰九年（1859）	黄赞汤 三月二十一日授　英棨 三月曾署　李钧三月卒	庚长
咸丰十年（1860）	黄赞汤	王梦龄 五月兼署是年六月十八日裁撤 庚长五月革江南河道总督
同治元年（1862）	谭廷襄 七月二十四日署　黄赞汤七月迁	
同治三年（1864）	郑敦谨 七月十二日授　谭七月迁	
同治四年（1865）	张之万 四月五日署 九月十四日授　郑敦谨调	

续表

年份	河道总督	
同治五年（1866）	苏廷魁 八月十七日署　张之万调	
同治九年（1870）	苏廷魁 十月授	
同治十年（1871）	乔松年 八月二十二日授　苏廷魁八月召京	
光绪元年（1875）	曾国荃 二月授　乔松年二月卒	
光绪二年（1876）	李鹤年 八月九日授　曾国荃八月调	
光绪七年（1881）	靳方锜 八月十三日授旋病免　梅启照 八月二十八日授　李鹤年 八月调	
光绪九年（1883）	庆裕 二月二十九日授十二月调　成孚 十二月二十二日授　梅启照 四月革	
光绪十三年（1887）	李鹤年 九月二十九日署　成孚 九月革	
光绪十四年（1888）	吴大澂 七月十日署 十二月二十九日授　李鸿藻 七月曾代　李鹤年 七月革	
光绪十六年（1890）	许振祎 二月九日授　倪文蔚 正月署　吴二月丁忧	
光绪十九年（1893）	许振祎 十一月召京　裕宽 十一月曾兼署	
光绪二十一年（1895）	许振祎 十二月调　刘树堂 十二月兼署	

续表

年份	河道总督	
光绪二十二年 （1896）	任道镕 正月七日署九月授	
光绪二十四年 （1898）	任道镕 七月十四日裁缺 九月十八日复设仍任	
光绪二十五年 （1899）	任道镕　　裕长 四月假　　四月兼署	
光绪二十六年 （1900）	任道镕	
光绪二十七年 （1901）	锡良 四月六日授　任四月调	
光绪二十八年 （1902）	是年正月裁缺， 河务由巡抚兼理	

资料说明：该表主要依据徐思敬集录、王延昌校核的《黄河清代河道总督年表》并稍加修改而成。该表最后编者略加说明如下：（1）本表主要依据《清史稿》《清代河臣传》《黄河水利月刊》《豫河志》《行水金鉴》及清宫档案等资料编。（2）任职年月各资料互有出入者，则互相比照，以多数资料同文者为据，未作更详细的考证。（3）表中凡在年内短时间暂代或署理过河道总督的，以月日不详，均用“曾署”二字标注。（4）江南、河东两河道总督都曾设过副职和协理及学习人员多次，本表大多不录。

附表二　清代黄河厅、汛堤工职官一览表

南岸							北						

续表

南岸							北岸						
道	厅	汛:官	堤长（丈）	分属	兵	夫	道	厅	汛:官	堤长（丈）	分属	兵	夫
开归陈许道	下南厅 同知一员 协备一员	陈留汛： 县丞一员； 分防外委一员	3533	陈留	32	32	河北道	祥河厅 同知一员 都司一员	祥符汛： 主簿一员； 把总一员	5410	祥符	98	85
	兰仪厅 同知一员 都司一员	兰阳汛： 县丞一员； 千总一员	5086	兰阳	65	54		下北厅 同知一员 守备一员	祥陈汛： 巡检一员； 分防外委一员	4544	祥符 陈留	190	97
		仪封上汛： 经历一员； 千总一员	2303	仪封	72	20			兰阳上汛： 主簿一员； 千总一员	4715	兰阳		
	仪睢厅 通判一员 协备一员	仪封下汛： 经历一员； 分防外委一员	2303	仪封	32	18		曹考厅 通判一员 协备一员	兰阳下汛： 巡检一员； 分防外委一员	5987	兰阳 考城	192	206
		睢州上汛： 州同一员； 把总一员	6310	睢州	104	43			考城汛： 主簿一员； 分防外委一员	11880	考城		
	睢宁厅 通判一员 协备一员	睢州下汛： 州判一员； 分防外委一员	6424	睢州	86	42			曹上汛： 巡检一员； 外委一员	8574	曹县		

续表

南岸							北岸						
道	厅	汛:官	堤长（丈）	分属	兵	夫	道	厅	汛:官	堤长（丈）	分属	兵	夫
开归陈许道	睢宁厅 通判一员 协备一员	宁陵汛： 主簿一员； 分防外委一员	4260	宁陵	40	32	兖沂曹道	曹河厅 同知一员 协备一员	曹中汛： 主簿一员； 分防外委一员	9448	曹县	60	52
	商虞厅 通判一员 协备一员	商丘汛： 主簿一员； 千总一员	8916	商丘	76	56			曹下汛： 县丞一员； 千总一员	7684	曹县	80	42
		虞城上汛： 主簿一员； 分防外委一员	7117	虞城	64	44		粮河厅 通判一员 协备一员	曹单汛： 县丞一员； 分防外委一员	7096	单县	39	40
	归河厅 通判一员 协备一员	虞城下汛： 县丞一员； 分防外委一员	8560	虞城	60	44			单下汛： 主簿一员； 把总一员	6969	单县	40	39
徐州道	萧南厅 同知一员 守备一员	砀上汛： 县丞一员； 千总一员； 协防一员	7200	砀山	95	40	徐州道	丰北厅 通判一员 守备一员	丰上汛： 县丞一员； 千总一员； 协防一员	8616	砀山	88	40
		砀下汛： 主簿一员； 把总一员； 协防一员	7217	砀山	85	40			丰下汛： 主簿一员； 把总一员； 协防一员	8185	砀山 丰县 铜山	90	78

续表

南岸

道	厅	汛:官	堤长（丈）	分属	兵	夫
徐州道	萧南厅 同知一员 守备一员	萧汛: 主簿一员; 千总一员; 协防二员	13564	萧县 （11689） 铜山 （1857）	132	78
	铜沛厅 同知一员 守备一员	郭汛: 县丞一员; 协防一员; 把总一员	7302	铜山	148	46
		小店汛; 千总一员; 主簿一员; 协防一员	10086	铜山	256	48
	睢南厅 同知一员 守备一员	王家堂汛: 主簿一员; 县丞一员; 把总一员; 协防二员	12173	灵璧 睢宁	218	66
		戴家楼汛: 主簿一员; 千总一员; 协防二员	8121	睢宁	225	38

北岸

道	厅	汛:官	堤长（丈）	分属	兵	夫
徐州道	丰北厅 通判一员 守备一员	铜汛: 巡检一员; 把总一员; 协防一员	10599	铜山	83	48
	铜沛厅 同知一员 守备一员	大坝汛: 主簿一员; 吕梁司巡检一员; 把总一员; 协防二员	10291	铜山	175	52
	邳北厅 通判一员 守备一员	董家堂汛: 州判一员; 千总一员; 协防一员	5202	睢宁	231	24
		五工头汛: 州同一员; 把总一员; 协防一员	5750	睢宁	200	30

续表

南岸							北岸						
道	厅	汛:官	堤长（丈）	分属	兵	夫	道	厅	汛:官	堤长（丈）	分属	兵	夫
徐州道	宿南厅 通判一员 守备一员	周家楼汛： 主簿一员； 协防一员	3907	睢宁	82	18	徐州道	宿北厅 同知一员 守备一员	皂河汛： 巡检一员； 千总一员； 协防一员	8541	宿迁	172	50
		蔡家楼汛： 县丞一员； 把总一员； 协防一员	7382	宿迁	130	36			古城汛： 主簿一员； 把总一员； 协防一员	8645	宿迁	178	44
		洋河汛： 主簿一员； 巡检一员； 千总一员； 协防一员	5766	宿迁	150	28	淮扬道	桃北厅 同知一员 守备一员	崔镇汛： 主簿一员； 千总一员； 协防一员	8359	桃源	166	46
淮扬道	桃南厅 通判一员 守备一员	烟墩汛： 县丞一员； 把总一员； 协防一员	8251	桃源	166	46			黄家嘴汛： 巡检一员； 把总一员； 协防一员	6480	桃源	154	36
		龙窝汛： 主簿一员； 千总一员； 协防一员	8065	桃源	159	44		外北厅 通判一员 守备一员	北岸汛： 主簿一员； 千总一员； 协防两员	8642	清河	160	48

续表

南岸							北岸						
道	厅	汛:官	堤长（丈）	分属	兵	夫	道	厅	汛:官	堤长（丈）	分属	兵	夫
淮扬道	外南厅 同知一员 守备一员	南岸汛： 巡检一员； 把总一员； 协防二员	5040	清河	150	28	淮海道	山安厅 同知一员 守备一员	安东汛： 县丞一员； 千总一员； 协防一员	9355	清河 安东	270	52
		外河汛： 县丞一员； 千总一员； 协防二员	10195	清河 山阳	210	26			上河汛： 主簿一员； 把总一员；	8933	安东	92	48
淮海道	海防厅 同知一员 守备一员	上河汛： 主簿一员； 协防一员	2869	山阳	60	18			下河汛： 巡检一员； 把总一员； 协防一员	8712	安东	88	48
		童营汛： 巡检一员； 把总一员； 协防一员	5910	山阳	92	32		海安厅 同知一员 守备一员	云梯汛： 巡检一员； 把总一员； 协防一员	8648	阜宁	119	48
		下河汛： 巡检一员； 把总一员； 协防二员	12609	阜宁	191	72							

续表

<table>
<tr><th colspan="7">南岸</th><th colspan="7">北岸</th></tr>
<tr><th>道</th><th>厅</th><th>汛:官</th><th>堤长（丈）</th><th>分属</th><th>兵</th><th>夫</th><th>道</th><th>厅</th><th>汛:官</th><th>堤长（丈）</th><th>分属</th><th>兵</th><th>夫</th></tr>
<tr><td rowspan="3">淮扬道</td><td rowspan="3">海阜厅
同知一员
守备一员</td><td>仁和汛：
巡检一员；
把总一员；
协防一员</td><td>8350</td><td>阜宁</td><td>88</td><td>46</td><td rowspan="3">淮海道</td><td rowspan="3">海安厅
同知一员
守备一员</td><td>十套汛：
主簿一员；
把总一员；
协防一员</td><td>7920</td><td>阜宁</td><td>95</td><td>44</td></tr>
<tr><td>十巨汛：
县丞一员；
把总一员；
协防一员</td><td>6850</td><td>阜宁</td><td>70</td><td>38</td><td rowspan="2">海北汛：
县丞一员；
千总一员；
协防一员</td><td rowspan="2">7920</td><td rowspan="2">阜宁</td><td rowspan="2">100</td><td rowspan="2">44</td></tr>
<tr><td>海南汛：
县丞一员；
千总一员；
协防一员</td><td>7623</td><td>阜宁</td><td>78</td><td>42</td></tr>
</table>

注:本表依据《续行水金鉴》编写,反映嘉庆末年情况;转引自颜元亮《清代黄河的管理》,《水利史研究室五十周年学术论文集》,水利电力出版社1986年版。另:笔者在转引时与《续行水金鉴》进行了认真核对,并订正了其中少许编写错误。比如:徐州道宿南厅蔡家楼汛兵数为130,而不是133,淮海道有二厅分别是海防厅和海阜厅,而不是仅海防一厅。还需说明两点:第一,颜元亮在制表时,为了方便,将各汛所辖堤岸长度保留到"丈",对于个别具体到"尺"的数据采取四舍五入的办法进行了取舍;第二,黄河管理机构分河、道、厅、汛、堡五级,所以本应在表中将机构呈现到堡这一层,但是由于原材料对每汛所辖堡的数量有的有交代,有的没有提及,所以这里没有将这一级机构列进去。

后　　记

本书是在我的博士后出站报告的基础上修改延展而成的，不过问题缘起于博士学位论文。在考虑写后记之时，十多年前刚开始读博时的情景不由得浮现于眼前。

2005 年 9 月，我怀着无比激动的心情进入中国人民大学清史研究所，师从李文海先生攻读博士学位。对于博士论文的选题，先生非常重视并给出建议，可以自己选择题目，也可以考虑黄河铜瓦厢改道问题。当时，我多少有点儿犹豫，原因主要在于打算以硕士学位论文为基础进行，这样会轻松自如一些。后来跟夏明方老师聊起选题时，他也建议我研究铜瓦厢改道问题，并且还说该题目极具研究价值，也存有较大的延展空间，先生一直想找学生做这项研究。本来，我就因能顺利成为先生的学生而满怀感激，听了夏老师一席话后决定放弃心里小小的想法。后来，在清风学社组织的学术活动中，我向先生汇报了关于论文选题的打算，先生听了之后有点儿高兴地说，就做《铜瓦厢决口改道与晚清政局》吧。

在确定研究晚清黄河灾害这一课题之后，我打算对相关研究成果进行地毯式搜索，可是夏老师认为这远远不够，应把整个清代黄河问题的相关研究都梳理出来，包括民国时期的。我有点儿畏难情绪，因为这样工作量增加了不下数倍，但是又觉得这也是先生经常强调的，做研究做事情不要紧盯着一点，要把眼界放宽放远，还是决定从了解整个清代黄河史研究概况入手。在后来十余年的学习与研究过程中，我越来越觉得这个高瞻远瞩的指导令我受益匪浅，自己当时的“听话”对个人而言堪称幸运。

2008 年 5 月，我通过了博士学位论文答辩并如期毕业，但是对于相关问题的思考并未结束：清廷为何如此高度重视黄河治理？是否就如前人所言“治河即所以保漕”？河工事务在清前中期的情况到底怎样？我带着诸多疑惑进入到博士后研究阶段，经与合作导师刘平教授反复商量，决定围绕清代黄河管理制度选题。不过于我而言，人生除了学术，还有柴米油盐，因此不到两年就申请了出站以正式开始工作，在这个短短的时间之内，虽然有点儿前期积累，但是出站报告完成得并不理想。

接下来的修改时间比较漫长，除了有很多内容需要补充完善之外，我的一些疑问仍未得到解决。在这同时，我以博士后出站报告为基础申请到国家社科基金青年项目资助并顺利结项，评审专家给以了肯定并建议按照所提意见修改后出版。几年来，我一直边修改边思索，迨到最终成型之时，心中并无喜悦，因为距离先生引导我选择清代黄河史相关问题研究已经很长很长时间了。

在书稿即将付印之际，我想借此机会表达对师友们的感谢、感恩与感念。

李文海先生指导我走上黄河史研究道路，但是给予我的不只是一个极具延展性——用师兄的话说“可以做一辈子”——的研究问题，做学问的方法，更有宽广的胸怀，宽阔的视野，淡定从容的心态，做人做事的道理。受此恩泽教诲，虽不能至，但会努力向往。

夏明方教授是我的师兄，但从来都称老师。他不仅在我攻读博士学位期间给与了诸多指导与帮助，还在我毕业之后关心我的研究进展，且经常给以点拨。我不善于直白地表达感谢，也曾经在邮件里说：要不是您一直以来的引导与鞭策，我走不到现在。

刘平教授是我的博士后合作导师。他全身心投入学术研究的精神深深地感染着我，他的指导也让我体验了不一样的风格，有时会天马行空般给予点拨，有时也细致而微地关心论文进展，对研究思路和论文架构提出建议。

在此还要感谢我在硕士阶段的导师谢放教授。谢老师曾手把手地教我做史学研究的基本方法，还曾托朋友查找台湾与我论文选题相关的研究成果。犹清晰地记得，他帮我修改论文时的情景，稿纸、软盘、史料、书籍……无尽的鼓励与帮助。

这些年给与我恩惠的师友还有很多，也借此机会谨致谢忱。伦敦大学的Andrea Janku教授在我访问学习期间尽可能地提供了研究与生活上的帮助。朱浒师兄、晓华师姐、李岚师姐、四伍师兄等诸同门一直给予关心与鼓励，去北京出差顺道看望师母时，师兄师姐妥妥的安排，师母提前冲泡的上好红茶……此生无以为报，唯有努力。出站报告会上，年逾八旬的路遥先生、刘天路教授、胡卫清教授、徐畅教授、赵兴胜教授均给予了鼓励与肯定，并提出了中肯的修改意见。在书稿计划出版之时，单位领导同事给予关心与支持，并批准“学科高峰”计划出版资助。这些年，还有许多师友给予我提点与帮助，感恩于心，在此不一一致谢。

我还要感谢我的家人和邻居。在本项研究刚刚开始之时，小女来到了这个世界，虽然辛劳但更有初为母亲的欣喜，随着一天天长大，她的懵懂天真给我们增添了无限乐趣。后来由于爱人需到国外工作一年，我不得不独自承担起抚养她的任务，期间父母几次前来帮助，热情善良的邻居也经常给予援手，小女似乎能够感受我的疲惫，即便生病也不哭不闹……感谢生命中的遇见与美好。

最后，感谢中国社会科学出版社的宋燕鹏编审对本书出版给予的大力支持。

黄河，这条中华民族的母亲河，自古即被诗人所吟唱，但更多地被记录为“中国患”。每每临黄河之畔，或见黄水滚滚东流，或见平静如镜，又或黄蓝相间，不由得感叹天地造物之神奇，也深感黄河史问题关涉天、地、人，研究空间十分广阔。诚然，由于我学识能力有限，研究中还存有诸多不足之处，唯继续在这一领域勉力探索。

2019 年 3 月于泉城济南